"十三五"职业教育规划教材

（第二版）

# 建筑材料

主　编　伊爱焦
副主编　李福青　邓洪燕　曲媛媛
编　写　史雅慧　高晓强　管丽攀　李文杰
　　　　康春艳　徐云晴　栾　树　院　龙
主　审　张锡增

- 微信扫码关注，加入建筑新材料交流圈，了解行业发展新资讯；
- 获取配套课件，手机阅览随心复习；
- 配套参考答案，保存习题答案到手机；
- 手机题库系统，方便实时测试。

**微信扫码，获取本书以上配套资源**

中国电力出版社
CHINA ELECTRIC POWER PRESS

## 内 容 提 要


本书为“十三五”职业教育规划教材。

本书突出工程实际应用，紧密结合教学大纲，采用最新国家标准、行业标准，具有语言精练、概念清楚、重点突出、层次分明、结构严谨等特点。全书共分十一章，内容包括建筑材料的基本性质、气硬性胶凝材料、水泥、混凝土、建筑砂浆、墙体材料、建筑钢材、合成高分子材料、防水材料、绝热材料和吸声、隔声材料以及建筑材料试验等。书中还通过二维码链接了题库系统、习题答案、课件、读者圈等数字资源，方便读者手机扫码使用。

本书可作为高职院校土建类各专业教材，也可供建筑工程相关专业技术人员学习参考。



**图书在版编目（CIP）数据**

建筑材料/伊爱焦主编．—2 版．—北京：中国电力出版社，2018.8（2020.12 重印）

“十三五”职业教育规划教材

ISBN 978-7-5198-2219-4

Ⅰ．①建… Ⅱ．①伊… Ⅲ．①建筑材料－高等职业教育－教材 Ⅳ．①TU5

中国版本图书馆 CIP 数据核字（2018）第 152835 号

---

出版发行：中国电力出版社

地　　址：北京市东城区北京站西街 19 号（邮政编码 100005）

网　　址：http://www.cepp.sgcc.com.cn

责任编辑：熊荣华（010-63412543）

责任校对：黄　蓓　常燕昆

装帧设计：赵姗姗

责任印制：吴　迪

---

印　　刷：北京雁林吉兆印刷有限公司

版　　次：2012 年 1 月第一版　2018 年 8 月第二版

印　　次：2020 年 12 月北京第七次印刷

开　　本：787 毫米×1092 毫米　16 开本

印　　张：14.25

字　　数：342 千字

定　　价：40.00 元


---

# 前言

本书主要根据全国高职教育土建类建筑材料大纲和我国最新修订的相关规范、标准编写而成。书中所涉及的建筑材料都是建筑工程中经常使用的材料，建筑工程中已经淘汰或者被新材料所代替的材料本书未涉及。

“建筑材料”是高职土建类专业的一门必修的专业基础课。本书通过建筑材料的组成来分析材料的性质，从内因和外因分析对材料性质的影响，从而使学者在使用材料的过程中懂得怎样增强材料的有利性能而避开不利影响，达到会使用材料、应用材料的目的，掌握建筑材料的技术标准，学会材料的检验方法和保管方法。

本书在编写过程中，吸收了各院校建筑材料课程的教学经验，从培养高素质技能型专门人才的定位出发，本着理论知识以必需、够用为度，以实际应用为原则，力求体现高等职业教育的特点，并对教材的内容进行了适当的取舍，突出学生对基础知识的掌握，加大了课后习题量，便于学生对内容的全面掌握。

本书对传统的教学内容进行了优化，重点突出，具有很强的实用性，教材中采用新规范、新标准，体现了新材料和新技术的应用。

全书由伊爱焦统稿，并任主编，李福青、邓洪燕、曲媛媛任副主编，参加编写的还有高晓强、李文杰、史雅慧、栾树、管丽攀、徐云晴、康春艳和院龙。

济南大学张锡增副教授对本书进行了认真的审读，并提出了许多宝贵意见，在此谨致衷心的感谢。

本书在编写过程中，与山东省水泥质检站有关技术人员探讨了现行使用的水泥，与济南荣军建材有限公司技术负责人共同探讨了现行使用的混凝土类型，在教材编写中与山水集团水泥质检人员进行过技术性质等内容的取舍。在此一并表示感谢！

由于编者水平有限，工程实践经验稍有欠缺，书中难免存在疏漏和不妥，衷心希望广大读者批评指正。

本书充分利用现代化的教学手段进行知识扩展，以二维码的形式扩展各种建筑材料图片、题库系统、习题答案等资源，以便于学生随时随地学习、查阅。

微信扫码关注，获取本书课件、题库、习题答案等资源

编　者

2018 年 6 月

# 目　录

微信扫码关注，获取本书课件、题库、习题答案等资源

# 绪　　论

## 学习目标

通过学习掌握建筑材料的定义及分类；了解建筑材料的发展史及发展趋势；了解建筑材料在建筑中所起的作用；了解建筑材料的检验与标准。

建筑物是由各种材料建成的，建筑工程中所用建筑材料的性能都对建筑物的性能有着重要的影响。因此，建筑材料不仅是建筑工程的物质基础，而且是决定建筑工程质量和使用性能的关键因素，为使建筑物安全、性能可靠、耐久、美观、经济实用，必须合理选择且正确使用建筑材料。

**一、建筑材料的定义及分类**

建筑材料是指建筑工程中所使用的各种材料与制品的总称，是构成建筑物或构筑物的物质基础。广义的建筑材料除用于建筑物本身的各种材料之外，还包括给水排水、供热、供电等配套设施工程所需的设备与材料。另外，施工过程中的暂设工程，如脚手架、模板等涉及的器具与材料，也属于建筑材料范畴。这里提到的“建筑材料”主要是指构成建筑物本身，如基础地基、墙或柱、楼底层、楼梯以及门窗等所需的材料。

建筑材料的分类方法有多种，性能各不同，为了方便区分和应用，工程中通常从不同的角度对建筑材料进行分类。

（1）按材料组成物质的种类及化学成分，可分为无机材料、有机材料和复合材料三大类，具体如下：

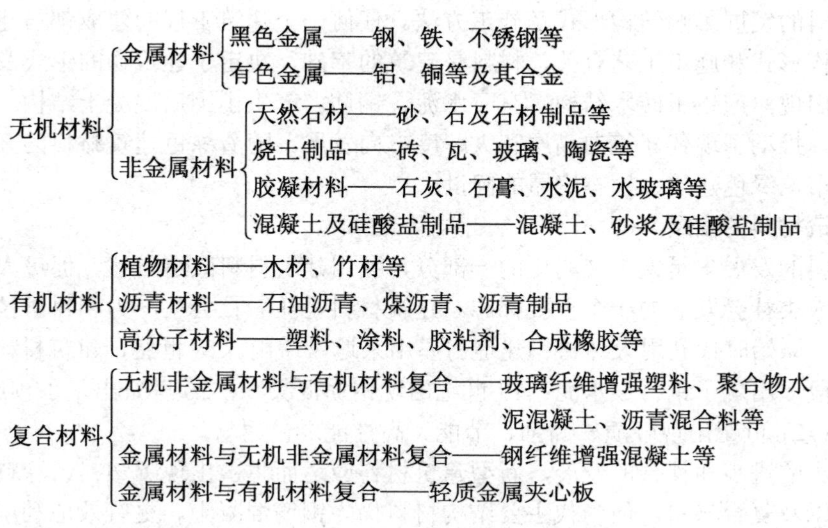


（2）按材料使用功能，可分为结构材料、围护材料、功能材料等。

1）结构材料。结构材料主要是指构成建筑物受力构件或结构所用的材料，如梁、板、基础等结构或构件所用的材料。结构材料必须具有足够的强度、耐久性，常用的结构材料包括石、砖、混凝土及钢材等。

2）围护材料。围护材料是指用于建筑物围护结构的材料，如墙体、门窗等部位使用的材料。

3）功能材料。功能材料主要是指担负建筑物使用过程中所必需的建筑功能的非承重用材料，如防水材料、保温材料、装饰材料以及密封材料等。

（3）按材料在建筑物中的部位，可分为承重材料及屋面、地面和墙体材料等。

## 二、建筑材料在工程中的作用

任何一种建筑物或构筑物都是由建筑材料构筑而成的，没有建筑材料，就没有建筑工程，在我国现代化建设中，作为建筑业物质基础的建筑材料，占有极为重要的地位。因此，正确选择和合理使用建筑材料，以及对新材料的开发利用对建筑业具有非凡的意义。

（1）建筑材料的费用决定建筑工程的造价。建筑材料使用量大，而且费用高，建筑物的主体是由建筑材料组成的，材料的费用一般占建筑物总造价的 50%～60%，材料费用高，建筑工程造价就高。用质量好、功能多、档次高、性能优的材料建造的建筑物，工程造价中 80%是材料的费用。

（2）合理选择、正确使用材料，决定着建筑物的使用功能及耐久性。工程类别、使用环境以及功能要求等方面的不同，对材料的自身性能要求有着本质的区别。根据建筑物自身的特点合理选择材料是建筑物建造的前提，只有合理选择、正确使用材料，才能使结构的受力特性、环境条件、功能要求与材料的特性有机结合，才能最大限度地发挥材料的效能。

（3）建筑材料的质量决定建筑物的质量。建筑材料是建筑业发展的物质基础，材料的质量、性能直接影响建筑物的使用、耐久和美观。建筑材料的品种、质量及规格直接影响建筑的坚固性、耐久性和适用性，所以加强管理，严把材料质量关是保证建筑物质量的前提。

（4）材料的发展影响结构形式及施工方法。任何一个建筑工程的建成都与建筑设计、建筑材料、结构形式和施工工艺有关，材料是建筑的基础，决定了建筑物的形式及施工方法。如黏土砖的出现，产生了砖木结构；有了水泥、钢筋，产生了钢筋混凝土结构。轻质、高强材料的出现，推动了现代建筑向高层和大跨度方向发展。随着绿色建筑材料的开发、利用，就有山水城市、绿色建筑、生态房屋的问世。

## 三、建筑材料的发展

建筑材料的发展史是人类文明史的一部分，利用建筑材料改造自然、促进人类物质文明的进步，是人类社会发展的一个重要标志。建筑材料是随着社会生产力和科学技术水平的发展而发展的。原始时代利用天然材料建造房屋用来遮风避雨。18 世纪，建筑材料进入了一个新的发展阶段，出现了钢材、水泥；19 世纪出现钢筋混凝土；20 世纪出现了预应力混凝土、高分子材料；21 世纪出现轻质、高强、节能、高性能绿色建材。

随着人类的进步和社会的发展，新型建筑材料应运而生，出现了塑料、涂料、新型建筑陶瓷与玻璃以及复合材料，但当代主要结构材料仍为钢筋混凝土。更有效地利用地球有限的资源，全面改善人类工作与生活环境及迅速扩大生存空间已势在必行，未来的建筑物必将向多功能化、智能化方向发展，以满足人类对建筑物愈来愈高的安全、舒适、美观、耐久的要求。建筑材料在原材料、生产工艺、性能及产品形式诸方面都将面临可持续发展和人类文明进步的挑战。建筑材料的发展趋势主要表现在以下几方面：

（1）在原材料方面，要最大限度地节约有限的资源，充分利用再生资源及工农业废料。

（2）在生产工艺方面，要大力引进现代技术，改造或淘汰陈旧设备，降低原材料及能源消耗，减少环境污染。

（3）在性能方面，要力求轻质、高强、多功能及结构、功能一体化。

（4）在产品形式方面，要积极发展预制技术，逐步提高构件化、单元化、大块化的水平。

**四、建筑材料的检验与标准**

判断建筑材料的技术性能是否达到相应的技术标准要求，以及建筑材料是否合格、能否用于工程中，需要通过必要的检测仪器、设备，依据一定的检测方法进行检验来判断。材料质量的检测工作在建筑工程中占有十分重要的位置，材料质量检测技术是相关技术人员必须掌握的。

建筑材料的检验依据是各项有关的技术标准、规程、规范及规定，建筑材料技术标准中对原材料、产品、工程质量、检验方法、评定方法等均做出了具体规定。目前，我国的技术标准分为国家标准、行业标准、地方标准和企业标准四大类。

（1）国家标准。国家标准有强制性标准（代号 GB）和推荐性标准（代号 GB/T），在全国范围内适用。它由国务院标准化行政主管部门编制，国家技术监督局审批并发布，是最高标准，具有指导性、权威性。

（2）行业标准。行业标准有建材行业标准（代号 JC）、建工行业标准（代号 JG）、建工行业工程建设标准（代号 JGJ）等，在全国性的行业范围内适用。当没有国家标准而又需要在全国某行业范围内统一技术要求时制定，由中央部委标准机构指定有关研究机构、院校或企业等起草或联合起草，报主管部门审批，国家技术监督局备案后发布，当国家有相应标准颁布时，该行业标准废止。

（3）地方标准。地方标准（代号 DBJ）是由地方主管部门发布的地方性技术指导文件，在某地区范围内适用。凡没有国家标准和行业标准时，可由相应地区根据生产厂家或企业的技术力量，以能保证产品质量的水平，制定有关标准。

（4）企业标准。企业标准（代号 QB）只限于企业内部使用。在没有国家标准和行业标准时，企业为了控制生产质量而制定此技术标准，必须以保证材料质量，满足使用要求为目的。

技术标准有试行与正式、强制性与推荐性之分。如 GB/T ××××—××××和 GB ××××—××××，其中 T 为推荐性，无 T 为强制性。各类标准均具有时间性，由于技术水平不断提高，标准也不断更新。随着我国加入 WTO 及适应全球化的发展趋势，我国的各类标准正在实现与国际标准的接轨。

无论是国家标准还是行业标准，都属于全国通用标准，属国家指令性技术文件，均必须严格遵照执行，尤其是强制性标准。

**五、本课程教学思路**

建筑材料是建筑工程类专业的专业基础课，涉及建筑工程中常用的各种材料，内容多而杂。学好本课程，为以后学习建筑构造、结构、施工、预算等后续课程提供建筑材料方面的基本知识，也为今后从事工程实践和科学研究打下坚实的基础。

学生通过本课程的学习，要掌握标准的性能及应用的基本理论知识，了解材料有关技术标准，掌握常用材料的检测方法；能正确地选择材料、合理地使用材料、准确地鉴定材料、科学地开发材料。

本课程的学习方法可概括为掌握一个中心、两个基本点。一个中心为材料的基本性质及检测标准、方法；两个基本点为影响材料性质的两个方面的因素，一个是内在因素，如材料的组成结构，另一个是外在因素，如环境、温度、湿度等。

本课程的教学方法是理论教学与实践教学并举，即实现理一实一体化教学。

# 第一章　建筑材料的基本性质

微信扫码关注，获取本书课件、题库、习题答案等资源

## 学习目标

本章是全书的重点章节之一，是学习建筑材料课程首先要具备的基础知识。通过学习，要求掌握建筑材料基本性质的概念及计算，了解材料的性质对材料的物理力学性能、耐久性的影响，为下一步学习建筑材料打下良好的基础。

建筑物是由各种材料组成的，材料的好坏直接关系到建筑物的安全性、功能性、耐久性和经济性。根据不同的使用环境或要求，对材料的性质要求会有所不同。一般来说，材料的性质可分为以下四个方面：

（1）物理性质：表示材料的物理状态特征及与各种物理过程有关的性质，包括材料的密度、孔隙状态、材料与水有关的性质、热工性质等。

（2）力学性质：表示材料在外力作用下，抵抗破坏和变形能力的性质，包括材料的强度、变形、脆性和韧性、硬度和耐磨性等。

（3）化学性质：表示材料发生化学变化的能力及抵抗化学腐蚀的稳定性，包括材料的抗腐蚀性、化学稳定性等。

（4）耐久性：表示材料在使用过程中能长久保持其原有性质的能力，是一项综合性指标。

本章仅介绍材料的物理性质、力学性质和耐久性，即我们通常所说的材料的基本性质。

## 第一节　材料的物理性质

### 一、与质量有关的性质

建筑材料中除了钢材、玻璃等少数材料接近绝对密实外，绝大多数材料都含有一定的孔隙，如砖、石材等块状材料。材料中的孔隙特征包括开口孔隙和闭口孔隙，如图 1-1 所示。开口孔隙指与外界相通，常压下在水中能吸到水的孔隙；闭口孔隙是孤立且彼此不连通的孔隙，常压下吸不到水，只有当水压力较大时，水才可在较大的渗透压作用下，通过材料内部的微小孔隙或裂缝进入闭口孔隙。在自然状态下，材料的自然体积是材料的实体体积和孔隙体积之和。

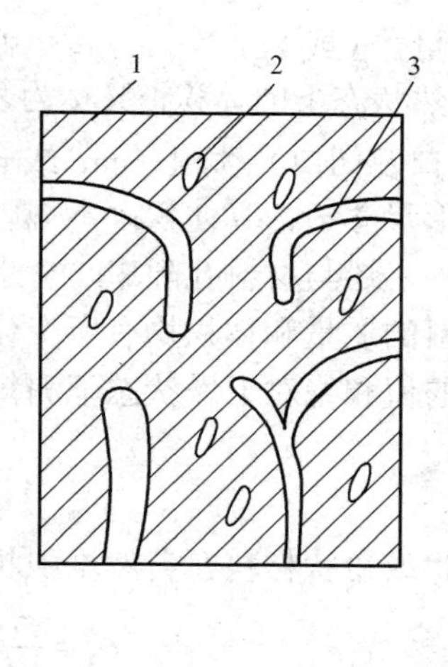


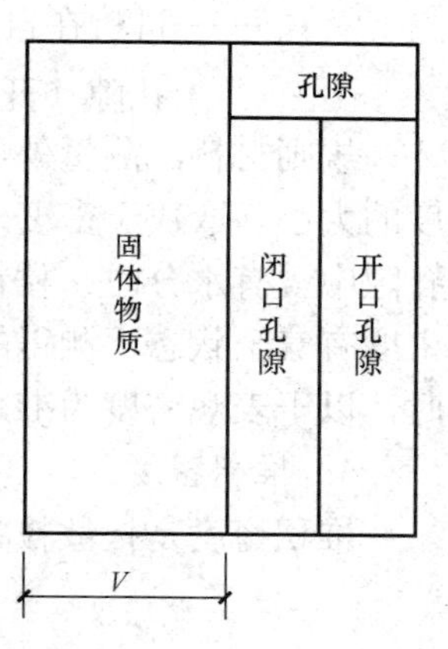


图 1-1　含孔材料的体积构成示意图

1—固体物质；2—闭口孔隙；3—开口孔隙

（一）材料的密度、视密度、表观密度和堆积密度

1. 密度

密度是指材料在绝对密实状态下单位体积的质量，按下式计算，即

$$\rho=\frac{m}{V} \tag{1-1}$$

式中 $\rho$ ——密度，$g/cm^3$ 或 $kg/m^3$；

$m$——材料的质量，g 或 kg；

$V$——材料的在绝对密实状态下的体积，$cm^3$ 或 $m^3$。

所谓绝对密实状态下的体积，是指不包括任何孔隙的体积。对于绝大多数含有孔隙的材料，测定其密度时，须先把材料磨成细粉，经干燥至恒重后，用排水法（李氏瓶法）测定其体积，然后按式（1-1）计算得到密度值。材料磨得越细，测得的数值就越准确。

2. 视密度

视密度是指材料在包含闭口孔隙条件下单位体积的质量，用下式表示，即

$$\rho'=\frac{m}{V'} \tag{1-2}$$

式中 $\rho'$ ——视密度，$g/cm^3$ 或 $kg/m^3$；

$m$ ——材料的质量，g 或 kg；

$V'$ ——材料的近似体积，包括材料的固体体积和闭口孔隙体积，$cm^3$ 或 $m^3$。

在测定较致密且不规则的散状材料（如砂、石子、水泥等）时，可直接以排水法求得的体积$V'$作为材料的近似体积（因未经磨细，而直接排水测体积，故$V'$也可理解为绝对密实状态体积的近似值）。

3. 表观密度

表观密度是指材料在自然状态下单位体积的质量，按下式计算，即

$$\rho_0=\frac{m}{V_0} \tag{1-3}$$

式中 $\rho_0$ ——表观密度，$g/cm^3$ 或 $kg/m^3$；

$m$ ——材料的质量，g 或 kg；

$V_0$ ——材料在自然状态下的体积，又称为表观体积，包括材料的固体物质体积和所含孔隙（开口及闭口）体积，$cm^3$ 或 $m^3$。

规则材料，测量外形尺寸，计算体积；不规则材料表面封蜡，用排水法测体积。表观密度的大小除取决于密度外，还与材料孔隙率与含水程度有关。孔隙越多，表观密度越小；当孔隙中含有水分时，材料的质量和体积均有所变化，表观密度一般变大。所以，材料的表观密度有气干状态下测得的值和绝对干燥状态下测得的值（干表观密度）。在进行材料对比试验时，以干表观密度为准。

4. 堆积密度

堆积密度是指散粒状或粉状材料在自然堆积状态下单位体积的质量，用下式表示，即

$$\rho_0'=\frac{m}{V_0'} \tag{1-4}$$

式中 $\rho_0'$ ——材料的堆积密度，$g/cm^3$ 或 $kg/m^3$；

$m$ ——材料的质量，g 或 kg；

$V_0'$ ——材料的自然堆积体积，包括颗粒体积和颗粒之间空隙的体积，$cm^3$ 或 $m^3$（见图 1-2）。

材料的堆积密度取决于材料的表观密度、颗粒形状及级配，以及测定时材料的装填方式与疏密程度。松堆积方式测得的堆积密度值要明显小于紧堆积时的测定值。工程中通常采用松散堆积密度确定颗粒状材料的堆放空间。

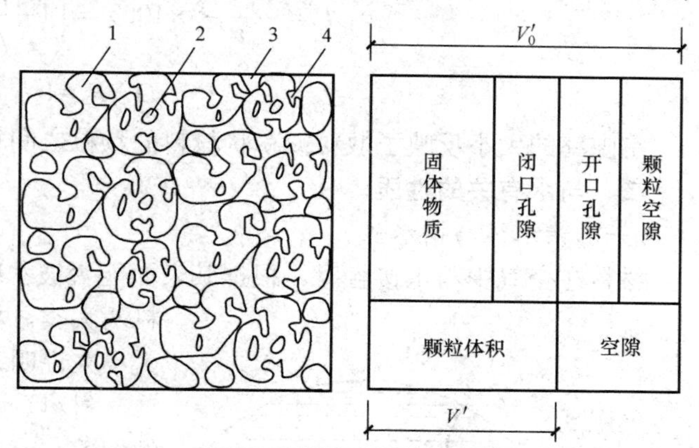

图 1-2　散粒材料堆积及体积示意图

1—固体物质；2—颗粒中的闭口孔隙；3—颗粒间空隙；4—颗粒中的开口孔隙

（二）材料的密实度、孔隙率、填充率和空隙率

1．密实度

密实度是指材料体积内被固体物质所充实的程度，即材料中固体物质的体积占总体积的百分率，以 $D$ 表示，即

$$D=\frac{V}{V_0}\times100\%=\frac{\rho_0}{\rho}\times100\% \tag{1-5}$$

2．孔隙率

孔隙率是指材料内孔隙体积占材料总体积的百分率，以 $P$ 表示，即

$$P=\frac{V_0-V}{V_0}\times100\%=\left(1-\frac{\rho_0}{\rho}\right)\times100\% \tag{1-6}$$

材料的致密程度用密实度和孔隙率表示，密实度越大，则材料越密实。材料的许多工程性质，如强度、吸水性、抗渗性、抗冻性、导热性、吸声性等都与材料的密实度和孔隙率有关。这些性质不仅取决于孔隙率的大小，还与孔隙的孔径大小、形状、分布、连通与否等构造特征密切相关。

在孔隙率相同的情况下，材料内部开口孔隙增多会提高材料的吸水性、吸湿性、透水性、吸声性，但是抗冻性和抗渗性会变差；材料内部闭口孔隙增多会提高材料的保温隔热性能和抗冻性能。

密实度、孔隙率是从不同角度反映材料的致密程度。密实度与孔隙率的关系为

$$D+P=1 \tag{1-7}$$

3．填充率

填充率是指散状材料在堆积体积中被其颗粒所填充的程度，以 $D'$表示，可用下式计算，即

$$D'=\frac{V_0}{V_0'}\times100\%=\frac{\rho_0'}{\rho_0}\times100\% \tag{1-8}$$

4．空隙率

空隙率是指散粒或粉状材料颗粒之间的空隙体积占其自然堆积体积的百分率，用 $P'$ 表

示，即

$$P' = \frac{V_0' - V_0}{V_0'} \times 100\% = \left(1 - \frac{\rho_0'}{\rho_0}\right) \times 100\% \tag{1-9}$$

$$D' + P' = 1 \tag{1-10}$$

空隙率的大小反映了散粒或粉状材料的颗粒之间相互填充的紧密程度。

## 二、与水有关的性质

### （一）亲水性与憎水性

材料在空气中与水接触时，根据其表面能否被水所润湿，可分为亲水性材料与憎水性材料两大类。材料的亲水性与憎水性可用润湿角$\theta$的大小来说明，如图1-3所示。

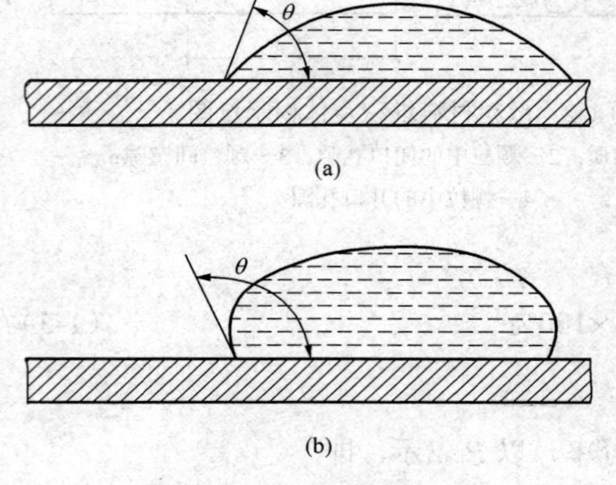


图1-3 材料的润湿示意图

（a）亲水性材料；（b）憎水性材料

材料、水、空气三相接触的交点处，沿水表面的切线与水和固体的接触面所成的夹角$\theta$称为润湿角。润湿角$\theta$越小，材料被水润湿的程度就越高。通常认为，润湿角$\theta \leqslant 90°$［见图1-3（a）］时，材料为亲水性材料，如黏土砖、石料、混凝土、木材等；润湿角$\theta > 90°$［见图1-3（b）］时，材料为憎水性材料，如沥青、石蜡、塑料等。憎水性材料表面不能被水润湿，常用作防水、防潮、防腐材料，也可用于亲水性材料的表面处理，以提高其防水、防潮性能，增强耐久性。

材料产生亲水性是因为材料与水接触时，材料与水之间的分子亲和力大于水本身分子间的内聚力所致。当材料与水之间的亲和力小于水本身分子间的内聚力时，材料表现为憎水性。

### （二）吸水性

材料的吸水性是指材料在水中吸收水分的能力。吸水性的大小用吸水率指标来表示，吸水率有质量吸水率和体积吸水率两种表示方法。

1. 质量吸水率

质量吸水率是指达到吸水饱和时，材料吸收水分的质量占材料干燥状态质量的百分率，按下式计算，即

$$W_{质} = \frac{m_{湿} - m_{干}}{m_{干}} \times 100\% \tag{1-11}$$

式中 $W_{质}$——材料的质量吸水率，%；

$m_{湿}$——材料在吸水饱和状态的质量，g；

$m_{干}$——材料在绝对干燥状态下的质量，g。

2. 体积吸水率

体积吸水率是指达到吸水饱和时，材料吸收水分的体积占干燥材料自然体积的百分率。该值体现的是材料体积内被水充实的程度，可按下式计算，即

$$W_{体}=\frac{V_{水}}{V_0}=\frac{m_{湿}-m_{干}}{\rho_{水}V_0}\times100\% \tag{1-12}$$

式中　$W_{体}$ ——材料的体积吸水率，%；

$V_{水}$ ——材料吸水饱和后吸入水的体积，$cm^3$；

$\rho_{水}$ ——水的密度，在常温下取 1.0，$g/cm^3$；

$V_0$ ——干燥材料在自然状态下的体积，$cm^3$。

质量吸水率与体积吸水率之间存在下列关系，即

$$W_{体}=W_{质}\frac{\rho_0}{\rho_{水}} \tag{1-13}$$

材料吸水率不仅与材料的孔隙率和孔隙特征有关，而且与材料本身是亲水性的还是憎水性的密切相关。因为水分是通过材料的开口孔吸入，并经过连通孔渗入材料内部的，材料内与外界连通的微细孔隙越多，材料的吸水率越大。孔隙率越大，材料吸水性越强；孔隙率相同的情况下，具有细小连通孔的材料比具有较多粗大开口孔隙或闭口孔隙的材料吸水性更强。这是由于闭口孔隙水分不能进入；而粗大、开口孔隙不易吸满水分；具有很多微小孔隙的材料，其吸水率较大，但由于微小孔隙中存在空气，在正常情况下水分不易进入。

对于轻质且多开口孔隙、吸水性较强的材料，由于吸入水分的质量往往超过材料干燥时的自重，即$W_{质}$大于 100%，因此用$W_{体}$更能反映其吸水能力的强弱。材料的体积吸水率实际上就是材料的开口孔隙率$P_{开}$，$W_{体}$不可能超过 100%。

材料吸收水分后会产生一系列不良的影响，往往材料的许多性质会发生改变，如体积膨胀、保温性能下降、强度降低、抗冻性变差等，总体来说，对材料的性能是不利的。

（三）吸湿性

吸湿性是指材料在潮湿的空气中吸收空气中水分的性质。吸湿性的大小用含水率来表示，含水率是材料所含水的质量占材料干燥状态质量的百分数，可按下式计算，即

$$W_{含}=\frac{m_{含}-m_{干}}{m_{干}}\times100\% \tag{1-14}$$

式中　$W_{含}$ ——材料的含水率，%；

$m_{含}$ ——材料含水时的质量，g；

$m_{干}$ ——材料干燥至恒重时的质量，g。

材料含水率的大小不仅取决于材料自身的特性，如亲水性、孔隙率和孔隙特征，还与周围环境的温度、湿度有关。气温越低，相对湿度越大，材料的含水率就越大。当材料的含水率达到与环境湿度保持相对平衡的状态时，称为平衡含水率。

（四）耐水性

耐水性是指材料长期在饱和水作用下不破坏，强度也不显著降低的能力。材料的耐水性用软化系数表示，可按下式计算，即

$$K_{软}=\frac{f_{饱}}{f_{干}} \tag{1-15}$$

式中　$K_{软}$ ——材料的软化系数；

$f_{饱}$ ——材料在饱水状态下的抗压强度，MPa；

$f_{干}$ ——材料在干燥状态下的抗压强度，MPa。

软化系数一般在 0～1 范围内波动，其大小表明材料在浸水饱和后强度降低的程度，值越小，说明材料吸水饱和后强度下降越大，材料耐水性越差。通常软化系数大于 0.85 的材料可认为是耐水材料。对于经常位于水中或处于潮湿环境中的重要建筑物，其软化系数应大于 0.85；对于受潮较轻或次要结构所用材料，其软化系数允许稍有降低，但不宜小于 0.75。

材料的耐水性主要取决于其组成成分在水中的溶解度和材料内部开口孔隙率的大小。软化系数一般随溶解度增大、开口孔隙增多而变小。溶解度很小或不溶、孔隙率低或具有较多封闭孔隙的材料，软化系数一般较大，即材料的耐水性较好。

（五）抗渗性

材料抵抗压力水或其他液体渗透的性质称为抗渗性，也称不透水性。材料的抗渗性可用以下两种方法表示。

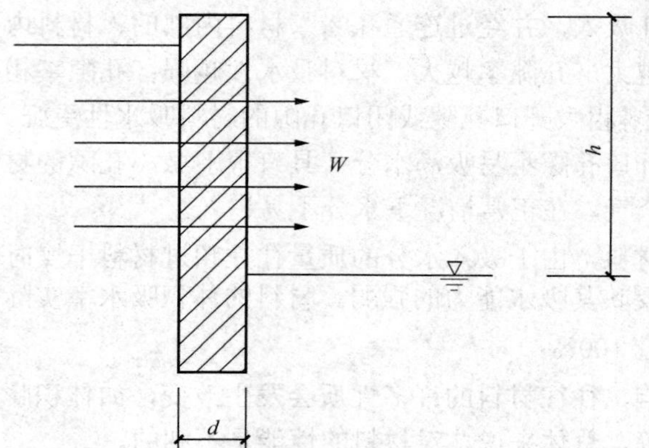


图 1-4　材料透水示意图

1. 渗透参数

根据达西定律，在一定时间 $t$ 内，透过材料试件的水量 $W$ 与试件的渗水面积 $A$ 及水头差 $h$ 成正比，与试件厚度 $d$ 成反比，如图 1-4 所示，用公式表示为

$$W = K\frac{h}{d}At \tag{1-16}$$

或

$$K = \frac{Wd}{Aht} \tag{1-17}$$

式中　$K$——渗透系数，cm/h。

渗透系数反映了材料抵抗压力水渗透的性质，渗透系数越大，表明材料的透水性越好而抗渗性越差。

2. 抗渗等级

通过在标准试验方法下进行透水试验得到的材料最大渗水压力，来确定抗渗等级，以字母 $P$ 及可承受的水压力（以 0.1MPa 为单位）来表示，即

$$P = 10p - 1 \tag{1-18}$$

式中　$P$——抗渗等级；

$p$——开始渗水前的最大水压力，MPa。

混凝土和砂浆抗渗性的好坏常用抗渗等级表示，如 P6、P8，分别表示试件承受 0.6、0.8MPa 的水压而不渗透。$P$ 越大，材料的抗渗性越好。

材料的抗渗性不仅与材料的亲水性和憎水性有关，也与材料的孔隙率及孔隙特征有关。孔隙率小且封闭孔隙多的材料，抗渗性好；在孔隙率相同的条件下，开口孔隙多、孔径尺寸大且连通的材料，抗渗性差。对于防水工程、地下建筑及水工构筑物，要求材料具有较高的抗渗性。

（六）抗冻性

材料的抗冻性是指在吸水饱和状态下，经受多次冻融循环作用而不破坏，同时也不显著降低强度的性质。抗冻性的大小用抗冻等级表示。抗冻等级是将材料吸水饱和后，

按规定方法进行冻融循环试验，以质量损失不超过 5%，或强度下降不超过 25%，所能经受的最大冻融循环次数来确定，用符号 F 和最大冻融循环次数表示，如 F15、F25、F50、F100 等。

冰冻产生破坏的原因是由于材料内部孔隙中的水分结冰而引起的。水结成冰后产生约 9%的体积膨胀，从而对孔隙中的水产生挤压作用，使孔隙中的水压力增大，对孔壁产生较大的压力，从而使孔壁产生拉应力。当由此产生的拉应力超过材料的抗拉强度极限时，材料内部即产生微裂纹，引起强度下降。同时材料的表面部分也会因水压力的作用而脱落，造成材料质量的损失。此外在冻结和融化过程中，材料内外的温差引起的温度应力也会导致内部微裂纹的产生或加速原来微裂纹的扩展，而导致强度的降低。显然，这两种破坏作用随冻融循环次数的增多而加强。材料可以经受冻融循环的次数越多，材料的抗冻等级越高，其抗冻性越好。

材料的抗冻性取决于其材料的孔隙率及孔隙特征，还与材料受冻时吸水饱和程度、材料本身的强度以及冻结条件，如冻结温度、速度、冻融循环作用的频繁程度等有关。

**三、与热有关的性质**

（一）导热性

导热性是材料传导热量的能力，可用热导率 $\lambda$ 表示。材料传导热的示意图如图 1-5 所示。材料传导的热量 $Q$ 与导热面积 $A$ 成正比，与时间 $t$ 成正比，与材料两侧的温度差($T_2$–$T_1$)成正比，与材料的厚度 $a$ 成反比，即

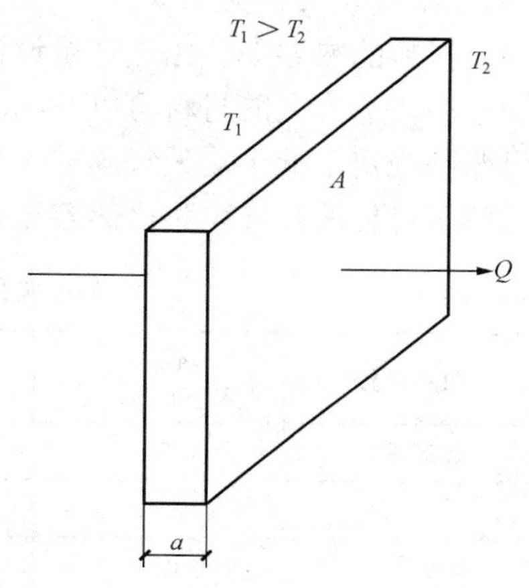


图 1-5　材料传热示意图

$$Q=\lambda\frac{At(T_2-T_1)}{a} \tag{1-19}$$

或

$$\lambda=\frac{Qa}{At(T_2-T_1)} \tag{1-20}$$

式中　$\lambda$——热导率，W/（m·K）。

热导率 $\lambda$ 的物理意义为：厚度为 1m 的材料，当其相对两侧表面温度差为 1K 时，经单位面积 1m$^2$、单位时间 1s 所通过的热量。

热导率 $\lambda$ 越小，材料的绝热性能越好，材料的保温隔热性能越强。一般将 $\lambda$ 不大于 0.175W/（m·K）的材料作为绝热材料。建筑材料的热导率范围在 0.023～400W/（m·K）之间，变换很大，见表 1-1。

材料的热导率与材料的化学组成、结构、构造、孔隙率及孔隙特征、含水状况及所传导的温度等有关。一般来讲，金属材料、无机材料、晶体材料的热导率分别大于非金属材料、有机材料、非晶体材料。材料的孔隙率越大，其热导率越小。当孔隙率相同时，由微小而封闭孔隙组成的材料比由粗大而连通的孔隙组成的材料具有更低的热导率，原因是前者避免了材料孔隙内热的对流传导。

工程中常用多孔材料作为保温隔热材料，此类材料在使用中要注意防潮防冻。因为水的热导率 $\lambda_{水}$=0.58W/（m·K）是空气的 25 倍，而冰的热导率 $\lambda_{冰}$=2.30W/（m·K）又是水的 4 倍，因此当材料受潮或受冻结冰时会使热导率急剧增大，导致材料的保温隔热性能变差。

（二）热容量

热容量是材料加热时吸收热量，冷却时放出热量的能力。热容量的大小用比热容来表示。比热容在数值上等于 1g 材料，温度升高或降低 1K 时所吸收或放出的能量 $Q$，用下式表示为

$$c=\frac{Q}{m(T_2-T_1)} \tag{1-21}$$

式中 $c$——材料的比热容，J/（g·K）；

$Q$——材料吸收或放出的热量，J；

$m$——材料的质量，g；

$T_2-T_1$——材料受热或冷却前后的温度差，K。

材料的热导率和比热容是设计建筑物围护结构、进行热加工计算时的重要参数，选用热导率小、热容大的材料可以节约能耗，并长时间地保持室内温度的稳定。我国建设主管部门已明确规定，处于夏天气温较高和冬天气温较低的地区，建筑物必须使用保温隔热材料。常用建筑材料的热导率和比热容见表 1-1。

表 1-1 常用建筑材料的热导率和比热容指标

| 材料名称 | 热导率［W/（m·K）］ | 比热容［J/（g·K）］ | 材料名称 | 热导率［W/（m·K）］ | 比热容［J/（g·K）］ |
|---|---|---|---|---|---|
| 建筑钢材 | 58 | 0.48 | 黏土空心砖 | 0.64 | 0.92 |
| 花岗岩 | 3.49 | 0.92 | 松木 | 0.17～0.35 | 2.51 |
| 普通混凝土 | 1.28 | 0.88 | 泡沫塑料 | 0.03 | 1.30 |
| 水泥砂浆 | 0.93 | 0.84 | 冰 | 2.20 | 2.05 |
| 白灰砂浆 | 0.81 | 0.84 | 水 | 0.60 | 4.19 |
| 普通黏土砖 | 0.81 | 0.84 | 静止空气 | 0.025 | 1.00 |

## 第二节 材料的力学性质

材料的力学性质是指材料在外力作用下，抵抗破坏和变形的性质。力学性质的好坏对建筑物的正常和安全使用至关重要。

### 一、强度

强度是指材料在外力作用下抵抗破坏的能力。在材料受到外力作用时，材料内部会产生应力，随着外力的增加应力也增加。材料破坏时应力达到极限值，这个极限应力值就是材料的强度，常用单位为 MPa（$N/mm^2$）。

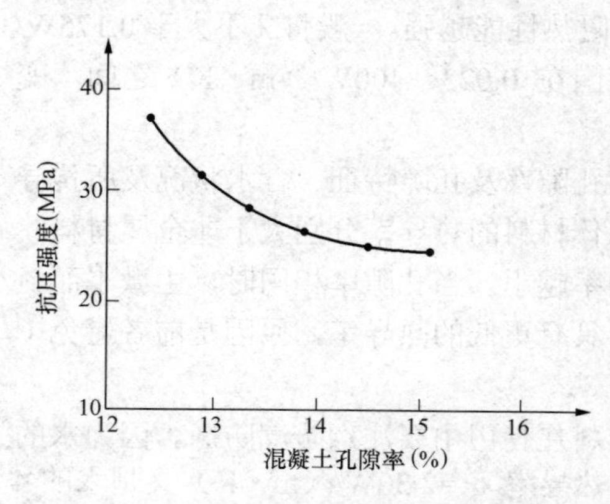

图 1-6 混凝土强度与孔隙率关系曲线

材料强度的影响因素有材料的组成、组织和结构。如钢材，其强度随钢中碳及合金元素含量以及组织结构的变化而变化。组成相同的材料，其强度取决于孔隙率的大小。如图 1-6 所示为混凝土强度与孔隙率关系曲线，曲线表明混凝土强度随孔隙率增大而降

低。其他材料（石灰岩、烧土制品等）也存在类似的关系。

此外，测定强度的条件和方法对测定结果也产生一定的影响。测定条件主要包括试件的形状和大小、表面状态、含水状况、温度，试验机的测定范围及试验时的加荷速度等。所以，在进行材料的强度试验时，必须按相应的统一规范或标准进行，不得随意改变实验条件。

材料的强度包括抗压、抗拉、抗弯、抗剪强度，分别表示材料抵抗压力、拉力、弯曲、剪力破坏的能力。表 1-2 列出了材料基本强度的分类和计算公式。

**表 1-2　　静力强度分类和计算公式**

| 强度类别 | 举　例 | 计算式 | 附　注 |
|---|---|---|---|
| 抗压强度 $f_c$（MPa） | F；F | $f_c=\frac{F}{A}$ | $F$——破坏荷载，N；<br>$A$——受荷面积，mm²；<br>$l$——跨度，mm；<br>$b$——断面宽度，mm；<br>$h$——断面高度，mm |
| 抗拉强度 $f_t$（MPa） | F；F | $f_t=\frac{F}{A}$ | |
| 抗剪强度 $f_v$（MPa） | F；F | $f_v=\frac{F}{A}$ | |
| 抗弯强度 $f_w$（MPa） | F；b；h；l | $f_w=\frac{3Fl}{2bh^2}$ | |

大多数建筑材料根据其极限强度的大小，划分为若干不同的强度等级。如混凝土按抗压强度有 C10、C15、C20、C60 等 12 个强度等级。材料的强度等级值是材料达到该级别的强度最低值，也是材料的实际强度值高于该级别的强度值。

## 二、弹性与塑性

弹性是指材料在应力作用下产生变形，当外力取消后能完全恢复原来形状的性质。这种变形称为弹性变形，明显具有弹性变形特征的材料称为弹性材料。

塑性是指材料在应力作用下产生变形，当外力消除后，仍保持变形后的形状尺寸，且不产生裂纹的性质。这种变形称为塑性变形或永久变形，明显具有塑性变形特征的材料称为塑性材料。

实际上，纯弹性与纯塑性的材料都是不存在的，大多数材料的变形既有弹性变形，也有塑性变形。例如：低碳钢当应力在弹性极限内时，仅产生弹性变形，此时应力与应变的比值为一常数，即弹性模量 $E(E=\sigma/\varepsilon)$。随着外力增大至超过弹性极限之后，出现另一种变形——塑性变形。应力继续增大，则又产生了一种变形，弹性变形和塑性变形同时发生，即弹—塑性变形。又如混凝土，在它受力一开始，弹性变形和塑性变形便同时发生，除去外力后，弹性变形可以恢复（消失）而塑性变形不能消失。其应力应变如图1-7所示，具有这种变形特征的材料叫做弹塑性材料。

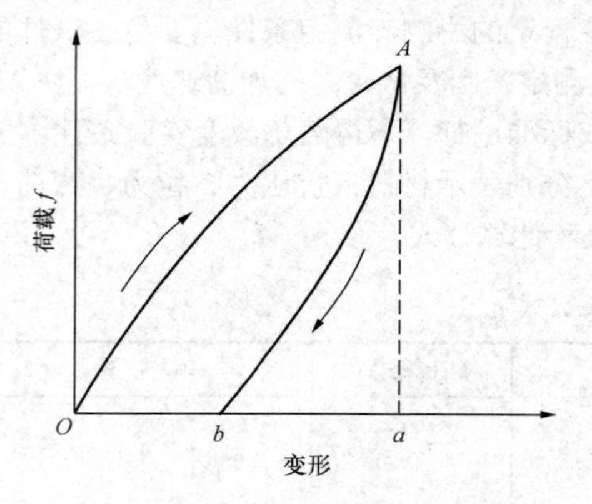


图1-7 弹塑性材料变形曲线

$ab$—可恢复的弹性变形；$bO$—不可恢复的塑性变形

### 三、脆性和韧性

脆性是指材料在外力作用下，无明显塑性变形而发生突然破坏的性质，具有这种性质的材料为脆性材料。通常脆性材料的抗压强度远远大于抗拉强度，一般其抗冲击、振动的能力也较差，常作为承压构件，如混凝土、砖、石材。

韧性是指材料在振动或冲击荷载作用下，能吸收较多的能量，并产生较大的变形而不破坏的性质，具有这种性质的材料为韧性材料。韧性材料的塑性变形大，抗拉强度高，一般可用于路面、桥梁和吊车等需要承受冲击荷载和有抗震要求的结构。

## 第三节 材料的耐久性

耐久性是指材料在使用过程中能抵抗各种因素的作用而能长久保持其原有性能的能力。

耐久性是一项综合指标，包括抗冻性、抗渗性、抗风化性、抗老化性、耐化学腐蚀性等。材料在使用过程中，会受周围环境和各种自然因素的作用，包括物理、化学、机械及生物的作用。物理作用一般是指干湿变化、温度变化、冻融循环等。这些作用会使材料发生体积变化或引起内部裂缝的扩展，而使材料逐渐破坏，如水泥混凝土的热胀冷缩、冻融循环、水的溶出性侵蚀等。化学作用，包括酸、碱、盐等物质的水溶液及有害气体的侵蚀作用，这些侵蚀作用会使材料逐渐变质而破坏，如水泥石的腐蚀、钢筋的锈蚀作用。机械作用包括荷载的持续作用，交变荷载引进的材料疲劳破坏，冲击、磨损、磨耗等。生物作用是指菌类、昆虫的侵害作用，如白蚁对建筑物的破坏、木材的腐蚀等。因而，材料的耐久性实际上是衡量材料在上述多种作用之下能够长久保持原有的性能，从而保证建筑物安全、正常使用的性质。

实际工程中，材料往往受到多种破坏因素的同时作用。材料品质不同，其耐久性的内容各有不同。金属材料常由化学和电化学作用引起腐蚀、破坏，其耐久性主要指标是耐蚀性；无机非金属材料（如石材、砖、混凝土等）常受化学作用、溶解、冻融、风蚀、温差、湿差、摩擦等其中某些因素或综合因素共同作用，其耐久性指标主要包括抗冻性、抗风化性、抗渗性、耐磨性等方面的要求；有机材料常由生物作用、光、热电作用而引起破坏，其耐久性包含抗老化性、耐蚀性指标。

材料的耐久性直接影响建筑物的安全性和经济性，提高材料的耐久性首先应根据工程的重要性、所处的环境合理选择材料，并采取相应的措施，如提高材料密实度等，以增强自身对外界作用的抵抗能力，或采取表面保护措施使主体材料与腐蚀环境隔离，甚至可以从改善环境条件入手减轻对材料的破坏。

由于耐久性是材料的一项长期性质，因此对材料耐久性最可靠的判断是在使用条件下进行长期的观察和测定，这样做需要很长时间。通常是根据使用要求，在试验室进行快速试验，并据此对耐久性做出判断。快速检验的项目有干湿循环、冻融循环、加湿与紫外线干燥循环、碳化、盐溶液浸渍与干燥循环、化学介质浸渍等。

## 本 章 小 结

本章讲述了建筑材料与疏密程度有关的几个概念，与质量、水、热有关的性质，以及材料的力学性质和耐久性，是有关建筑材料的基础知识。通过本章的学习，能使学生理解建筑材料所具有的各种基本性质的定义、内涵及材料性质对其性能的影响。

## 复 习 题

**一、填空题**

1. 材料的密度是指材料在（　　）状态下单位体积的质量；材料的表观密度是指材料在（　　）状态下单位体积的质量。

2. 材料的吸水性大小用（　　）表示，吸湿性大小用（　　）表示。

3. 材料的耐水性用（　　）表示，是指材料在长期（　　）作用下，（　　）不显著降低的性质。

4. 材料的孔隙率大，且开口孔隙多，则材料的吸水性（　　），抗渗性（　　），抗冻性（　　），强度（　　），耐久性（　　）。

5. 材料的几种密度$\rho$、$\rho'$、$\rho_0$、$\rho_0'$的大小顺序为（　　）。

6. 材料的孔隙率恒定时，孔隙尺寸越小，材料的强度越（　　），耐久性越（　　），保温性越（　　）。

7. 同种材料的孔隙率越（　　），其强度值越高。当材料的孔隙一定时，（　　）孔隙越多，材料的保温性能越好。

**二、选择题**

1. 材料孔隙率大且具有（　　）时，吸水性才是最强的。

A. 微细、贯通、开口孔隙　　B. 粗大、贯通、开口孔隙
C. 粗大、贯通、闭口孔隙　　D. 微细、贯通、闭口孔隙

2. 下面材料的性质随孔隙率的降低而提高的是（　　）。

A. 吸水性　B. 吸湿性　C. 保温隔热性　D. 强度

3. 含水率为5%的湿砂100kg，其中干砂（　　）kg、水（　　）kg。

A. 85、15　B. 90、10　C. 95、5　D. 95、10

4. 当材料的润湿边角$\theta$（　　）时，为憎水性材料。

A. $>90°$　B. $\leqslant 90°$　C. $=0°$　D. $<90°$

5. 当材料的软化系数（　　）时，可以认为是耐水性材料。

A. $>0.85$　B. $<0.85$　C. $=0.75$　D. $=0.9$

**三、简述题**

1. 怎样区分材料的亲水性与憎水性？在工程上有何实际意义？

2．材料的吸湿性、吸水性、耐水性、抗渗性、抗冻性的衡量指标分别用什么表示？

3．材料的孔隙状态包括哪几个方面的内容？材料的孔隙状态是如何影响密度、抗渗性、抗冻性、导热性等性质的？

4．保温、隔热材料为什么要注意防潮、防冻？

**四、计算题**

1．一块材料的全干质量为 100g，自然状态下的体积为 $40cm^3$，绝对密实状态下的体积为 $33cm^3$，试计算密度、表观密度、密实度和孔隙率。

2．工地所用卵石的密度为 $2.65g/cm^3$，表观密度为 $2.61g/cm^3$，堆积密度为 $1680kg/m^3$，计算石子的孔隙率和空隙率。

3．岩石的抗压强度为 210MPa，浸水饱和抗压强度为 190MPa，该岩石是否能用于潮湿的地基处？

# 第二章　气硬性胶凝材料

## 学习目标

通过本章的学习，了解气硬性胶凝材料和水硬性胶凝材料的含义；掌握石灰、石膏的组成、性质、技术要求及应用；了解石灰、石膏的验收及保管。

建筑材料中，凡是经过一系列的物理、化学作用，由液体或膏状体变为坚硬的固体，同时将砂、石、砖、砌块等散粒或块状材料胶结成具有一定机械强度的整体的材料，统称为胶凝材料。

（1）按化学成分不同，可分为有机胶凝材料和无机胶凝材料。

1）有机胶凝材料是以天然或合成的高分子化合物为基本组分的胶凝材料。

2）无机胶凝材料是以无机化合物为主要成分，掺入水或适量的盐类水溶液（或含少量的有机物的水溶液），经一定的物理、化学变化过程后，产生强度和黏结力，可将松散的材料胶结成整体，也可将构件结合成整体。

（2）按硬化的条件不同，可分为气硬性胶凝材料和水硬性胶凝材料。

1）气硬性胶凝材料是指只能在空气中硬化，也只能在空气中保持和发展其强度的胶凝材料，如石灰、石膏和水玻璃等。

2）水硬性胶凝材料是指不仅能在空气中硬化，而且能更好地在水中硬化，并保持和继续提高其强度的胶凝材料，如各类水泥。

气硬性胶凝材料耐水性差，一般只适用于地上或干燥环境，不适用于潮湿环境，更不可用于水中。水硬性胶凝材料耐水性好，既可用于空气中，也可用于地下或水中。本章主要叙述石灰、石膏在建筑上常用的气硬性胶凝材料。

## 第一节　石　　灰

石灰是一种传统的建筑材料，也是在建筑工程中使用最早的气硬性胶凝材料之一，由于原料分布广泛、生产工艺简单、成本低、使用方便，因此在建筑工程中一直得到广泛应用。

### 一、石灰的原料与生产

石灰是用以碳酸钙为主要成分的石灰石、白垩等原材料，在1000℃左右的温度下煅烧所得到的产品，称为生石灰。生石灰的主要成分为氧化钙（CaO），另外还含有少量氧化镁（MgO）及杂质。化学反应式为

$$CaCO_3 \xrightarrow{900℃} CaO + CO_2\uparrow$$

$$MgCO_3 \xrightarrow{700℃} MgO + CO_2\uparrow$$

上述反应温度为达到化学平衡时的温度。在实际生产中，为了加快石灰石的分解，使$CaCO_3$能迅速充分分解生成CaO，必须提高煅烧温度，一般为1000～1100℃。

由于煅烧温度过低或煅烧时间过短，或者石灰石块体太大等原因，使生石灰中存在未分解完全的石灰石，这种石灰称为欠火石灰。欠火石灰产浆量小、质量较差、利用率较低。

煅烧温度过高或煅烧时间过长，石灰块体体积密度增大、颜色变深，即为过火石灰。过火石灰与水反应的速度大大降低，在硬化后才与游离水分发生熟化反应，产生较大体积膨胀，使硬化后的石灰表面局部产生鼓包、崩裂等现象，工程上称为“爆灰”。“爆灰”是建筑工程质量通病之一。

杂质含量少、煅烧情况良好的生石灰，颜色洁白或微黄，呈多孔结构，体积密度较低（800～1000kg/$m^3$），质量最好，这种石灰称为正火石灰。

## 二、石灰的分类

（1）按照生石灰的化学成分分类。根据行业标准《建筑生石灰》（JC/T 479—2013）规定，分为钙质石灰和镁质石灰。钙质石灰主要由氧化钙或氢氧化钙组成，而不添加任何水硬性的或火山灰质的材料。镁质石灰主要由氧化钙和氧化镁(MgO＞5%)或氢氧化钙和氢氧化镁组成，而不添加任何水硬性的或火山灰质的材料。根据化学成分的含量每类分成各个等级，见表 2-1。

（2）按照生石灰的加工情况分类。分为建筑生石灰和建筑生石灰粉。

**表 2-1 建筑生石灰的分类（JC/T 479—2013）**

| 类别 | 名称 | 代号 |
|---|---|---|
| 钙质石灰 | 钙质石灰 90 | CL90 |
| | 钙质石灰 85 | CL85 |
| | 钙质石灰 75 | CL75 |
| 镁质石灰 | 镁质石灰 85 | ML85 |
| | 镁质石灰 80 | Ml80 |

## 三、石灰的熟化

### （一）熟化过程

生石灰加水形成熟石灰的过程称为熟化或消化。生石灰除磨细成生石灰粉可以直接在工程中使用外，一般均需熟化后使用。在熟化过程中发生以下化学反应，即

$$CaO+H_2O \longrightarrow Ca(OH)_2+64.83kJ$$

石灰熟化过程中有几个显著的特点：一是放出大量的热，放热速度快；二是体积迅速膨胀 1～2.5 倍；三是反应可逆。

煅烧良好、氧化钙含量高的生石灰熟化快、放热量多、体积增大多，因此产浆量高。

### （二）熟化方法

熟化方式主要有淋灰和化灰两种。

淋灰一般在石灰厂进行，是将块状生石灰堆成垛，先加入石灰熟化总用水量 70%的水，熟化 1～2d 后将剩余 30%的水加入继续熟化而成。由于加水量小，熟化后为粉状，也称消石灰粉。

化灰一般在施工现场进行，是将块状生石灰放入化灰池中，用大量水冲淋，使水面超过石灰表面熟化而成。由于加入大量水分，形成的熟石灰为膏状，简称灰膏。

### （三）注意事项

熟化后的熟石灰在使用前必须“陈伏”15d 以上，以消除过火石灰因熟化慢，体积膨胀引起隆起和开裂（即爆灰现象）。此外，在陈伏时，必须在化灰池表面保留一层水，使熟石灰

与空气隔绝，防止石灰与空气中二氧化碳发生化学反应（碳化）而降低石灰的活性。

## 四、石灰的硬化

石灰在空气中的硬化包括以下两个同时进行的过程。

### （一）结晶作用（干燥作用）

石灰浆中的主要成分是 $Ca(OH)_2$ 和 $H_2O$，随着游离水分蒸发，$Ca(OH)_2$ 逐渐从饱和溶液中结晶，促进石灰浆体的硬化，同时干燥使浆体紧缩而产生强度。

### （二）碳化作用

浆体中的 $Ca(OH)_2$ 与空气中的 $CO_2$ 化合生成 $CaCO_3$ 结晶，释放水分并被蒸发。形成的 $CaCO_3$ 晶体使石灰浆体结构致密，强度提高。化学式为

$$Ca(OH)_2+CO_2+nH_2O \longrightarrow CaCO_3+(n+1)H_2O$$

由于空气中 $CO_2$ 的浓度很低，因此碳化过程极为缓慢。当石灰浆体含水量过少，处于干燥状态时，碳化反应几乎停止。石灰浆体含水过多时，孔隙中几乎充满水，$CO_2$ 气体难以向内部渗透，即碳化作用仅限于在表面进行。当碳化生成的碳酸钙达到一定厚度时，则阻碍 $CO_2$ 向内部渗透，也阻碍内部水分向外蒸发，从而减慢碳化速度。

从以上分析可知，石灰浆体硬化慢，且硬化后强度低、耐水性差。

## 五、石灰的技术要求

根据 JC/T 479—2013 和 JC/T 481—2013，建筑工程中所用的石灰分成建筑生石灰、建筑生石灰粉和建筑消石灰粉三个品种，并分成各个等级，相应技术指标见表 2-2～表 2-5。

产品各项技术值均达到相应表内某等级规定的指标时，则评定为该等级。若有一项低于合格品指标时，则定位不合格品。

**表 2-2　建筑生石灰的化学成分（JC/T 479—2013）**　（%）

| 名称 | 氧化钙+氧化镁（CaO+MgO） | 氧化镁 MgO | 二氧化碳（$CO_2$） | 三氧化硫（$SO_3$） |
|---|---|---|---|---|
| CL90-Q<br>CL90-QP | ≥90 | ≤5 | ≤4 | ≤2 |
| CL85-Q<br>CL85-QP | ≥85 | ≤5 | ≤7 | ≤2 |
| CL75-Q<br>CL75-QP | ≥75 | ≤5 | ≤12 | ≤2 |
| ML85-Q<br>ML85-QP | ≥85 | >5 | ≤7 | ≤2 |
| ML80-Q<br>ML80-QP | ≥80 | >5 | ≤7 | ≤2 |

**表 2-3　建筑生石灰的物理性质（JC/T 479—2013）**

| 名称 | 产浆量 $d$（$m^3$/10kg） | 细度 | |
|---|---|---|---|
| | | 0.2mm 筛余量（%） | 90 μm 筛余量（%） |
| CL90-Q | ≥26 | — | — |
| CL90-QP | — | ≤2 | ≤7 |
| CL85-Q | ≥26 | — | — |

续表

| 名称 | 产浆量 $d$ ($m^3$/10kg) | 细度 | |
|---|---|---|---|
| | | 0.2mm 筛余量（%） | 90 μm 筛余量（%） |
| CL85-QP | — | ≤2 | ≤7 |
| CL75-Q | ≥26 | — | — |
| CL75-QP | — | ≤2 | ≤7 |
| ML85-Q | — | — | — |
| ML85-QP | — | ≤2 | ≤7 |
| ML80-Q | — | — | — |
| ML80-QP | — | ≤7 | ≤2 |

**表 2-4　　　　建筑消石灰的化学成分（JC/T 481—2013）**　　　　（%）

| 名称 | 氧化钙+氧化镁（CaO+MgO） | 氧化镁 MgO | 三氧化硫（$SO_3$） |
|---|---|---|---|
| HCL90 | ≥90 | ≤5 | ≤2 |
| HCL85 | ≥85 | | |
| HCL75 | ≥75 | | |
| HML85 | ≥85 | >5 | ≤2 |
| HML80 | ≥80 | | |

注　表中数值以试样扣除游离水和化学结合水后的干基为基准。

**表 2-5　　　　建筑消石灰的物理性质（JC/T 481—2013）**

| 名称 | 游离水（%） | 细度 | | 安定性 |
|---|---|---|---|---|
| | | 0.2mm 筛余量（%） | 90μm 筛余量（%） | |
| HCL90 | ≤2 | ≤2 | ≤7 | 合格 |
| HCL85 | | | | |
| HCL75 | | | | |
| HML85 | | | | |
| HML80 | | | | |

## 六、石灰的性质与应用

### （一）石灰的性质

（1）保水性与可塑性好。生石灰熟化为石灰浆时，石灰膏中 $Ca(OH)_2$ 粒子极小，比表面积很大，颗粒表面能吸附一层较厚的水膜，所以石灰膏具有良好的可塑性和保水性，可以掺入水泥砂浆中，提高砂浆的保水能力，便于施工。

（2）凝结硬化慢、强度低。由于石灰浆在空气中的碳化过程非常慢，碳酸钙和氢氧化钙的生成量少且缓慢，因此石灰硬化后的强度也不高。体积比为 1:3 的石灰砂浆，其 28d 抗压强度为 0.2～0.5MPa。

（3）耐水性差。潮湿环境中石灰浆体不会产生凝结硬化。硬化后石灰浆体的主要成分为氢氧化钙，仅有少量的碳酸钙。由于氢氧化钙可微溶于水，因此石灰的耐水性很差，不宜用于潮湿环境和水中。

（4）体积收缩大。在石灰浆体的硬化过程中，大量水分蒸发，使内部网状毛细管失水收缩，石灰会产生较大的体积收缩，导致表面开裂。因此，工程中通常需要在石灰膏中加入砂、纸筋、麻丝或其他纤维材料，以防止或减少开裂。

（5）吸湿性强。生石灰在存放过程中，会吸收空气中的水分而熟化。如存放时间过长，还会发生炭化而使石灰的活性降低。

（二）石灰的应用

（1）用于室内粉刷。用消石灰粉或熟化好的石灰膏加入水搅拌稀释，成为石灰乳，是一种廉价的涂料，主要用于内墙和天棚刷白，增加室内美观和亮度。

（2）拌制建筑砂浆。用熟化并陈伏好的石灰膏、水泥和砂浆一起配制成砌筑砂浆。石灰砂浆可用作砖墙和混凝土基层的抹灰，混合砂浆则用于砌筑，也常用于抹灰。

（3）配制石灰土和三合土。石灰粉与黏土按一定比例配合，可制成石灰土。石灰粉与黏土、砂石、炉渣等可拌制成三合土。石灰土与三合土主要用在一些建筑物的基础、地面的垫层和公路的路基上。

（4）生产硅酸盐制品。石灰粉可与含硅材料（如石英砂、粉煤灰、矿渣等）混合，经加工制成硅酸盐制品。常用的各种粉煤灰砖及砌块、灰砂砖及砌块、加气混凝土等，主要用作墙体材料。

**七、石灰的储存**

（1）生石灰在运输和储存时要防止受潮，且不宜存放太久。因存放过程中，生石灰会吸收空气中的水分而熟化成熟石灰，再与空气中二氧化碳作用而成为碳酸钙，失去胶凝性能。长期存放时应在密闭条件下储存，注意防潮、防水。

（2）生石灰不宜与易燃、易爆品装运和存放在一起。这是因为储运中的生石灰受潮熟化要放出大量的热，且体积膨胀，会导致易燃、易爆品燃烧和爆炸。

## 第二节　建　筑　石　膏

石膏是一种理想的高效节能材料，随着高层建筑的发展，其在建筑工程中的应用正逐年增多，成为当前重点发展的新型建筑材料之一。应用较多的石膏品种有建筑石膏、高强石膏。其中建筑石膏及石膏制品具有轻质、高强、隔热、耐火、吸声、容易加工等一系列优良性能，具有广阔的发展前景。本节主要讲述建筑石膏。

**一、建筑石膏的生产**

生产建筑石膏的主要原料是天然二水石膏（又称生石膏）经加工而成的半水石膏，也称熟石膏。天然二水石膏在加工时随加热方式和温度的不同，可以得到不同性质的石膏产品。

（一）建筑石膏

将天然二水石膏在常压下加热到107～170℃时，可生产出β型半水熟石膏，再经磨细得到的白色粉末状物称为建筑石膏，是建筑工程中最常用的一种，其反应式为

$$CaSO_4 \cdot 2H_2O \xrightarrow{107\sim170^\circ C} \beta-CaSO_4 \cdot \frac{1}{2}H_2O + 1\frac{1}{2}H_2O$$

（二）高强石膏

将天然二水石膏在124℃、0.13MPa压力的条件下蒸炼脱水，可得到α型半水熟石膏，磨细即得高强石膏，其反应式为

$$CaSO_4 \cdot 2H_2O \xrightarrow{0.13MPa,124^\circ C} \alpha-CaSO_4 \cdot \frac{1}{2}H_2O + 1\frac{1}{2}H_2O$$

（三）无水石膏和煅烧石膏

当加热温度超过 170℃时，可生成无水石膏（$CaSO_4$）；当温度高于 800℃时，部分石膏会分解出 CaO，经磨细后称为煅烧石膏。由于其中 CaO 的激发作用，煅烧石膏经水化后能获得较高的强度、耐磨性和耐水性。

## 二、建筑石膏的凝结与硬化

将建筑石膏与适量水拌和成浆体，建筑石膏很快溶解于水，并与水发生化学反应，形成二水石膏，反应式为

$$CaSO_4 \cdot \frac{1}{2}H_2O + 1\frac{1}{2}H_2O \longrightarrow CaSO_4 \cdot 2H_2O$$

由于形成的二水石膏的溶解度比β型半水石膏小得多，仅为β型半水石膏溶解度的 1/5，使溶液很快成为过饱和状态，二水石膏晶体将不断从饱和溶液中析出。这时，溶液中的二水石膏浓度降低，使半水石膏继续溶解水化，直至半水石膏完全水化为止。

随着浆体中自由水分的逐渐减少，浆体会逐渐变稠而失去可塑性，这一过程称为凝结。随着二水石膏晶体的大量生成，晶体之间互相交叉连生，形成多孔的空间网状结构，使浆体逐渐变硬，强度逐渐提高，这一过程称为硬化。由于石膏的水化过程很快，故石膏的凝结硬化过程非常快。

## 三、建筑石膏的技术要求

建筑石膏呈洁白粉末状，密度为 2.60～2.75g/$cm^3$，堆积密度为 0.8～1.0g/$cm^3$。建筑石膏按原材料种类分为天然建筑石膏（N）、脱硫建筑石膏（S）和磷建筑石膏（P）三类，按 2h 抗折强度分为 3.0、2.0、1.6 三个等级。牌号标记按产品名称、代号、等级及标准编号顺序标记，如等级为 2.0 的天然石膏标记为：建筑石膏 N2.0（GB/T 9776—2008）。建筑石膏物理力学性能指标有细度、凝结时间和强度，具体要求见表 2-6。

**表 2-6　建筑石膏的技术要求（GB/T 9776—2008）**

| 等级 | 细度（0.2mm 方孔筛筛余）（%） | 凝结时间（min） | | 2h 强度（MPa） | |
|---|---|---|---|---|---|
| | | 初凝时间 | 终凝时间 | 抗折强度 | 抗压强度 |
| 3.0 | ≤10 | ≥3 | ≤30 | ≥3.0 | ≥6.0 |
| 2.0 | | | | ≥2.0 | ≥4.0 |
| 1.6 | | | | ≥1.6 | ≥3.0 |

## 四、建筑石膏的性质

（1）凝结硬化快。建筑石膏加水拌和后浆体在 3～5min 内便达到初凝，30min 达到终凝。2h 的抗压强度可达 3～6MPa，7d 的抗压强度可达最大强度值 8～12MPa。因初凝时间短，为满足施工的要求，一般均须加入缓凝剂，以延长凝结时间。常用的缓凝剂有亚硫酸纸浆废液、硼砂、柠檬酸、动物皮胶等。

（2）体积微膨胀。建筑石膏硬化后，体积会产生微膨胀，膨胀值约 1%，这是石膏胶凝材料的突出特性之一。石膏在硬化后不会产生收缩裂纹，硬化后表面光滑、饱满，干燥时不开裂，能够使制品造型棱角分明，有利于制造复杂图案花型的石膏装饰件。

（3）孔隙率大、表观密度小、强度低。β 型半水石膏（建筑石膏）理论用水量为石膏质量的 18.6%，但实际用水量达 60%～80%，才能达到施工要求的流动性，多余的水分蒸发后便会留下许多开口孔隙，孔隙率高达 40%～60%。但孔隙率大使石膏制品强度低、吸水率大。

（4）耐水性、抗渗性和抗冻性差。建筑石膏制品孔隙率大，且二水石膏可微溶于水，遇水后强度大大降低，软化系数仅为 0.2～0.3，是不耐水材料。若吸水后受冻，则会因空隙中水分结冰膨胀而破坏。

（5）防火性好。硬化后的石膏制品大约含有 20%左右的结晶水，当遇火时，石膏制品中一部分结晶水脱出并吸收大量的热，而蒸发出的水分在石膏制品表面会形成水蒸气层，能够阻止火势蔓延，且脱水后的无水石膏仍然是阻燃物。

（6）良好的可装饰性和可加工性。石膏制品表面细腻、平整，形体饱满，色洁白，具幽静感，因此具有良好的装饰性。石膏制品可锯、可刨、可钉，便于施工。

（7）良好的保温隔热和吸声性能。石膏硬化体中微细的毛细孔隙率高，导热系数小，一般为 0.121～0.205W/（m·K），故隔热保温性能好，同时石膏中含有大量微孔，使其对声音传导或反射的能力显著下降，因此具有较强的吸声能力。

（8）具有一定的调温调湿性。石膏的导热系数小、比热容大，可均衡调节室内温度和湿度，营造一个怡人的生活和工作环境。

### 五、建筑石膏的应用

建筑石膏在工程中适宜用作室内抹灰、粉刷、油漆打底等材料，还可以制造建筑装饰制品、石膏板，以及水泥原料中的调凝剂和激发剂。

#### （一）室内抹灰和粉刷

石膏洁白、细腻，具有良好的装饰效果。抹灰后的表面光滑、细腻、洁白美观，可直接涂刷涂料、粘贴壁纸等。

#### （二）石膏板

石膏板具有轻质、隔热保温、吸声、防火、尺寸稳定及施工方便等性能，在建筑中得到广泛的应用，是一种很有发展前途的新型建筑材料。常用石膏板有纸面石膏板、石膏空心条板、石膏装饰板、纤维石膏板等。

### 六、建筑石膏及其制品的储运

建筑石膏在储运过程中，应防止受潮及混入杂物。储存期不宜超过 3 个月，若超过 3 个月，强度将降低 30%左右，超过储存期限的石膏应重新进行质量检验，以确定其等级。

储存板材时，应按不同品种、规格及等级在室内分类、水平堆放，底层应用垫条与地面隔开，堆高不超过 300mm。在储存和运输过程中，应防止板材受潮和碰损。

## 本 章 小 结

本章以石灰与石膏为重点，首先要求了解气硬性胶凝材料与水硬性胶凝材料的概念，在侧重理解石灰熟化及硬化过程的基础上，重点掌握石灰、石膏的主要特性及应用，对石灰的原料及生产石膏的主要品种做一般了解。

## 复 习 题

### 一、填空题

1. 无机胶凝材料按其硬化条件分为（ ）和（ ）。

2．生产石灰的原料主要是以（　　）为主要成分的天然岩石。

3．石灰熟化时放出大量（　　），体积发生显著（　　），石灰硬化时放出大量（　　），体积产生明显（　　）。

4．石灰浆体的硬化过程主要包括（　　）和（　　）两部分。

5．建筑石膏凝结硬化速度（　　），硬化时体积（　　），硬化后孔隙率（　　），强度（　　），保温性（　　），吸声性能（　　）。

## 二、名词解释

①胶凝材料；②气硬性胶凝材料；③水硬性胶凝材料；④建筑石膏；⑤生石灰；⑥消石灰；⑦欠火石灰；⑧过火石灰；⑨石灰陈伏。

## 三、选择题

1．石灰硬化的理想环境条件是在（　　）中进行。

A．水　　B．潮湿环境　　C．空气

2．石灰硬化过程中，体积发生（　　）。

A．微小收缩　　B．膨胀　　C．较大收缩

3．在储灰池中的石灰膏表面要保持有一定厚度的水层主要是为了（　　）。

A．防止氧化　　B．防止碳化（硬化）

C．防止挥发　　D．防止污染

4．熟石灰粉的主要成分是（　　）。

A．氧化钙　　B．氢氧化钙　　C．碳酸钙　　D．硫酸钙

5．石灰膏要在储灰池中存放（　　）天以上才可以使用。

A．3　　B．7　　C．14　　D．28

6．石灰熟化过程中的陈伏是为了（　　）。

A．有利于硬化　　B．蒸发多余水分　　C．消除过火石灰的危害

## 四、判断题（正确的在括号内打“√”，错误的打“×”）

1．石膏浆体的凝结硬化过程主要是其碳化的过程。（　　）

2．石灰膏在储灰池中陈伏是为了提高产浆量。（　　）

3．石灰和石膏在凝结硬化过程中体积都会发生收缩。（　　）

4．气硬性胶凝材料只能在空气中凝结硬化，而水硬性胶凝材料只能在水中凝结硬化。（　　）

5．石灰在熟化过程中要吸收大量的热，其体积也有较大的收缩。（　　）

## 五、简述题

1．试述气硬件胶凝材料与水硬性胶凝材料的特点。

2．为什么说建筑石膏是一种很好的室内装修材料，但不适用于室外?

3．以建筑石膏凝结硬化形成的结构来说明石膏板为什么强度低、耐水性差，但绝热性和吸声性较好。

4．什么是生石灰、熟石灰、过火石灰与欠火石灰？

5．石灰的浆体是如何硬化的?石灰有哪些性质？其用途如何？

6．石灰和石膏在储运过程中要注意哪些事项？

# 第三章 水 泥

## 学 习 目 标

通过学习，了解硅酸盐水泥的定义，掌握硅酸盐水泥熟料的矿物成分及其特性，了解水泥熟料矿物组成对水泥性质的影响；了解硅酸盐水泥的水化产物特性及水泥石的组成，影响水泥石强度发展特性；掌握硅酸盐水泥的技术性质；理解硅酸盐水泥石的腐蚀与防治措施；理解普通硅酸盐水泥与硅酸盐水泥性质的比较，矿渣水泥、火山灰水泥及粉煤灰水泥三种水泥性质的比较；会确定硅酸盐水泥的强度，并且根据工程要求及所处环境选择水泥品种。

水泥是一种粉末状的水硬性胶凝材料，与水混合后可成为塑性的浆体，再经过一系列的物理、化学作用，凝结硬化成坚硬的人造石材。在凝结硬化过程中可把散粒状（如砂、石等）材料胶结成具有一定强度的整体。

水泥作为主要的建筑材料，广泛用于工业民用建筑、道路、交通、水利、海港、矿山等工程。水泥作为胶凝材料可用来制作混凝土、钢筋混凝土和预应力混凝土构件，也可以配制各种砂浆用于建筑物的砌筑、抹面、装饰等。

水泥种类繁多，按主要水硬性物质名称分为硅酸盐水泥、铝酸盐水泥、硫铝酸盐水泥、铁铝酸盐水泥；按其用途和特性分为通用水泥、专用水泥和特性水泥。通用水泥是指一般土木建筑工程采用的水泥，如硅酸盐水泥、普通硅酸盐水泥、矿渣硅酸盐水泥、火山灰硅酸盐水泥、粉煤灰硅酸盐水泥和复合硅酸盐水泥；专用水泥是指专门用途的水泥，如大坝水泥、油井水泥、砌筑水泥等；而特性水泥是指有比较特殊性能的水泥，如快硬硅酸盐水泥、抗硫酸水泥、膨胀水泥等。水泥品种很多，但在我国产量最大、用途最广的是硅酸盐水泥，所以本章主要讲述硅酸盐水泥，其他水泥只作一般的介绍。

## 第一节 硅 酸 盐 水 泥

硅酸盐水泥分两种类型：不掺加混合材料的称为Ⅰ型硅酸盐水泥，代号 P・Ⅰ；在粉磨硅酸盐水泥熟料时，掺加不超过水泥质量5%的石灰石或粒化高炉矿渣混合材料的称为Ⅱ型硅酸盐水泥，代号 P・Ⅱ。

### 一、硅酸盐水泥的原料、生产及矿物组成

#### （一）原料

生产硅酸盐水泥的原料主要为石灰质原料和黏土质原料。石灰质原料主要提供 $CaO$，可以采用石灰岩、凝灰岩和贝壳等，其中多用石灰岩；黏土质原料主要提供 $SiO_2$ 和 $Al_2O_3$ 以及少量的 $Fe_2O_3$，可以采用黏土、黄土、黏土质页岩、粉砂岩及河泥等，其中以黏土与黄土用得最广。为满足成分要求还常用校正原料，例如用铁矿粉等铁质原料补充 $Fe_2O_3$ 的含量；以砂岩等硅质原料增加 $SiO_2$ 的成分等。此外，为了改善煅烧条件，提高熟料质量，还常加入少

量矿化剂，如萤石、石膏等。

（二）生产

硅酸盐水泥的生产过程包括生料的制备、熟料的煅烧和水泥的粉磨三个阶段，简称为“两磨一烧”，其工艺流程如图 3-1 所示。

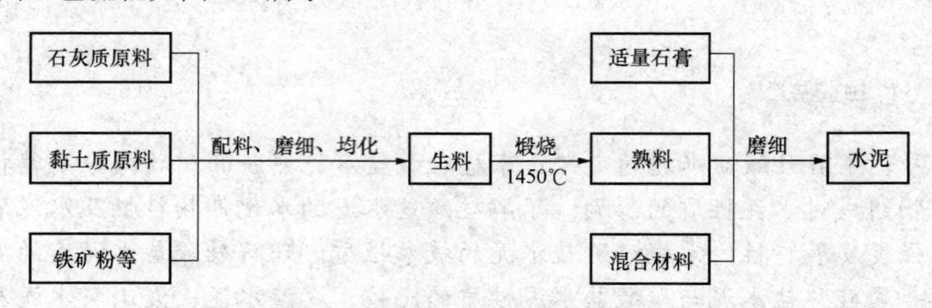


图 3-1　硅酸盐水泥生产工艺流程

硅酸盐水泥生产中要加入适量石膏，目的是延缓水泥的凝结速度，使之便于施工操作。石膏的掺加量一般为水泥质量的 3%～5%。

（三）硅酸盐水泥熟料矿物组成及特性

硅酸盐系列水泥熟料是在高温下形成的，主要由硅酸三钙（$3CaO \cdot SiO_2$）、硅酸二钙（$2CaO \cdot SiO_2$）、铝酸三钙（$3CaO \cdot Al_2O_3$）和铁铝酸四钙（$4CaO \cdot Al_2O_3 \cdot Fe_2O_3$）组成，其矿物成分、简写式和含量见表 3-1。

表 3-1　　硅酸盐水泥主要矿物及含量

| 矿物名称 | 矿物成分 | 简写式 | 含量（%） |
|---|---|---|---|
| 硅酸三钙 | $3CaO \cdot SiO_2$ | $C_3S$ | 37～60 |
| 硅酸二钙 | $2CaO \cdot SiO_2$ | $C_2S$ | 15～37 |
| 铝酸三钙 | $3CaO \cdot Al_2O_3$ | $C_3A$ | 7～15 |
| 铁铝酸四钙 | $4CaO \cdot Al_2O_3 \cdot Fe_2O_3$ | $C_4AF$ | 10～18 |

硅酸盐水泥熟料除以上四种矿物成分外，另外还含有少量的游离氧化钙（f-CaO）、游离氧化镁（f-MgO）以及杂质。游离氧化钙和游离氧化镁是水泥中的有害成分，含量高时会引起水泥安定性不良。

熟料矿物经过磨细之后均能与水发生化学反应——水化反应，表现出较强的水硬性。硅酸盐水泥熟料的主要矿物特性见表 3-2。

表 3-2　　硅酸盐水泥熟料矿物特性

| 性能指标 \ 矿物简称 | $C_3S$ | $C_2S$ | $C_3A$ | $C_4AF$ |
|---|---|---|---|---|
| 水化硬化 | 快 | 慢 | 最快 | 快 |
| 水化放热量 | 大 | 小 | 最大 | 中 |
| 强　度 | 高 | 早期低、后期高 | 低 | 低 |

各熟料矿物的强度增长情况如图 3-2 所示，水化热的释放情况如图 3-3 所示。

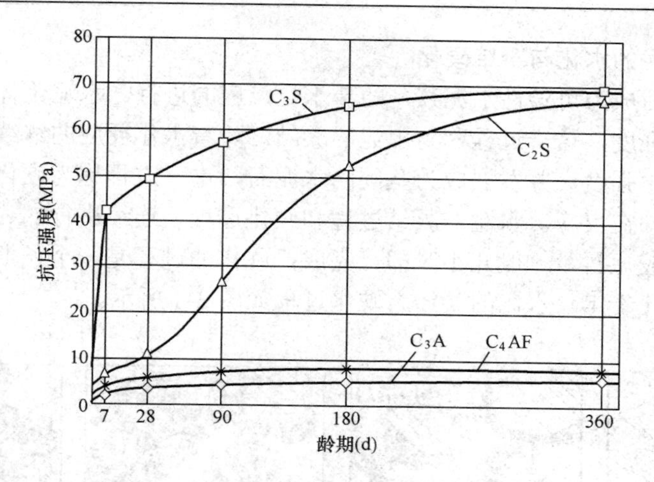


图 3-2 不同熟料矿物的强度增长曲线图

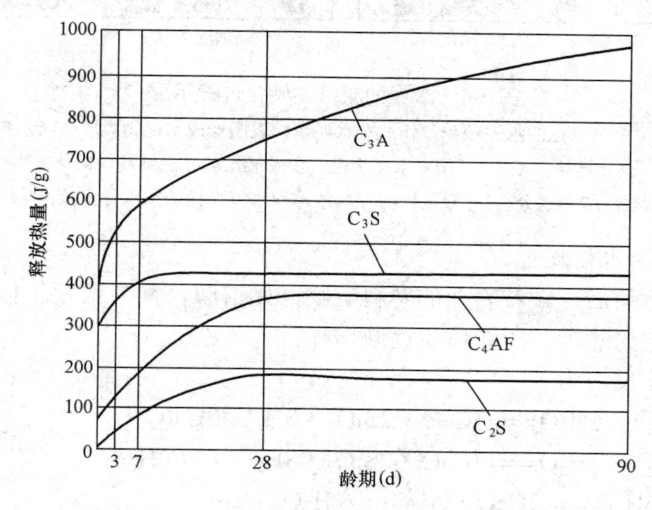


图 3-3 不同熟料矿物的水化热释放曲线图

由表 3-2 及图 3-2、图 3-3 可知：①对强度贡献较大的是 $C_3S$ 和 $C_2S$。其中强度发展快的是 $C_3S$，28d 强度可达一年强度的 70%～80%，早期强度高，水化热大，是决定水泥性质的主要矿物；$C_2S$ 水化最慢，水化热最小，是保证水泥后期强度的主要矿物，且耐化学侵蚀性好。②$C_3A$ 水化反应的速度极快，凝结也快，必须采取措施抑制，但耐化学侵蚀性最差，且硬化时体积收缩最大。$C_3A$ 释放水化热最大也最快，$C_3S$ 其次。③$C_4AF$ 的强度和水化硬化速度一般，其水化热中等，其主要特性是干缩性小、耐磨性强，并有一定的耐化学腐蚀性，且有利于提高水泥抗拉（折）强度。

水泥是熟料矿物的混合物，改变矿物比例，水泥性质也会发生相应的变化，可制成不同性能的水泥。如提高 $C_3S$ 含量，可制成早强硅酸盐水泥；提高 $C_3S$ 和 $C_3A$ 含量，可制成快硬水泥；降低 $C_3S$ 和 $C_3A$ 含量，提高 $C_2S$ 含量，可制得中、低热水泥，如大坝水泥；提高 $C_4AF$ 含量，降低 $C_3A$ 含量，可制成道路水泥。

由于硅酸三钙和硅酸二钙占熟料总质量的 75%～82%，是决定水泥强度的主要矿物，因此这类熟料也称为硅酸盐水泥熟料。

## 二、硅酸盐水泥的水化与凝结硬化

水泥加水拌和后成为可塑性水泥浆，随着水化反应的进行，水泥浆体逐渐变稠而失去可塑性，但还不具有强度，这一过程称为水泥的凝结。随着水化反应的继续进行，失去可塑性的水泥浆体逐渐产生强度，并发展成为坚硬的水泥石，这一过程称为硬化。水泥浆的凝结、硬化是水泥水化的外在反应，水泥的凝结过程和硬化过程是连续进行的、复杂的物理化学变化过程。凝结过程较短暂，一般几小时即可完成；硬化的过程是一个长期的过程，在一定温度和湿度下可持续几十年。水泥的凝结、硬化过程如图 3-4 所示。

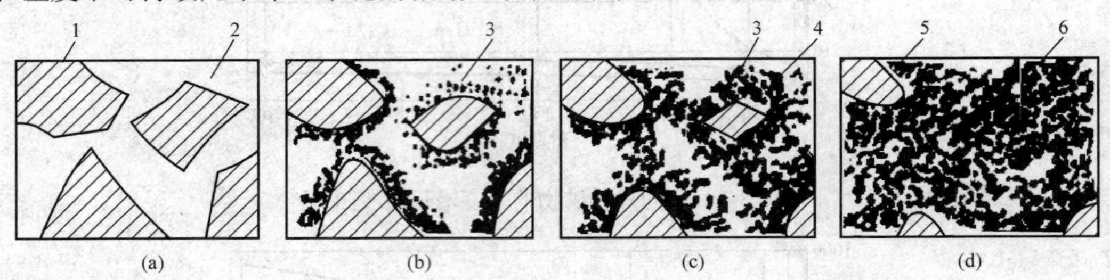


图 3-4 水泥的凝结、硬化过程示意

（a）分散在水中未水化的水泥颗粒；（b）在水泥颗粒表面形成水化物膜层；（c）膜层长大并互相连接（凝结）；（d）水化物进一步发展，填充毛细孔（硬化）

1—水泥颗粒；2—水分；3—凝胶；4—晶体；5—水泥颗粒的未水化内核；6—毛细孔

### （一）熟料矿物的水化反应

水泥与水拌和均匀后，颗粒表面的熟料矿物开始溶解，并与水发生化学反应，形成新的水化产物，放出一定的热量，固相体积逐渐增加。

熟料矿物的水化反应为

$$2(3CaO \cdot SiO_2)+6H_2O = 3CaO \cdot 2SiO_2 \cdot 3H_2O+3Ca(OH)_2$$

$$2(2CaO \cdot SiO_2)+4H_2O = 3CaO \cdot 2SiO_2 \cdot 3H_2O+Ca(OH)_2$$

$$3CaO \cdot Al_2O_3+6H_2O = 3CaO \cdot Al_2O_3 \cdot 6H_2O$$

$$4CaO \cdot Al_2O_3 \cdot Fe_2O_3+7H_2O = 3CaO \cdot Al_2O_3 \cdot 6H_2O+CaO \cdot Fe_2O_3 \cdot H_2O$$

熟料矿物中的铝酸三钙（$3CaO \cdot Al_2O_3$）首先与水发生水化反应，水化反应迅速，有明显的放热现象，形成的水化铝酸钙（$3CaO \cdot Al_2O_3 \cdot 6H_2O$）很快析出，会使水泥产生瞬凝。为了调节凝结时间，在生产水泥时加入适量石膏（占水泥质量 5%～7%的天然二水石膏）后，发生二次反应，即

$$3CaO \cdot Al_2O_3 \cdot 6H_2O+3(CaSO_4 \cdot 2H_2O)+19H_2O = 3CaO \cdot Al_2O_3 \cdot 3CaSO_4 \cdot 31H_2O$$

上述反应中形成的高硫型水化硫铝酸钙（$3CaO \cdot Al_2O_3 \cdot 3CaSO_4 \cdot 31H_2O$，代号 AFt，称为钙矾石）为难溶于水的物质。当石膏消耗完之后，部分高硫型的水化硫铝酸钙会逐渐转变为低硫型水化硫铝酸钙（$3CaO \cdot Al_2O_3 \cdot 3CaSO_4 \cdot 12H_2O$，代号为 AFm），延长了水化产物的析出，从而延缓了水泥的凝结。

以上是硅酸盐水泥与水作用的主要反应，硅酸盐系列水泥水化后，形成的主要水化产物有水化硅酸钙凝胶、氢氧化钙晶体、水化铝酸钙晶体、水化硫铝酸钙晶体（高硫型、低硫型）、水化铁酸钙凝胶。在水化产物中水化硅酸钙所占比例最大，约为 70%；氢氧化钙次之，占 20%左右。其中水化硅酸钙、水化铁酸钙为凝胶体，具有强度贡献；而氢氧化钙、水化铝酸钙和

水化硫铝酸钙皆为晶体。

（二）硅酸盐水泥的凝结硬化过程

水泥加水拌和均匀后，水泥颗粒分散在水中成为水泥浆。水泥颗粒的水化是从颗粒表面开始的。

在水化初期，颗粒与水接触的表面积较大，熟料矿物与水反应的速度较快，形成的水化产物的溶解度较小，水化产物的生成速度大于水化产物向溶液中扩散的速度，因此液相很快成为水化产物的饱和或过饱和溶液，使水化产物不断地从溶液中析出，并聚集在水泥颗粒表面，形成以水化硅酸钙凝胶为主体的凝胶薄膜，大约在 1h 左右即在凝胶薄膜外侧及液相中形成粗短的针状钙矾石晶体。

在水化中期，约有 30%的水泥已经水化，以水化硅酸钙（C-S-H）和氢氧化钙的快速形成为特征。此时水泥颗粒被水化硅酸钙凝胶形成的薄膜全部包裹，并不断向外增厚和扩展，然后逐渐在包裹膜内侧凝聚。薄膜外侧生长的钙矾石针状晶体，内侧则生成低硫型硫铝酸钙。氢氧化钙晶体在原充水空间形成。薄膜层逐渐增厚而且互相连接，自由水的减少，使水泥浆逐渐变稠，部分颗粒黏结在一起形成空间网架结构，开始失去流动性和可塑性，使水泥开始凝结，即初凝。

在水化后期，由于新生成的水化产物的压力，水泥颗粒的凝胶薄膜破裂，使水进入未水化水泥颗粒的表面，水化反应继续进行，生成更多的水化产物，如水化硅酸钙凝胶，氢氧化钙、水化铝酸钙和水化硫铝酸钙晶体等。这些水化产物之间相互交叉连生，不断密实，固体之间的空隙不断减小，网状结构不断加强，结构逐渐紧密，使水泥浆完全失去可塑性，即终凝。此时水泥浆即成为水泥石，开始具有强度。由于继续水化，水化产物不断形成，水泥石的强度逐渐提高。水泥的凝结硬化过程如图 3-4 所示。

（三）影响水泥凝结、硬化的因素

水泥的凝结、硬化过程也是水泥强度的发展过程。为了正确使用水泥，并在生产中采取有效措施改善水泥的性能，必须了解影响水泥凝结、硬化的因素。

影响水泥凝结、硬化有内因及外因两个方面，但内因是最主要的。影响因素有以下几个方面：

（1）熟料矿物的组成。矿物组成是影响水泥凝结、硬化的主要内因。不同的熟料矿物成分单独与水作用时，水化反应的速度、强度的增长、水化热是不同的。因此，改变水泥的矿物成分，其凝结、硬化将产生明显的变化。

（2）水泥的细度。在同等条件下，水泥颗粒越细，水泥比表面积（单位质量水泥颗粒的总表面积）越大，水化反应速度越快，凝结、硬化越快，早期强度越高。但水泥细度太细，用水量增加，硬化水泥石的毛细孔增多，干缩增大，反而会影响后期强度，而且细度太细，会增加磨制水泥能耗，造成成本增加。

（3）水灰比。水灰比是指水与水泥的质量比（*W/C*）。当水灰比较大时，水泥浆的可塑性和流动性好，水泥的初期水化反应得以充分进行。但水灰比过大时，由于水泥颗粒间被水隔开的距离较大，颗粒间相互连接形成骨架结构的凝结时间长，因此水泥凝结较慢；另外多余的水在硬化的水泥石内形成毛细孔，水泥石的强度随其孔隙增加呈线性关系下降。因此，水灰比的大小是影响水泥石强度的主要因素。

（4）石膏掺量。石膏掺入水泥中的目的是为了延缓水泥的凝结、硬化速度，同时由于钙矾石的生成，还能改善水泥石的早期强度。在此需注意，石膏的掺量必须严格控制。若石膏加入量过多，会导致水泥石的膨胀性破坏；过少则达不到缓凝的目的。

适量石膏掺量主要取决于水泥中 $C_3A$ 的含量和石膏中 $SO_3$ 的含量，同时也与水泥细度及熟料中 $SO_3$ 的含量有关，石膏掺量一般为水泥质量的 3%～5%。

（5）养护条件（温、湿度）。水泥是水硬性胶凝材料，其矿物成分发生水化与凝结、硬化的前提是必须有足够的水分存在。在工程中，保持环境一定的温、湿度，使水泥石强度不断增长的措施称为养护。早期必须注意养护，只有其保持潮湿状态，才有利于强度发展。温度对水泥的凝结和硬化影响很大，温度越高，水泥凝结、硬化速度越快，水泥强度增长也越快；而当温度低于 0℃时，强度不仅不增长，而且还会因水的结冰而导致水泥石的破坏。

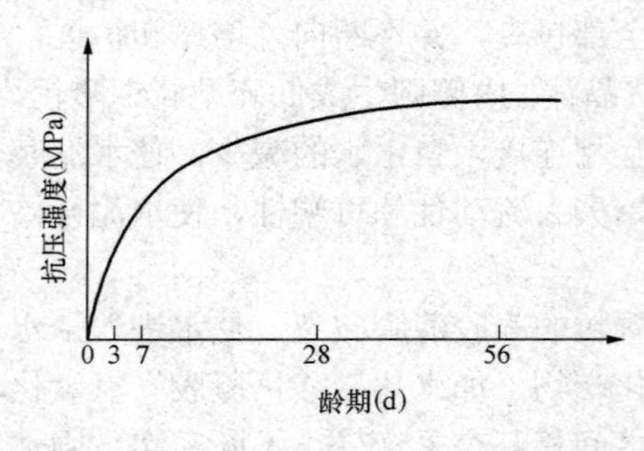

图 3-5 硅酸盐水泥强度发展与龄期的关系

（6）硬化龄期。水泥的凝结、硬化是随龄期（天数）的增加而发展的，见图 3-5。在水泥和水作用的最初几天内强度增长最为迅速，如水化 7d 的强度可达到 28d 强度的 70%左右，28d 以后的强度增长明显减缓。在适宜的温、湿度环境中，水泥的强度增长可持续若干年。工程中常以水泥 28d 强度作为设计强度。

影响水泥凝结、硬化的因素除上述主要因素之外，还与水泥的受潮程度及所掺外加剂种类等因素有关。

## 三、硅酸盐水泥的技术性质

根据我国现行国家标准《通用硅酸盐水泥》（GB 175—2007/XG2—2015）对硅酸盐水泥的要求，规定水泥技术性质要求如下。

### （一）密度、堆积密度、细度

硅酸盐水泥的密度为 3.10～3.20g/cm$^3$，堆积密度为 1300～1600kg/m$^3$。细度是指水泥颗粒的粗细程度。水泥颗粒的粗细，直接影响水化反应速度、活性和强度。颗粒越细，其比表面积越大，与水接触反应的表面积越大，水化反应快且较完全，水泥的早期强度越高，在空气中硬化收缩较大，成本也越高；颗粒过粗，不利于水泥活性的发挥。

水泥的细度用筛析法或比表面积法来测定。国家标准规定硅酸盐水泥、普通硅酸盐水泥的细度用比表面积表示，应不小于 300m$^2$/kg；矿渣硅酸盐水泥、火山灰质硅酸盐水泥、粉煤灰硅酸盐水泥和复合硅酸盐水泥的细度以筛余表示，其 80μm 方孔筛筛余不大于 10%或 45μm 方孔筛筛余不大于 30%。

### （二）标准稠度及标准稠度用水量

水泥净浆标准稠度是对水泥净浆以标准方法拌制、测定并达到规定的可塑性程度时的稠度。水泥净浆标准稠度用水量是指水泥净浆达到标准稠度时所需的加水量（以占水泥质量的百分比表示）。各种水泥的矿物成分、细度不同，拌和成标准稠度时的用水量也不相同，一般在 24%～33%之间。测定硅酸盐水泥凝结时间和体积安定性时，必须采用标准稠度的水泥浆。

### （三）凝结时间

水泥的凝结时间是指水泥从加水开始，到水泥浆失去可塑性所需要的时间，凝结时间分为初凝时间和终凝时间。初凝时间是指水泥加水拌和后至水泥开始失去塑性的时间；终凝时间是指水泥加水后至水泥净浆完全失去可塑性，并开始产生强度所需的时间。国家标准规定，硅酸盐水泥的初凝时间不小于 45min，终凝时间不大于 6.5h。

水泥的凝结时间在施工中有着重要意义。初凝时间不宜过早，是为了有足够时间进行施工操作，如搅拌、运输、浇筑和成型等；终凝时间不宜过迟，主要是为了使水泥尽快凝结，减少水分蒸发，有利于水泥性能的提高，同时也有利于下一道工序尽早进行。因此，应该严格控制水泥的凝结时间。水泥的凝结时间不合格为不合格产品。

（四）体积安定性

水泥的体积安定性是指水泥在凝结、硬化过程中体积变化的均匀性。水泥在硬化过程中体积变化不均匀，即为体积安定性不良；安定性不良的水泥，在水泥硬化过程中或硬化后会产生不均匀的体积膨胀，导致水泥制品、混凝土构件产生膨胀开裂，甚至崩溃，引起严重的工程事故。

引起硅酸盐水泥体积安定性不良的原因主要有以下几方面：

（1）熟料中的游离氧化钙含量过量。熟料煅烧时，有部分的 CaO 未被吸收成为熟料矿物而形成过火产物，即游离状态的氧化钙（f-CaO），其水化速度很慢，在水泥凝结、硬化很长时间后才开始水化，而且水化生成 $Ca(OH)_2$ 体积都比原来体积增加两倍以上，可以导致水泥石结构产生裂缝，甚至破坏。用沸煮法可以测定熟料中的游离氧化钙含量，测试时又分为试饼法和雷氏法，当两种方法发生争议时，以雷氏法为准。

（2）熟料中的游离氧化镁含量过量。熟料中游离氧化镁（f-MgO）来源于原料石灰石中的 $MgCO_3$，$MgCO_3$ 在 700℃时分解获得 MgO，经过 1450℃的高温煅烧后，属于严重过火的产物，同样也会造成水泥石体积安定性不良，用压蒸法检验，不便于快速检验。国家标准规定：熟料中游离氧化镁含量不超过 5.0%，经压蒸试验合格后允许放宽到 6.0%。

（3）石膏掺量过多。在生产水泥的过程中掺入过量石膏，在水泥硬化后还会继续生成水化硫铝酸钙，因水化硫铝酸钙本身含有大量的结晶水，生成时体积膨胀约 2.5 倍，会导致硬化后的水泥石开裂而破坏。合理的石膏掺量以 $SO_3$ 的含量决定，即 $SO_3$ 含量矿渣水泥不得超过 4.0%，其他水泥不得超过 3.5%。

国家标准规定，安定性不合格的水泥为不合格品。

目前，水泥标准稠度用水量、凝结时间、安定性的检验方法，执行我国国家标准规定的试验方法《水泥标准稠度用水量、凝结时间、安定性检验方法》（GB/T 1346—2011）。

（五）强度及强度等级

水泥强度是水泥力学性质的重要指标，也是划分水泥强度等级的依据。水泥的强度除了与水泥本身的性质（矿物组成、细度等）有关外，还与水灰比、试件制作方法、试件养护条件和养护时间等有关。

我国采用水泥胶砂强度试验来评定水泥的强度，以水泥:标准砂:水=1:3.0:0.5 的配合比，用标准制作方法制成 40mm×40mm×160mm 的标准试件，在标准条件下（在温度为20℃±1℃、相对湿度不小于 90%的空气中带模养护 1d；1d 以后拆模，放入 20℃±1℃的水中养护），测定其达到规定龄期（3d、28d）的抗折和抗压强度。

根据硅酸盐水泥 3d 和 28d 抗折和抗压强度，将硅酸盐水泥划分为 42.5、42.5R、52.5、52.5R、62.5、62.5R 六个强度等级，各龄期的强度值不低于表 3-3 中规定的数值。国家标准规定强度不合格的水泥为不合格品。

表 3-3 硅酸盐水泥各龄期的强度要求（GB 175—2007/XG2—2015） （MPa）

| 强度等级 | 抗压强度 | | 抗折强度 | |
|---|---|---|---|---|
| | 3d | 28d | 3d | 28d |
| 42.5 | 17.0 | 42.5 | 3.5 | 6.5 |
| 42.5R | 22.0 | 42.5 | 4.0 | 6.5 |
| 52.5 | 23.0 | 52.5 | 4.0 | 7.0 |
| 52.5R | 27.0 | 52.5 | 5.0 | 7.0 |
| 62.5 | 28.0 | 62.5 | 5.0 | 8.0 |
| 62.5R | 32.0 | 62.5 | 5.5 | 8.0 |

注 代号 R 表示早强型水泥。

（六）水化热

水泥在水化反应时放出的热量称为水化热（J/g）。水化热的大小及放出的速度主要取决于水泥的矿物组成和细度。熟料矿物中 $C_3A$ 和 $C_3S$ 的含量越高，颗粒越细，则水化热越大。水泥的水化热大部分在水化早期（3～7d）放出，后期逐渐减少。不同品种的水泥，水化热的大小也不同。水化热既有有利的一面，也有不利的一面。有利的是冬天施工过程中保证水泥的正常水化和防冻；不利的一面对大体积混凝土工程而言，这是因为水泥水化所释放的热量积聚在混凝土的内部，散发非常缓慢，混凝土内部温度升高，加速了水化，使表面与内部形成过大的温差而产生温差应力，致使混凝土受拉而开裂破坏，因此大体积混凝土应选择低热混凝土。

## 四、硅酸盐水泥石的腐蚀与防止措施

（一）水泥石的腐蚀

水泥石是指硅酸盐水泥经水化凝结、硬化形成的硬化体，主要由凝胶体、晶体、孔隙、水、空气和未水化的水泥颗粒等组成，存在固相、液相和气相。硬化后的水泥石是一种多相多孔体系。在正常的环境条件下，水泥石具有较好的耐久性，但在某些腐蚀性介质等不良的环境条件下，会引起水泥石强度降低，甚至引起严重的破坏，这种现象称为水泥石的腐蚀。

常见水泥石腐蚀的形式主要有 4 种。

1．软水腐蚀（溶出性腐蚀）

软水是指重碳酸盐含量较小的水，如雨水、雪水、冰川水、河水等都是软水。当水泥石长期与这些水分接触时，水泥的水化产物就将按照溶解度的大小，依次逐渐被水溶解，产生溶出性侵蚀，最终导致水泥石破坏。

在各种水化产物中，$Ca(OH)_2$ 的溶解度最大，所以首先被溶解。如果在静水和无压力的情况下，水中的 $Ca(OH)_2$ 浓度很快就达到饱和而停止析出。水泥石中的 $Ca(OH)_2$ 长期在流动的水中而被溶解和带走，降低了水泥石的密实程度，也降低了水泥石的碱度，导致其他水化产物的分解，最终导致水泥石结构破坏，这不仅增加了混凝土的孔隙，使水更易渗透，而且液相中 $Ca(OH)_2$ 的浓度降低，还会使其他水化产物发生分解。

对于长期处于软水环境的混凝土，表面会产生一定的破坏。但对抗渗性良好的水泥石，软水的溶出过程一般发展很慢，几乎可以忽略不计。

如水中含重碳酸盐 $Ca(HCO_3)_2$，则一方面由于同离子效应 $Ca(OH)_2$ 的溶解受到抑制，另一方面所形成的$CaCO_3$几乎不溶于水，填充于孔隙中，形成致密的保护层，是有利的，因此阻止了外界水的侵入和内部氢氧化钙的扩散析出。其反应式为

$$Ca(HCO_3)_2+Ca(OH)_2 = 2CaCO_3+H_2O$$

2. 盐类的腐蚀

绝大部分硫酸盐对水泥石都有明显的侵蚀作用。$SO_4^{2-}$主要存在于海水、地下水，以及某些工业污水中；当溶液中$SO_4^{2-}$大于一定浓度时，碱性硫酸盐就会与水泥石中的$Ca(OH)_2$发生反应，生成硫酸钙$CaSO_4 \cdot 2H_2O$，并结晶析出。硫酸钙进一步再与水化铝酸钙反应生成钙钒石，体积膨胀，使水泥石产生膨胀开裂，以致毁坏。其反应式为

$$Ca(OH)_2+Na_2SO_4 \cdot 10H_2O = CaSO_4 \cdot 2H_2O+2NaOH+8H_2O$$

$$3CaO \cdot Al_2O_3 \cdot 6H_2O+3(CaSO_4 \cdot 2H_2O)+19H_2O = 3CaO \cdot Al_2O_3 \cdot 3CaSO_4 \cdot 31H_2O$$

镁盐是另外一种腐蚀盐类，主要存在于海水及地下水中。镁盐主要是硫酸镁和氯化镁与水泥石中的$Ca(OH)_2$发生置换反应。其反应式为

$$MgSO_4+Ca(OH)_2+2H_2O = CaSO_4 \cdot 2H_2O+Mg(OH)_2$$

$$MgCl_2+Ca(OH)_2 = CaCl_2+Mg(OH)_2$$

氢氧化镁产物溶解度极小，极易从溶液中析出而使反应不断向右进行，氢氧化钙和硫酸钙易溶于水，尤其是二水石膏（$CaSO_4 \cdot 2H_2O$）会继续产生硫酸盐的腐蚀。因此，硫酸镁对水泥石的破坏极大，起着双重腐蚀作用。

3. 酸性腐蚀

（1）碳酸腐蚀。在雨水、泉水及某些工业废水中常溶解有较多的$CO_2$，当水中$CO_2$的浓度较高时，形成的$Ca(HCO_3)_2$是溶于水的，即水中$CO_2$的浓度超过平衡浓度则对水泥石产生破坏作用。其反应式为

$$CaCO_3+CO_2+H_2O = Ca(HCO_3)_2$$

当水中$CO_2$的浓度低于平衡浓度时，是无害的，且对水泥石有利。

$$Ca(OH)_2+CO_2+H_2O = CaCO_3+2H_2O$$

（2）一般酸的腐蚀。在工业污水和地下水中常含有无机酸和有机酸，各种酸对水泥都有不同程度的腐蚀作用，它们与水泥石中的$Ca(OH)_2$作用后生成的化合物或溶于水或体积膨胀而导致破坏。

例如：盐酸与水泥石中的$Ca(OH)_2$作用，导致溶出性化学侵蚀，反应式为

$$2HCl+Ca(OH)_2 = CaCl_2+2H_2O$$

硫酸与水泥石中的$Ca(OH)_2$作用，反应式为

$$H_2SO_4+Ca(OH)_2 = CaSO_4 \cdot 2H_2O$$

生成的二水硫酸钙直接在水泥石孔隙中结晶膨胀，或者再与水泥石中的水化铝酸钙作用，生成高硫型水化硫铝酸钙。生成的高硫型水化硫铝酸钙含有大量的结晶水，体积膨胀1.5倍以上。由于是在已经硬化的水泥石中发生这种反应，因此对已硬化的水泥石起极大的破坏作用。高硫型水化硫铝酸钙呈针状晶体，故俗称水泥杆菌。

4. 强碱腐蚀

水泥石在一般情况下能够抵抗碱类的侵蚀，但若长期处于较高浓度的碱溶液中，也会受到腐蚀，而且温度升高，侵蚀作用加快。

化学腐蚀是指强碱溶液与水泥石中水泥水化产物发生化学反应，生成的产物胶结力差，

且易为碱液溶析。如

$$2CaO \cdot SiO_2 \cdot nH_2O + 2NaOH \longrightarrow Ca(OH)_2 + Na_2O \cdot SiO_2 + (n-1)H_2O$$

$$3CaO \cdot Al_2O_3 \cdot 6H_2O + 2NaOH \longrightarrow Ca(OH)_2 + Na_2O \cdot Al_2O_3 + 4H_2O$$

结晶腐蚀则是因碱液渗入水泥石孔隙，然后又在空气中干燥呈结晶析出，由结晶产生压力所引起的胀裂现象。

$$NaOH + CO_2 + 10H_2O \longrightarrow Na_2CO_3 \cdot 10H_2O$$

实际上，水泥石的腐蚀是一个极为复杂的物理化学作用过程，在它遭受的腐蚀环境中，很少是一种侵蚀作用，往往是几种同时存在，互相影响。产生水泥石腐蚀的根本原因是：外部是因为构件处于侵蚀性介质的环境；内部是因为水泥石中存在易被腐蚀的氢氧化钙和水化铝酸钙，以及水泥石本身不密实，存在很多毛细孔通道，易使侵蚀性介质进入其内部。腐蚀的总过程是：水泥石的水化产物中 $Ca(OH)_2$ 的溶失，导致水泥石受损，胶结能力降低；或者有膨胀性产物形成，引起胀裂性破坏。

（二）水泥石腐蚀的防止措施

水泥石腐蚀引起的原因有外因和内因两个方面：外因是侵蚀性介质；内因主要有两个，其中一个是水泥石中存在易引起腐蚀的成分，如氢氧化钙、水化铝酸钙等，另一个是水泥石本身不密实，易使侵蚀性介质进入内部引起破坏。根据以上分析，为防止或减轻水泥石的腐蚀，通常采用下列措施：

（1）根据工程所处环境，合理选用水泥品种。如采用氢氧化钙含量少的水泥，可提高对软水等侵蚀性液体的抵抗能力；采用水化铝酸钙含量低的水泥，可抵抗硫酸盐的腐蚀；选择掺入混合材料的水泥可提高抗腐蚀能力。

（2）提高水泥石的密实度。水泥石的孔隙率越小，抗渗能力越强，侵蚀性介质越难进入，侵蚀越轻。在实际工程中，可通过降低水灰比、合理选择骨料、掺外加剂、改善施工方法等措施，提高水泥石的密实度，从而提高水泥石的抗腐蚀性能。

（3）加做保护层。根据不同的腐蚀性介质，在混凝土或砂浆表面覆盖塑料、沥青、耐酸陶瓷和耐酸石料等耐腐蚀性强且不透水的保护层，使水泥石与腐蚀性介质相隔离，起保护作用。

**五、硅酸盐水泥的特性与应用**

（1）强度高。硅酸盐水泥凝结、硬化快，强度高，尤其是早期强度增长快，故适用于早期强度要求高的工程、冬季施工的工程、高强混凝土结构和预应力混凝土工程。

（2）抗冻性好。在采用合理的配合比和充分的养护条件下，硅酸盐水泥配制的混凝土结构孔隙率较低，结构密实，具有良好的抗冻性，适用于严寒地区、遭受反复冻融的工程及干湿交替的结构部位。

（3）抗腐蚀性差。硅酸盐水泥水泥石中含有大量的氢氧化钙和水化铝酸钙，容易引起软水、盐类和酸类的侵蚀，抗腐蚀性差，故不宜用于流动水、压力水、酸类和硫酸盐侵蚀的工程。

（4）水化热大。硅酸盐水泥中含有大量的熟料矿物成分，在水泥水化时放出大量的热，可用于冬季施工避免冻害，但不能用于大体积混凝土工程。

（5）耐热性差。硅酸盐水泥水泥石中的一些重要成分在 250℃时会发生脱水或分解，造成水泥石的强度下降，当受热 700℃以上时，结构遭到破坏，因此不适用于有耐热要求的混凝土工程。

## 第二节　掺混合材料的硅酸盐水泥

凡在硅酸盐水泥熟料中，掺入一定量的混合材料和适量石膏共同磨细制成的水硬性胶凝材料，统称为掺混合材料的硅酸盐水泥。

按掺入混合材料的数量和品种不同，掺混合材料的硅酸盐水泥分为普通硅酸盐水泥、矿渣硅酸盐水泥、火山灰质硅酸盐水泥、粉煤灰硅酸盐水泥和复合硅酸盐水泥。

### 一、水泥用混合材料

在水泥生产时，为改善水泥性能，调节水泥强度等级，而加到水泥中的人工或天然的矿物材料，称为水泥混合材料。水泥混合材料通常分为非活性混合材料和活性混合材料。

#### （一）非活性混合材料

非活性混合材料在常温下不能与氢氧化钙和水发生反应或反应甚微，本身不具有（或具有微弱的）潜在的水硬性或火山灰性质，在水泥中主要起填充作用，但可以调节水泥强度，增加水泥产量，降低水化热。

常用的非活性混合材料有磨细的石灰石、石英岩、黏土、慢冷矿渣及高硅质炉灰等。

#### （二）活性混合材料

磨细的混合材料与石灰、石膏或硅酸盐水泥一起加水拌和后，在常温下能发生化学反应，生成有一定胶凝性的物质，且具有水硬性，这种混合材料称为活性混合材料。常用的活性混合材料有粒化高炉矿渣、火山灰质混合材料、粉煤灰等。

1. 粒化高炉矿渣

粒化高炉矿渣是高炉冶炼生铁时，将浮在铁水表面的熔融物经水淬等急冷处理而成的松散颗粒，又称为水淬矿渣。粒化高炉矿渣的主要化学成分是CaO、$SiO_2$、$Al_2O_3$和少量MgO、$Fe_2O_3$。急冷的矿渣结构为不稳定的玻璃体，具有较大的化学潜能，其主要活性成分是活性$SiO_2$和活性$Al_2O_3$。常温下能与$Ca(OH)_2$反应，生成水化硅酸钙、水化铝酸钙等具有水硬性的产物，从而产生强度。在用石灰石做熔剂的矿渣中，含有少量$C_2S$，本身就具有一定的水硬性，加入激发剂磨细就可制得无熟料水泥。

2. 火山灰质混合材料

天然火山灰材料是火山喷发时形成的一系列矿物，如火山灰、凝灰岩、浮石、沸石和硅藻土等；人工火山灰是与天然火山灰成分和性质相似的人造矿物或工业废渣，如烧黏土、粉煤灰、煤矸石渣和煤渣等。火山灰的主要活性成分是活性$SiO_2$和活性$Al_2O_3$，在激发剂作用下，可发挥出水硬性。

3. 粉煤灰

粉煤灰是火力发电厂以煤粉为燃料，从烟尘中收集下来的灰粉，粒径为0.001～0.005mm。其主要化学成分为活性$SiO_2$和$Al_2O_3$，不仅有活性，而且呈玻璃态实心或空心的球状颗粒，掺入水泥中还具有改善和易性，提高水泥石密实度的作用。

#### （三）活性混合材料的作用

活性混合材料具有潜在水化活性，但在常温下与水拌和时，本身不会水化或水化硬化极为缓慢，基本没有强度。但在$Ca(OH)_2$溶液中，会发生显著的水化作用，在$Ca(OH)_2$饱和溶液中反应更快。混合材料中的活性$SiO_2$和活性$Al_2O_3$与溶液中的$Ca(OH)_2$反应，生成具有水

硬性的水化硅酸钙和水化铝酸钙，其反应可表示为

$$xCa(OH)_2+SiO_2+nH_2O = xCaO \cdot SiO_2 \cdot (x+n)H_2O$$

$$yCa(OH)_2+Al_2O_3+mH_2O = yCaO \cdot Al_2O_3 \cdot (y+m)H_2O$$

当有石膏存在时，混合材料中活性 $Al_2O_3$ 生成的水化铝酸钙会与石膏反应，生成水化硫铝酸钙，其反应可表示为

$$Al_2O_3+3Ca(OH)_2+3(CaSO_4 \cdot 2H_2O)+23H_2O = 3CaO \cdot Al_2O_3 \cdot 3CaSO_4 \cdot 32H_2O$$

上述水化反应中的 $x$、$y$ 值随混合材料的种类，$Ca(OH)_2$ 与活性 $SiO_2$、活性 $Al_2O_3$ 的比例，环境温度及作用时间的不同而变化，一般为 1 或稍大；$n$、$m$ 值一般为 1～1.25。

$Ca(OH)_2$ 或石膏的存在是活性混合材料潜在活性发挥的必要条件，这类能激发活性的物质称为激发剂。$Ca(OH)_2$ 为碱性激发剂，石膏为硫酸盐激发剂。

活性混合材料水化较水泥熟料慢，其温度敏感性较高，低温下反应缓慢，高温下水化速率迅速加快，适合于在高温、湿热条件下养护。

掺混合材料水泥的水化特点：水化属于二次水化，即水化分为两步进行，首先是熟料矿物水化，此时所生成的水化物与硅酸盐水泥相同；然后是混合材的水化，混合材中的活性 $SiO_2$ 和 $Al_2O_3$ 与熟料矿物水化析出的 $Ca(OH)_2$ 作用生成水化硅酸钙和水化铝酸钙，水化铝酸钙与石膏作用，生成水化硫铝酸钙。

二次水化反应的特点（与熟料相比）如下：

（1）速度慢（活性混合材料的活性不及熟料）。

（2）水化热低。

（3）对温度和湿度较敏感。

（4）相应提高水泥石的抗腐蚀性能。

## 二、普通硅酸盐水泥

根据 GB 175—2007/XG2—2015，普通硅酸盐水泥，简称普通水泥，代号为 P·O。活性混合材料掺加量为大于 5%且不大于 20%，并允许不超过水泥质量 8%的非活性混合材料或不超过水泥质量 5%的窑灰代替部分活性混合材料。

普通硅酸盐水泥的细度、体积安定性、氧化镁含量、三氧化硫含量、氯离子含量要求与硅酸盐水泥完全相同，凝结时间和强度等级技术指标要求不同。国家规定氧化镁含量、三氧化硫含量、氯离子含量不合格的水泥为不合格品。

（1）凝结时间：初凝时间不得早于 45min，终凝时间不得迟于 10h。

（2）强度等级：按国家标准《通用硅酸盐水泥》（GB 175—2007/XG2—2015）规定，其强度等级分为 42.5、42.5R、52.5、52.5R 四个等级、两种类型，其技术标准见表 3-4，表中代号 R 表示早强型水泥。

**表 3-4　普通硅酸盐水泥各龄期的强度要求（GB 175—2007/XG2—2015）**　（MPa）

| 强度等级 | 抗压强度 | | 抗折强度 | |
|---|---|---|---|---|
| | 3d | 28d | 3d | 28d |
| 42.5 | 17.0 | 42.5 | 3.5 | 6.5 |
| 42.5R | 22.0 | 42.5 | 4.0 | 6.5 |
| 52.5 | 23.0 | 52.5 | 4.0 | 7.0 |
| 52.5R | 27.0 | 52.5 | 5.0 | 7.0 |

普通硅酸盐水泥与硅酸盐水泥相比，由于在熟料中掺入20%以下的混合材料，其密度（约为 3.10g/cm$^3$）、早期强度、水化热、抗冻性、耐磨性和抗碳化性略有降低，但耐腐蚀性和耐热性略有提高。这种水泥的适应性强，被广泛应用于各种混凝土及钢筋混凝土工程中，是我国主要水泥品种之一。

### 三、矿渣硅酸盐水泥、火山灰质硅酸盐水泥、粉煤灰硅酸盐水泥

#### （一）三种水泥的概念

（1）矿渣硅酸盐水泥。矿渣硅酸盐水泥，简称矿渣水泥，代号为 P·S。水泥中粒化高炉矿渣掺加量按质量百分比计为>20%且≤8329 Tm5.70%，并分为 A 型和 B 型。A 型矿渣掺量大于 20%且不超过 50%，代号 P·S·A；B 型矿渣掺量大于 50%且不超过 70%，代号 P·S·B。

（2）火山灰质硅酸盐水泥。火山灰质硅酸盐水泥，简称火山灰质水泥，代号为 P·P。水泥中火山灰质混合材料总掺加量按质量百分比计为大于 20%且不超过 40%。

（3）粉煤灰硅酸盐水泥：粉煤灰硅酸盐水泥，简称粉煤灰水泥，代号为 P·F。水泥中粉煤灰混合材料总掺加量按质量百分比计为大于 20%且不超过 40%。

#### （二）三种水泥的技术性质

（1）细度、凝结时间及体积安定性。按国家标准《通用硅酸盐水泥》（GB 175—2007/XG2—2015）规定，这三种水泥对细度、凝结时间及体积安定性等技术要求与普通硅酸盐水泥相同。

（2）氧化镁、三氧化硫。要求 P·S·A 型、P·P 型、P·F 型水泥中的氧化镁含量不大于 6.0%，如果水泥中氧化镁含量大于 6.0%时，应进行水泥压蒸试验并合格，P·S·B 型无要求。

矿渣水泥中三氧化硫含量不得超过 4.0%；火山灰水泥、粉煤灰水泥中三氧化硫含量不得超过 3.5%。

（3）强度等级。按国家标准《通用硅酸盐水泥》（GB 175—2007/XG2—2015）规定，其强度等级分为 32.5、32.5R、42.5、42.5R、52.5、52.5R 六个等级、两种类型，各龄期的强度不低于表 3-5 中规定的数值，表中代号 R 表示早强型水泥。

**表 3-5 矿渣水泥、火山灰水泥、粉煤灰水泥各龄期的强度要求（GB 175—2007/XG2—2015）** （MPa）

| 强度等级 | 抗压强度 | | 抗折强度 | |
|---|---|---|---|---|
| | 3d | 28d | 3d | 28d |
| 32.5 | 10.0 | 32.5 | 2.5 | 5.5 |
| 32.5R | 15.0 | 32.5 | 3.5 | 5.5 |
| 42.5 | 15.0 | 42.5 | 3.5 | 6.5 |
| 42.5R | 19.0 | 42.5 | 4.0 | 6.5 |
| 52.5 | 21.0 | 52.5 | 4.0 | 7.0 |
| 52.5R | 23.0 | 52.5 | 4.5 | 7.0 |

#### （三）三种水泥的性质与应用

三种水泥由于所用的活性混合材料的化学组成与化学活性基本相同，因此大多数性质与应

用比较接近，但又由于所用活性材料的物理性质与表面特征等有些差异，因此三种水泥既有共同点，又有各自的特性。

1. 三种水泥的共性

（1）凝结、硬化速度慢，早期强度低，后期强度增长较快。其主要原因是水泥中熟料含量少，加水拌和以后，首先是熟料矿物的水化，熟料水化以后析出的氢氧化钙作为碱性激发剂激发活性混合材料水化，生成水化硅酸钙、水化硫铝酸钙等水化产物。因此 3d、7d 强度较低；后期由于二次水化的不断进行，水化产物不断增多，使得后期强度发展较快，甚至超过同标号的硅酸盐水泥。这三种水泥不适用于早期强度有要求的工程，如现浇的钢筋混凝土结构。

（2）抗冻性、耐磨性差。由于加入较多的混合材料，使水泥的需水量增加，水分蒸发后易形成融毛细管道通路或粗大孔隙，水泥石的孔隙率较大，导致抗冻性、耐磨性差。因此不适用于冬期施工和寒冷地区的工程，尤其是寒冷地区水位变化的部位。

（3）抗软水、耐腐蚀性强。因为熟料矿物少，产生的 $Ca(OH)_2$ 和 $C_3AH_6$ 含量少，因此引起水泥石腐蚀的内在因素极少，适用于水利、海港及有硫酸盐腐蚀等的工程。

（4）水化热较低。由于熟料少，水化时放热速度缓慢，放热量少，因此适用于大体积混凝土工程。

（5）抗碳化能力差。由于这三种水泥水化产物中 $Ca(OH)_2$ 量很少，碱度较低，因此抗碳化能力差，不易用于 $CO_2$ 浓度高的环境中。

（6） 湿热敏感性强，适宜湿热养护。这三种水泥在低温下水化明显减慢，强度较低，采用蒸汽养护可大大加速活性混合材料的水化，并可加速熟料的水化，故可大大提高早期强度，且不影响后期强度的发展，如图 3-6 所示。硅酸盐水泥或普通硅酸盐水泥虽可用高温养护提高早期强度，但后期强度会受到影响，如图 3-7 所示。

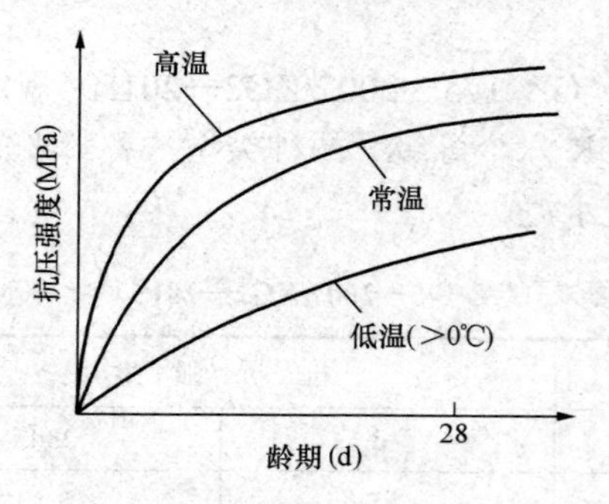


图 3-6 矿渣水泥、火山灰质水泥粉煤灰水泥强度与养护温度的关系

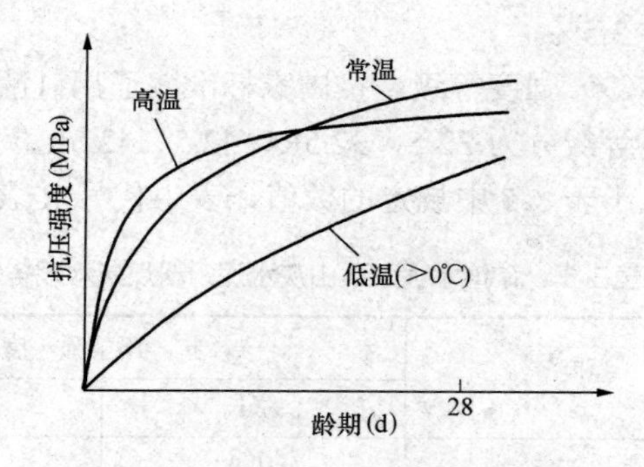


图 3-7 硅酸盐水泥或普通硅酸盐水泥强度与养护温度的关系

2. 三种水泥的特性

（1）矿渣水泥。由于矿渣水泥硬化后氢氧化钙的含量低，矿渣又是水泥的耐火材料，因此矿渣水泥具有较好的耐热性，可用于配制耐热混凝土，较其他品种水泥更适用于高温车间、高炉基础等耐热工程；但保水性差、泌水性大、干缩性大，不宜用于有抗渗要求的混凝土工程。

（2）火山灰水泥。火山灰水泥颗粒较细，泌水性小，故具有较高的抗渗性，宜用于有抗渗要求的混凝土工程；但在干燥环境中，易产生干缩裂缝，因此使用时必须加强养护，使其在较长时间内保持潮湿状态。可优先用于有抗渗要求的混凝土工程。但火山灰水泥长期处于干燥环境中时，水化反应就会中止，强度也会停止增长，因此火山灰水泥不宜用于长期干燥环境中的混凝土工程。

（3）粉煤灰水泥。由于粉煤灰的颗粒多呈球形微粒，吸水率小、干缩性小、抗裂性好，因此宜用于有抗裂性要求的大体积工程。同时，由于粉煤灰吸水性差，水泥易泌水，形成较多的连通孔隙，干燥时易产生细微裂缝，抗渗性较差，不宜用于干燥环境和抗渗要求高的工程。

**四、复合硅酸盐水泥**

复合硅酸盐水泥，简称复合水泥，代号为 P·C。水泥中混合材料总掺加量按质量百分比应大于 20%，但不超过 50%。

按国家标准《通用硅酸盐水泥》（GB 175—2007/XG2—2015）规定，复合水泥的氧化镁含量不大于 6.0%，如果水泥中氧化镁含量大于 6.0%，应进行压蒸安定性试验并合格。三氧化硫含量不得超过 3.5%。

复合硅酸盐水泥强度等级分为 32.5R、42.5、42.5R、52.5、52.5R，其技术标准见表 3-6，表中代号 R 表示早强型水泥。

**表 3-6　复合硅酸盐水泥各龄期的强度要求（GB 175—2007/XG2—2015）**　（MPa）

| 强度等级 | 抗压强度 | | 抗折强度 | |
|---|---|---|---|---|
| | 3d | 28d | 3d | 28d |
| 32.5R | 15.0 | 32.5 | 3.5 | 5.5 |
| 42.5 | 15.0 | 42.5 | 3.5 | 6.5 |
| 42.5R | 19.0 | 42.5 | 4.0 | 6.5 |
| 52.5 | 21.0 | 52.5 | 4.0 | 7.0 |
| 52.5R | 23.0 | 52.5 | 5.0 | 7.0 |

复合水泥的特性与硅酸盐水泥、普通水泥、矿渣水泥、火山灰质水泥和粉煤灰水泥有不同程度的相似之处，见表 3-7。

**表 3-7　常用水泥的特性**

| 品种 | 硅酸盐水泥 | 普通水泥 | 矿渣水泥 | 火山灰质水泥 | 粉煤灰水泥 | 复合水泥 |
|---|---|---|---|---|---|---|
| 主要特性 | 凝结、硬化快，早期强度高，水化热大，抗冻性好，干缩性小，耐蚀性较好，耐热性差 | 凝结、硬化较快，早期强度较高，水化热较大，抗冻性较好，干缩性较小，耐蚀性较差，耐热性较差 | 凝结、硬化慢，早期强度低，后期强度增长较快，水化热低，抗冻性差，干缩性大，耐蚀性较好，耐热性好，泌水性大，抗碳化能力较差 | 凝结、硬化慢，早期强度低，后期强度增长较快，水化热较低，抗冻性差，干缩性大，耐蚀性较好，耐热性较好，抗渗性较好 | 凝结、硬化慢，早期强度低，后期强度增长较快，水化热较低，抗冻性差，干缩性较小，抗裂性较好，耐蚀性较好，耐热性较好 | 与所掺两种或两种以上混合材料的种类、掺量有关，其特性基本与矿渣水泥、火山灰质水泥、粉煤灰水泥相似 |

## 第三节　其他品种水泥

在建筑工程中，除了前面介绍的通用水泥外，还需要使用一些特性水泥和专用水泥来满足工程要求。专用水泥是指专门用于某种工程的水泥，如铝酸盐水泥、砌筑水泥、油井水泥、大坝水泥等；特性水泥是指与通用水泥相比较有突出特性的水泥，如快硬硅酸盐水泥、低热矿渣硅酸盐水泥、膨胀水泥等。本节只对常用的品种作简要介绍。

## 一、快硬硅酸盐水泥

凡以硅酸盐水泥熟料和适量石膏磨细制成的，以3d抗压强度表示强度等级的水硬性胶凝材料称为快硬硅酸盐水泥，简称快硬水泥。

快硬硅酸盐水泥的制造方法与硅酸盐水泥基本相同，不同之处是水泥熟料中铝酸三钙和硅酸三钙的含量高，两者的总量不少于65%。因此快硬水泥的早期强度增长快且强度高，水化热也大。

快硬水泥适用于要求早期强度高的工程、紧急抢修工程、冬期施工工程以及制作预应力钢筋混凝土或高强混凝土预制构件；不适用于大体积混凝土工程及与腐蚀介质接触的混凝土工程。

快硬硅酸盐水泥的性质总结有以下几点：

（1）凝结、硬化快，但干缩性较大。

（2）早期强度及后期强度均高，抗冻性好。

（3）水化热大，耐腐蚀性差。

国家标准规定：细度要求为0.08mm方孔筛筛余不得超过10%；初凝不得早于45min，终凝不得迟于10h；安定性必须合格。按照1d和3d的强度值将快硬水泥分为32.5、37.5和42.5三个标号，各标号、各龄期的强度值不得低于表3-8的规定。

表3-8 快硬硅酸盐水泥各龄期强度要求 （MPa）

| 强度等级 | 抗压强度 | | | 抗折强度 | | |
|---|---|---|---|---|---|---|
| | 1d | 3d | 28d | 1d | 3d | 28d |
| 32.5 | 15.0 | 32.5 | 52.5 | 3.5 | 5.0 | 7.2 |
| 37.5 | 17.0 | 37.5 | 57.5 | 4.0 | 6.0 | 7.6 |
| 42.5 | 19.0 | 42.5 | 62.5 | 4.5 | 6.4 | 8.0 |

## 二、铝酸盐水泥

铝酸盐系水泥是应用较多的非硅酸盐系水泥，是具有快硬早强性能和较好耐高温性能的胶凝材料，还是膨胀水泥的主要组分，在军事工程、抢修工程、严寒工程、耐高温工程和自应力混凝土等方面应用广泛，是重要的水泥系列之一。

依据国家标准《铝酸盐水泥》（GB/T 201—2015）的规定，由铝酸盐水泥熟料磨细制成的水硬性胶凝材料，称为铝酸盐水泥，又称高铝水泥、矾土水泥，代号为CA。铝酸盐水泥熟料是以钙质和铝质材料为主要原料，按适当比例配制成原料，煅烧后完全或部分熔融，并经冷却所得以铝酸钙为主要矿物组成的产物。

### （一）化学成分及矿物组成

铝酸盐水泥的主要原料是矾土（铝土矿）和石灰石，矾土提供$Al_2O_3$，石灰石提供CaO。其主要化学成分是CaO、$Al_2O_3$、$SiO_2$；主要矿物成分是铝酸一钙（$CaO \cdot Al_2O_3$，简写为CA）、二铝酸一钙（$CaO \cdot 2Al_2O_3$，简写为$CA_2$）、七铝酸十二钙（$C_{12}A_7$），此外还有少量其他的铝酸盐和硅酸二钙。

铝酸一钙是铝酸盐水泥的最主要矿物，占 40%～50%，具有很高的活性，其特点是凝结正常、硬化迅速，是铝酸盐水泥强度的主要来源。二铝酸一钙占 20%～35%，凝结、硬化慢，早期强度低，但后期强度较高。

铝酸盐水泥熟料的煅烧有熔融法和烧结法两种。熔融法采用电弧炉、高炉、化铁炉和射炉等煅烧设备；烧结法采用通用水泥的煅烧设备。我国多采用回转窑烧结法生产，熟料具有正常的凝结时间，磨制水泥时不用掺加石膏等缓凝剂。

我国铝酸盐水泥按水泥中 $Al_2O_3$ 含量（质量分数）分为 CA50、CA60、CA70 和 CA80 四个品种，各品种作如下规定：

（1）CA50　50%≤$w$（$Al_2O_3$）＜60%，该品种根据强度分为 CA50-Ⅰ、CA50-Ⅱ、CA50-Ⅲ、CA50-Ⅳ；

（2）CA60　60%≤$w$（$Al_2O_3$）＜68%，该品种根据主要矿物组成分为 CA60-Ⅰ（以铝酸一钙为主）和 CA60-Ⅱ（以铝酸二钙为主）；

（3）CA70　68%≤$w$（$Al_2O_3$）＜77%；

（4）CA80　$w$（$Al_2O_3$）≥77%。

铝酸盐水泥的化学成分以质量分数计，数值以%表示，指标应符合表 3-9 的规定。

**表 3-9　　铝酸盐水泥类型及化学成分范围**

| 类　型 | $Al_2O_3$ 含量 | $SiO_2$ 含量 | $Fe_2O_3$ 含量 | 碱含量 [$w$($Na_2O$)+0.658$w$($K_2O$)] | S（全硫）含量 | $Cl^-$ 含量 |
|---|---|---|---|---|---|---|
| CA50 | ≥50 且＜60 | ≤9.0 | ≤3.0 | ≤0.5 | ≤0.5 | ≤0.06 |
| CA60 | ≥60 且＜68 | ≤5.0 | ≤2.0 | ≤0.4 | ≤0.1 | |
| CA70 | ≥68 且＜77 | ≤1.0 | ≤0.7 | | | |
| CA80 | ≥77 | ≤0.5 | ≤0.5 | | | |

（二）铝酸盐水泥的水化与凝结、硬化

铝酸一钙是铝酸盐水泥的主要矿物成分，其水化硬化情况对水泥的性质起着主导作用。铝酸一钙水化极快，其水化反应及产物随温度变化很大。一般研究认为不同温度下，铝酸一钙水化反应有以下形式。

当温度＜20℃时有

$$CaO \cdot Al_2O_3+10H_2O = CaO \cdot Al_2O_3 \cdot 10H_2O$$

简写为

$$CA+10H = CAH_{10}$$

当温度为 20～30℃时有

$$3(CaO \cdot Al_2O_3)+21H_2O = CaO \cdot Al_2O_3 \cdot 10H_2O+2CaO \cdot Al_2O_3 \cdot 8H_2O+Al_2O_3 \cdot 3H_2O$$

简写为

$$3CA+21H = CAH_{10}+C_2AH_8+AH_3$$

当温度＞30℃时有

$$3(CaO \cdot Al_2O_3)+12H_2O = 3CaO \cdot Al_2O_3 \cdot 6H_2O+2(Al_2O_3 \cdot 3H_2O)$$

简写为

$$3CA+12H = C_3AH_6+2AH_3$$

二铝酸一钙的水化反应产物与铝酸一钙相同。常温下，$CAH_{10}$ 和 $C_2AH_8$ 同时形成、同时存在，其相对比例随温度上升而减小。

铝酸盐水泥的硬化机理与硅酸盐水泥基本相同。水化铝酸钙是多组分的共溶体，呈晶体结构，其组成与熟料成分、水化条件和环境温度等因素有关。$CAH_{10}$和$C_2AH_8$都属六方晶系，结晶形态为片状、针状，硬化时互相交错搭接，重叠结合，形成坚固的网状骨架，产生较高的机械强度。水化生成的氢氧化铝（$AH_3$）凝胶又填充于晶体骨架，形成比较致密的结构。铝酸盐水泥的水化主要集中在早期，5～7d 后水化产物数量就很少增加，所以其早期强度增长很快，后期增长不显著。

要注意的是，$CAH_{10}$和$C_2AH_8$等水化铝酸钙晶体都是亚稳相，会自发地转化为最终稳定产物 $C_3AH_6$，析出大量游离水，转化随温度提高而加速。$C_3AH_6$晶体属立方晶系，为等尺寸的晶体，结构强度远低于$CAH_{10}$和$C_2AH_8$，同时水分的析出使内部孔隙增加，结构强度下降。所以，铝酸盐水泥的长期强度会有所下降，一般降低 40%～50%，湿热环境下影响更严重，甚至引起结构破坏。一般情况下，限制铝酸盐水泥用于结构工程。

（三）铝酸盐水泥的技术指标

（1）细度。比表面积不小于 $300m^2/kg$ 或 45μm 方孔筛筛余不得超过 20%。有争议时以比表面积为准。

（2）凝结时间。凝结时间的要求见表 3-10。

**表 3-10　　铝酸盐水泥凝结时间（GB/T 201—2015）**

| 类型 | | 初凝时间 | 终凝时间 |
|---|---|---|---|
| CA50 | | ≥30min | ≤360min |
| CA60 | CA60-Ⅰ | ≥30min | ≤360min |
| | CA60-Ⅱ | ≥60min | ≤1080min |
| CA70 | | ≥30min | ≤360min |
| CA80 | | ≥30min | ≤360min |

（3）强度。各龄期强度值不得低于表 3-11 中规定的数值。

**表 3-11　　铝酸盐水泥胶砂强度（GB/T 201—2015）**

| 类型 | | 抗压强度（MPa） | | | | 抗折强度（MPa） | | | |
|---|---|---|---|---|---|---|---|---|---|
| | | 6h | 1d | 3d | 28d | 6h | 1d | 3d | 28d |
| CA50 | CA50-Ⅰ | ≥20* | ≥40 | ≥50 | — | ≥3* | ≥5.5 | ≥6.5 | — |
| | CA50-Ⅱ | | ≥50 | ≥60 | — | | ≥6.5 | ≥7.5 | — |
| | CA50-Ⅲ | | ≥60 | ≥70 | — | | ≥7.5 | ≥8.5 | — |
| | CA50-Ⅳ | | ≥70 | ≥80 | — | | ≥8.5 | ≥9.5 | — |
| CA60 | CA60-Ⅰ | — | ≥65 | ≥85 | — | — | ≥7.0 | ≥10.0 | — |
| | CA60-Ⅱ | — | ≥20 | ≥45 | ≥85 | — | ≥2.5 | ≥5.0 | ≥10.0 |
| CA70 | | — | ≥30 | ≥40 | — | — | ≥5.0 | ≥6.0 | — |
| CA80 | | — | ≥25 | ≥30 | — | — | ≥4.0 | ≥5.0 | — |

* 用户要求时，生产厂家应提供试验结果。

（四）铝酸盐水泥的特性与工程应用

（1）快硬、早强，后期强度下降。该水泥主要用于紧急抢修和有早强要求的特殊工程；

适于冬期施工，不宜在高温季节施工，也不适于蒸汽养护的混凝土制品。

（2）耐热性高。因为在高温下各组分发生固相反应成烧结状态，代替了水化结合。因此铝酸盐水泥有较好的耐热性。

（3）水化热高，放热快。铝酸盐水泥特别适合于寒冷地区的冬期施工，不适宜大体积混凝土工程。因为水泥硬化过程中放热量较大且主要集中在早期。

（4）抗渗性及耐侵蚀性强。铝酸盐水泥具有较高的抗渗、抗冻性，同时具有良好的抗硫酸盐、盐酸、碳酸等侵蚀性溶液腐蚀的作用，但其对碱的侵蚀无抵抗能力。

综上所述，铝酸盐水泥的特性归纳起来为：硬化快、早强、放热量大、抗冻、抗渗、耐热、耐水、耐腐蚀性强，不宜高温季节施工，不得与硅酸盐水泥、石灰混用。

## 三、砌筑水泥

凡以活性混合材料或具有水硬性的工业废料为主要原料，加入适量硅酸盐水泥熟料和石膏，经磨细制成的和易性较好的水硬性胶凝材料，称为砌筑水泥，代号为 M。

国家标准《砌筑水泥》（GB/T 3183—2017）规定，砌筑水泥的技术性质要求如下：80μm 方孔筛筛余不得超过 10%；初凝时间不得早于 60min，终凝不得迟于 12h；水泥中 $SO_3$ 含量不得超过 3.5%，沸煮法检验安定性必须合格；强度分为 12.5、22.5、32.5 三个强度等级。各龄期强度不得低于表 3-12 中规定的数值。

**表 3-12　　砌筑水泥各龄期强度值（GB/T 3183—2017）**　　（MPa）

| 强度等级 | 抗压强度 | | | 抗折强度 | | |
|---|---|---|---|---|---|---|
| | 3d | 7d | 28d | 3d | 7d | 28d |
| 12.5 | — | 7.0 | 12.5 | — | 1.5 | 3.0 |
| 22.5 | — | 10.0 | 22.5 | — | 2.0 | 4.0 |
| 32.5 | 10.0 | — | 32.5 | 2.5 | — | 5.5 |

砌筑水泥的凝结、硬化慢，强度低，不能用于钢筋混凝土结构和构件；流动性和保水性好，主要用于工业与民用建筑的砌筑砂浆、内墙抹面砂浆，也可用于蒸养混凝土砌块和道路混凝土垫层。

## 四、道路硅酸盐水泥

由道路硅酸盐水泥熟料、适量石膏，或加入规范规定的混合材料，磨细制成的水硬性胶凝材料，称为道路硅酸盐水泥，简称道路水泥，代号为 P·R。

国家标准《道路硅酸盐水泥》（GB/T 13693—2017）中规定，道路水泥必须满足以下技术要求。

### （一）道路水泥熟料的要求

（1）道路硅酸盐水泥熟料要求铝酸三钙（$3CaO \cdot Al_2O_3$）的含量应不超过 5.0%。

（2）铁铝酸四钙（$4CaO \cdot Al_2O_3 \cdot Fe_2O_3$）的含量应不低于 15.0%。

（3）游离氧化钙（CaO）的含量不应大于 1.0%。

### （二）技术要求

水泥的比表面积一般控制在 300～450$m^2$/kg 范围内；初凝时间不得早于 1.5h，终凝时间不得迟于 12h；体积安定性用雷氏夹检验合格；28d 干缩率不得大于 0.10%；磨损量不得大于 3.0kg/$m^2$。按照 28d 抗折强度分为 7.5 和 8.5 两个强度等级，如 P.R.7.5。各龄期强度不得低于表 3-13 中规定的数值。

表 3-13 道路水泥各龄期强度值（GB/T 13693—2017） （MPa）

| 强度等级 | 抗压强度 | | 抗折强度 | |
|---|---|---|---|---|
| | 3d | 28d | 3d | 28d |
| 7.5 | 21.0 | 42.5 | 4.0 | 7.5 |
| 8.5 | 26.0 | 52.5 | 5.0 | 8.5 |

道路水泥是一种早期强度高（尤其是抗折强度高）、耐磨性好、干缩性小、抗冲击性好、抗冻性和抗硫酸腐蚀性比较好的专用水泥，适用于道路路面、机场道面、城市广场等工程，具有耐久性好、裂缝和磨耗病害少等显著特点。

## 五、抗硫酸盐硅酸盐水泥

抗硫酸盐硅酸盐水泥简称抗硫酸盐水泥，熟料组成主要是限制 $C_3A$ 及 $C_3S$ 的含量。按照抗硫酸盐的性能分为中抗硫水泥（$C_3A$＜5%，$C_3S$＜55%）及高抗硫水泥（$C_3A$＜3%，$C_3S$＜55%）两大类。两类水泥按强度分为 32.5、42.5 两个强度等级。根据国家标准《抗硫酸盐硅酸盐水泥》（GB 748—2005）的规定各龄期强度值要求见表 3-14。

表 3-14 抗硫酸盐水泥各龄期强度值（GB 748—2005）

| 强度等级 | 抗压强度 | | 抗折强度 | |
|---|---|---|---|---|
| | 3d | 28d | 3d | 28d |
| 32.5 | 10.0 | 32.5 | 2.5 | 6.0 |
| 42.5 | 15.0 | 42.5 | 3.0 | 6.5 |

根据《抗硫酸盐硅酸盐水泥》（GB 748—2005）的规定，水泥三氧化硫含量应不超过 2.5%；水泥的比表面积应不小于 $280m^2/kg$；初凝时间应不早于 45min，终凝时间应不迟于 10h；水泥中的氧化镁含量应不大于 5.0%，如果水泥经过压蒸安定性合格，则水泥中氧化镁的含量允许放宽到 6.0%；安定性用沸煮法检验必须合格。

抗硫酸盐硅酸盐水泥抗硫酸盐侵蚀的能力很强，同时也具有较强的抗冻性及较低的水化热。适用于同时受硫酸盐侵蚀、冻融和干湿作用的海港工程、水利及地下等工程。

## 六、白色硅酸盐水泥

通用硅酸盐水泥中通常含有较多的氧化铁而多呈现灰色，随着氧化铁含量的增加而颜色变深。氧化铁含量在 0.35%～0.4%时水泥呈现白色，氧化铁含量在 0.45%～0.7%时水泥呈现淡绿色，氧化铁含量在 3%～4%时水泥呈现暗灰色。

根据《白色硅酸盐水泥》（GB/T 2015—2017）规定，以适当成分的生料，烧至部分熔融，所得以硅酸盐为主要成分，氧化铁含量少的硅酸盐水泥熟料，加入适量石膏及 0～10%的石灰石或窑灰，磨细制成的水硬性胶凝材料，为白色硅酸盐水泥（简称白水泥），代号 P•W。水泥粉磨时，允许加入不损害水泥性能的助磨剂，加入量不超过水泥质量的 1%。

### （一）白色硅酸盐水泥的生产及要求

白色硅酸盐水泥中铁含量只有普通水泥的 1/10 左右。为满足工程对水泥颜色的要求，白色硅酸盐水泥在生产时应严格控制水泥原料的铁含量，并严防在生产过程中混入铁质物质。

白色水泥的石灰质原料多采用白垩。黏土质原料采用高岭土、白泥和石英砂等，粉磨时磨机内和研磨体采用白花岗石、高强陶瓷、刚玉和瓷球等。白色硅酸盐水泥与通用硅酸盐水泥的生产原理与方法基本相同，只是对原材料的要求有所不同。生产白色水泥所用石灰石及黏土质原料中氧化铁含量分别低于 0.1%和 0.7%。

（二）白色硅酸盐水泥的技术性质

根据《白色硅酸盐水泥》（GB/T 2015—2017）规定，白色硅酸盐水泥三氧化硫含量应不超过 3.5%；80μm 方孔筛应不超过 10%；初凝时间应不早于 45min，终凝时间应不迟于 10h；水泥中的氧化镁含量应不大于 5.0%，如果水泥经过压蒸安定性合格，则水泥中氧化镁的含量允许放宽到 6.0%；压蒸安定性必须合格。

根据抗压及抗折强度值，白水泥分为 32.5、42.5、52.5 三个强度等级，见表 3-15 并用百度仪测定百度。

**表 3-15　白水泥强度等级、各龄期强度值（GB/T 2015—2017）**　（MPa）

| 强度等级 | 抗压强度 | | 抗折强度 | |
|---|---|---|---|---|
| | 3d | 28d | 3d | 28d |
| 32.5 | 12.0 | 32.5 | 3.0 | 6.0 |
| 42.5 | 17.0 | 42.5 | 3.5 | 6.5 |
| 52.5 | 22.0 | 52.5 | 4.0 | 7.0 |

白水泥粉磨时加入碱性颜料可制成彩色水泥，常用原料有氧化铁（红、黄、褐、黑色）、二氧化锰（黑、褐色）、氧化铬（绿色）、赭石（赭色）和炭黑（黑色）等。

白水泥和彩色水泥主要用于建筑内外的装饰，如路面、楼地面、楼梯、墙、柱、台阶、建筑立面的线条、装饰图案和雕塑等，配以彩色大理石、白云石和石英砂作为粗细骨料，可拌制成彩色砂浆和混凝土，做成水磨石、斩假石、水刷石和装饰性构件等。

## 第四节　水泥的选用、验收、储存及保管

水泥作为建筑材料中最重要的材料之一，在工程建设中发挥着巨大的作用，正确选择、合理使用水泥，严格质量验收，并且妥善保管就显得尤为重要，它是确保质量的重要措施。

### 一、水泥的选用

由于不同品种的水泥在性能上各有特点，因此在应用中，应根据工程所处的环境条件、建筑物特点及混凝土所处的部位，选用适当的水泥品种，以满足工程的不同要求。

不同品种的常用硅酸盐水泥适用环境与选用原则见表 3-16。

**表 3-16　不同品种的常用硅酸盐水泥适用环境与选用原则**

| 混凝土类型 | 工程特点及所处环境 | 优先选用 | 可以选用 | 不宜选用 |
|---|---|---|---|---|
| 普通混凝土 | 在一般气候环境中混凝土 | 普通水泥 | 矿渣水泥、火山灰水泥、粉煤灰水泥、复合水泥 | |
| | 在干燥环境中混凝土 | | 矿渣水泥 | 火山灰水泥 |

续表

| 混凝土类型 | 工程特点及所处环境 | 优先选用 | 可以选用 | 不宜选用 |
|---|---|---|---|---|
| 普通混凝土 | 在高温环境中或长期处于水中的混凝土 | 矿渣水泥、火山灰水泥、粉煤灰水泥、复合水泥 | 普通水泥 | |
| | 大体积混凝土 | 矿渣水泥、火山灰水泥、粉煤灰水泥、复合水泥 | | 硅酸盐水泥、普通水泥 |
| 有特殊要求的混凝土 | 要求快硬、高强的混凝土 | 硅酸盐水泥 | 普通水泥 | 矿渣水泥、火山灰水泥、粉煤灰水泥、复合水泥 |
| | 严寒地区的露天混凝土，寒冷地区处于水位升降范围内的混凝土 | 普通水泥 | 矿渣水泥（强度等级大于 32.5） | 火山灰水泥 |
| | 严寒地区处于水位升降范围内的混凝土 | 普通水泥（强度等级大于 42.5） | | 矿渣水泥、火山灰水泥、粉煤灰水泥、复合水泥 |
| | 有抗渗要求的混凝土 | 普通水泥 | | 矿渣水泥 |
| | 有耐磨要求的混凝土 | 硅酸盐水泥、普通水泥 | 矿渣水泥（强度等级大于 32.5） | 火山灰水泥、粉煤灰水泥 |
| | 受侵蚀性介质作用的混凝土 | 矿渣水泥、火山灰水泥、粉煤灰水泥、复合水泥 | | 硅酸盐水泥、普通水泥 |

## 二、水泥的验收

### （一）品种验收

水泥袋上应清楚标明：产品名称，代号，净含量，强度等级，生产许可证编号，生产者名称和地址，出厂编号，执行标准号，包装年、月、日。掺火山灰质混合材料的普通水泥还应标上“掺火山灰”字样，包装袋两侧应印有水泥名称和强度等级，硅酸盐水泥和普通硅酸盐水泥的印制采用红色，矿渣水泥的印制采用绿色，火山灰、粉煤灰水泥和复合水泥采用黑色或蓝色。

### （二）数量验收

水泥可以袋装或散装，袋装水泥每袋净含量为 50kg，且不得少于标志质量的 99%；随机抽取 20 袋总质量不得少于 1000kg，其他包装形式由双方协商确定，但有关袋装质量要求必须符合上述原则规定；散装水泥平均堆积密度为 1450kg/m$^3$，袋装压实的水泥为 1600kg/m$^3$。

### （三）质量验收

水泥出厂前应按品种、强度等级和编号取样试验，袋装水泥和散装水泥应分别进行编号和取样，年生产能力 200×10$^4$t 以上的级别，不超过 4000t 为一个编号，120×10$^4$～200×10$^4$t，不超过 2400t 为一个编号，取样应有代表性，可连续性，也可从 20 个以上不同部位取等。

交货时，水泥的质量验收可以抽取实物试样的检验结果为依据，也可以水泥厂同编号水泥的检验报告为依据。采取何种方法验收由双方商定，并在合同或协议中注明。

以抽取实物试样的检验结果为验收依据时，买卖双方应在发货前或交货地共同取样和封签，取样数量为 20kg，缩分为二等份。一份由卖方保存 40d，另一份由买方按标准规定的项目和方法进行检验。在 40d 内买方检验认为质量不符合标准要求时，可将卖方保存的一份试样送水泥质量监督检验机构进行仲裁检验。安定性仲裁检验时，应在取样之日起 10d 以内完成。

以水泥厂同编号水泥的检验报告为验收依据时，在发货前或交货时买方在同编号水泥中抽取试样，双方共同签封后保存 3 个月；或委托卖方在同编号水泥中抽取试样，签封后保存 3 个月。在 3 个月内，买方对水泥质量有疑问时，则买卖双方应将签封的试样送省级或省级以上国家认可的水泥质量监督检验机构进行仲裁检验。

（四）结论

经确认水泥各项技术指标及包装质量符合要求时方可出厂。

### 三、水泥的储运与保管

（一）散装水泥的储存

散装水泥宜在仓罐中储存，不同品种和强度等级（或标号）的水泥不得混仓，并应定期清仓。散装水泥在库内储存时，水泥库的地面和外墙内侧应进行防潮处理。

（二）袋装水泥的储存

（1）库房内储存。库房地面应有防潮措施，库内应保持干燥，防止雨露浸入。

堆放时，应按品种、强度等级（或标号）、出厂编号、到货先后或使用顺序排列成垛。堆垛高度以不超过 10 袋为宜；堆垛应至少距离四周墙壁 20cm，各垛之间应留置宽度不小于 70cm 的通道。

（2）露天堆放。当限于条件，水泥露天堆放时，应在距地面不少于 30cm 高度的垫板上堆放，垫板下不得积水。水泥堆垛必须用布覆盖严密，防止雨露侵入使水泥受潮。

（3）储存期限。水泥存储期过长，其活性将会降低。一般存储 3 个月以上的水泥，强度降低 10%～20%；6 个月降低 15%～30%；1 年后降低 25%～40%。对已进场的每批水泥，根据在场的存放情况重新采样检验其强度和安定性。

存放期超过 3 个月的通用水泥和存放期超过 1 个月的快硬水泥，使用前必须复验，并按复验结果使用。

（三）受潮水泥的处理

受潮水泥的处理见表 3-17。

**表 3-17　　受潮水泥的处理**

| 受潮程度 | 状　况 | 处理方法 | 使用方法 |
|---|---|---|---|
| 轻微 | 有松块、可以用手捏成粉末，无硬块 | 将松块、小球等压成粉末，同时加强搅拌 | 经试验按实际强度使用 |
| 较重 | 部分结成硬块 | 筛除硬块，并将松块压碎 | 经试验按实际强度使用，用于不重要的，受力小的部位，或用于砌筑砂浆 |
| 严重 | 呈硬块状 | 将硬块压成粉末，换取 25%硬块重量的新鲜水泥作强度试验 | 同上。严重受潮的水泥只可作掺和料或骨料 |

## 本　章　小　结

本章是全书重点章节之一，要求重点掌握硅酸盐水泥，在此基础上学习其他水泥的特征及应用。

着重掌握硅酸盐水泥熟料的矿物组成及其特性、凝结与硬化过程、技术性质及应用；在此基础上掌握混合材料以及掺混合材料硅酸盐水泥的组成、特性及应用；概要了解铝酸盐水泥的组成及特点，了解其他品种水泥。通过学习掌握硅酸盐水泥的性质、影响因素及应用范围，掌握掺混合材料的硅酸盐水泥的特性，并能合理选用；了解其他品种水泥的特性及应用。

## 复　习　题

### 一、填空题

1．硅酸盐水泥的主要水化产物是（　　）、（　　）、（　　）、（　　）和（　　）。

2．生产硅酸盐水泥时，必须掺入适量的石膏，其目的是（　　），当石膏掺量过多时会导致（　　）。

3．引起硅酸盐水泥体积安定性不良的原因是（　　）、（　　）和（　　）。

4．引起硅酸盐水泥腐蚀的内因是（　　）和（　　）。

5．矿渣水泥与硅酸盐水泥相比，其早期强度（　　），后期强度（　　），水化热（　　），抗蚀性（　　），抗冻性（　　）。

6．矿渣水泥比硅酸盐水泥的抗蚀性（　　），其原因是矿渣水泥水化产物中含（　　）量少。

7．活性混合材料中均含有（　　）和（　　）成分，它们能和水泥水化产生的（　　）作用，生成（　　）和（　　）。

8．硅酸盐水泥的水化热主要由其（　　）和（　　）矿物产生，其中矿物（　　）的单位放热量最大。

### 二、名词解释

①硅酸盐水泥；②体积安定性；③标准稠度用水量；④体积安定性不良；⑤水化热。

### 三、单项选择题

1．国家标准规定硅酸盐水泥的初凝时间（　　），终凝时间（　　）。

A．不早于45min，不迟于10h　　B．不早于45min，不迟于12h
C．不早于45min，不迟于6.5h　　D．不早于40min，不迟于10h

2．水泥熟料矿物成分中，早期强度和后期强度均高的是（　　）。

A．$C_3S$　　B．$C_3A$　　C．$C_2S$　　D．$C_4AF$

3．水泥胶砂强度试验成型的试件尺寸为（　　）。

A．200mm×200mm×200mm　　B．100mm×100mm×100mm
C．40mm×40mm×160mm　　D．150mm×150mm×150mm

4．矿渣水泥的代号为（　　）。

A．P·O　　B．P·S　　C．P·C　　D．P·F

5．在硅酸盐水泥中掺入适量的石膏，其目的是对水泥起（　　）作用。

A．促凝　　B．缓凝　　C．提高产量

6．引起硅酸盐水泥体积安定性不良的原因之一是水泥熟料中（　　）含量过多。

A．CaO　　B．游离CaO　　C．$Ca(OH)_2$

7．硅酸盐水泥水化时放热量最大且放热速度最快的是（　　）。

A．$C_3S$　　B．$C_3A$　　C．$C_2S$　　D．$C_4AF$

8．硅酸盐水泥熟料中，（　　）含量最多。

A．$C_4AF$　　B．$C_2S$　　C．$C_3S$　　D．$C_3A$

9．水泥的强度等级划分是依据（　　）。

A．抗压强度　　B．抗拉强度　　C．抗剪强度　　D．抗折强度

10．用沸煮法检验水泥体积安定性，只能检查出（　　）的影响。

A．游离 CaO　　B．游离 MgO　　C．石膏

11．大体积混凝土应选用（　　）。

A．硅酸盐水泥　B．矿渣水泥　　C．普通水泥

12．对干燥环境中的工程，应优先选用（　　）。

A．火山灰水泥　B．矿渣水泥　　C．普通水泥

13．对硅酸盐水泥强度贡献最大的矿物是（　　）。

A．$C_3A$　　B．$C_3S$　　C．$C_4AF$　　D．$C_2S$

14．有耐磨要求的混凝土应优先选用（　　）。

A．矿渣水泥　　B．硅酸盐水泥　　C．火山灰水泥　　D．普通水泥

**四、判断题**（正确的在括号内打“√”，错误的打“×”）

1．水泥体积安定性不良时不可以降级使用。（　　）

2．干燥环境中的混凝土，不宜选用粉煤灰水泥。（　　）

3．受侵蚀介质作用的混凝土，不宜选用硅酸盐水泥。（　　）

4．水泥的强度等级是根据抗压强度标准值确定的。（　　）

5．硅酸盐水泥的有效存期为 3 个月。（　　）

6．凝结时间不合格的水泥属于不合格品。（　　）

7．冬季施工的混凝土应优先选用矿渣水泥。（　　）

**五、简述题**

1．简述硅酸盐水泥的生产过程。

2. 为什么硅酸盐水泥中要加入石膏?石膏掺量的多少对硅酸盐水泥有什么影响?掺量一般为多少？

3．确定标准稠度用水量的意义是什么？

4．水泥颗粒的细度对水泥的哪些性能有影响?

5. 引起水泥体积安定性不良的原因有哪些?如何检验?体积安定性不良的水泥如何处理？

6．规定水泥的凝结时间对施工有什么意义?

7．影响硅酸盐水泥的强度因素是什么?

8．硅酸盐水泥技术指标中，哪些不符合国家规定时应作不合格处理？

9．硅酸盐水泥侵蚀的类型有哪几种？如何防止水泥石的侵蚀?

10．硅酸盐水泥与掺混合材料的硅酸盐水泥有哪些不同?举例说明。

**六、计算题**

某硅酸盐水泥各龄期的强度测定值见表 3-18，试评定其强度等级。

**表 3-18　　硅酸盐水泥各龄期的强度测定值**

| 破坏荷载类型 | 抗折（N） | | 抗压（kN） | |
|---|---|---|---|---|
| 龄期（d） | 3 | 28 | 3 | 28 |
| 试验结果 | 2000 | 3200 | 40 | 90 |
| | | | 42 | 93 |

续表

| 破坏荷载类型 | 抗折（N） | | 抗压（kN） | |
| --- | --- | --- | --- | --- |
| 龄期（d） | 3 | 28 | 3 | 28 |
| 试验结果 | 1900 | 3300 | 39 | 89 |
| | | | 40 | 91 |
| | 1800 | 3100 | 41 | 90 |
| | | | 40 | 90 |

# 第四章 混 凝 土

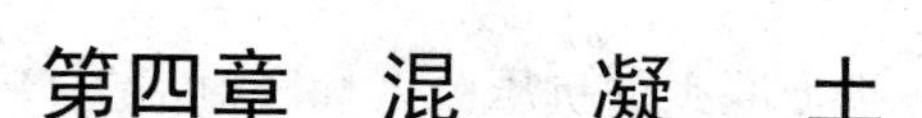


了解混凝土的概念、种类及应用特性；掌握普通混凝土组成材料的技术要求及作用；掌握普通混凝土的主要技术性能及影响因素；掌握普通混凝土配合比设计的概念及方法；掌握普通混凝土技术性质的检测方法；了解混凝土外加剂的种类、作用原理及应用；了解其他混凝土的特性及应用。

## 第一节 概 述

### 一、混凝土的定义和分类

混凝土一般是指由胶凝材料，粗、细骨料（或称集料）和水按适当比例配制成拌和物，经一定时间硬化而成的人造石材。

由于胶凝材料、细骨料和粗骨料的品种很多，因此混凝土的种类也很多。如沥青混凝土、聚合物混凝土、钢筋混凝土、钢纤维混凝土等，使用最多的是以通用水泥为胶凝材料配制而成的普通混凝土。混凝土的主要分类如下：

（1）按胶凝材料分类。按所用胶凝材料品种的不同，混凝土分为水泥混凝土、石膏混凝土、水玻璃混凝土、聚合物混凝土、沥青混凝土、硅酸盐混凝土等，这种分类法，混凝土的名称中一般有胶凝材料的名称。

（2）按表观密度分类。

1）重混凝土。其表观密度（试件在温度为 105℃±5℃的条件下干燥至恒重后测定）大于 2600kg/m$^3$，一般采用密度很大的重质骨料，如重晶石、铁矿石、钢屑等配制而成。重混凝土具有防射线的性能，又称防辐射混凝土，主要用作核能工程的屏蔽结构材料。

2）普通混凝土。其表观密度为 1950～2600kg/m$^3$，一般在 2400kg/m$^3$ 左右，通常用天然的砂、石作骨料配制而成，是建筑工程中应用最广的混凝土，主要用作各种建筑的承重结构材料。

3）轻混凝土。其表观密度小于 1950kg/m$^3$，又分为轻骨料混凝土、多孔混凝土和大孔混凝土三类。①轻骨料混凝土，其表观密度为 800～1950kg/m$^3$，是用浮石、火山渣、陶粒、膨胀珍珠岩、膨胀矿渣、矿渣等轻骨料配制而成。②多孔混凝土（泡沫混凝土、加气混凝土），其表观密度为 300～1000kg/m$^3$。泡沫混凝土是由水泥浆或水泥砂浆与稳定的泡沫制成的；加气混凝土是由水泥、水与发气剂制成的。③大孔混凝土（普通大孔混凝土、轻骨料大孔混凝土），其组成中无细集料。普通大孔混凝土的表观密度范围为 1500～1900kg/m$^3$，是用碎石、软石、重矿渣作集料配制的；轻骨料大孔混凝土的表观密度为 500～1500kg/m$^3$，是用陶粒、浮石、碎砖、矿渣等作为集料配制的。轻混凝土在工程中主要用作轻质结构材料和隔热保温材料。

（3）按用途分类。按混凝土在工程中的用途不同，可分为结构混凝土、水工混凝土、海洋混凝土、道路混凝土、防水混凝土、补偿收缩混凝土、装饰混凝土、耐热混凝土、耐酸混凝土、防辐射混凝土等。

（4）按强度等级分类。按混凝土的抗压强度标准值（$f_{cu,k}$）大小，可分为低强混凝土（$f_{cu,k}$<30MPa）、中强混凝土（$f_{cu,k}$=30～60MPa）、高强混凝土（$f_{cu,k}$≥60MPa）和超高强混凝土（$f_{cu,k}$≥100MPa）等。

（5）按生产和施工方法分类。按混凝土的生产和施工方法不同，可分为预拌（商品）混凝土、泵送混凝土、喷射混凝土、压力灌浆混凝土（预填骨料混凝土）、挤压混凝土、离心混凝土、真空吸水混凝土、碾压混凝土等。

本章讲述的混凝土，如无特别说明，均指普通混凝土。

### 二、混凝土的特点

混凝土是当代十分重要的土木工程材料。我国混凝土年使用量已超过$5\times10^8m^3$，其技术与经济意义是其他建筑材料所无法比拟的，其根本原因是普通混凝土与钢材、木材等常用建筑材料相比有许多优点：

（1）经济性。原材料资源丰富、造价低廉。普通混凝土组成材料中砂、石等地方材料占80%以上，可以就地取材，降低了成本。

（2）良好的可塑性。可以根据需要浇筑成任意形状和不同尺寸要求的构件，即新拌混凝土具有良好的可塑性和浇筑性，可满足设计要求的形状和尺寸。

（3）匹配性好。各组成材料之间有良好的匹配性，如混凝土与钢筋、钢纤维或其他增强材料，可组成共同的具有互补性的受力整体。

（4）可调整性强。因混凝土的性能取决于其组成材料的质量和组合情况，可以通过改变混凝土各组成材料的品种和比例，制作不同物理力学性能的混凝土，来满足工程的不同要求，即可根据使用性能与设计的要求来配制相应的混凝土。

（5）抗压强度高。混凝土硬化后的强度可达到 100MPa 以上，是一种较好的结构材料；混凝土与钢筋黏结良好，对钢筋有较好的保护作用。

（6）耐久性、防火性好，维修费少。

但混凝土也存在以下缺点：

（1）自重大。混凝土的表观密度大约为 $2400kg/m^3$，结构自重较大不利于混凝土构件的吊装，给施工安全带来一定的影响。

（2）抗拉强度低。混凝土的抗拉强度一般为抗压强度的1/20～1/10，受拉易产生开裂破坏。

（3）硬化缓慢，生产周期长。混凝土浇筑受到气候（温度、湿度等）条件影响较大，还需要较长时间的养护才能达到一定的强度，影响混凝土结构施工的连续性。

（4）热导率大。普通混凝土的热导率约为1.4W/（m·K），是砖的2倍，保温隔热性能较差。

由于混凝土具有上述重要优点，因此广泛应用于工业与民用建筑工程、水利工程、地下工程，以及公路、铁路、桥涵及国防军事各类工程中。但同时因为存在上述的缺点，在实际应用中还待进一步研究和改进。

## 第二节　普通混凝土的组成材料

普通混凝土的基本组成材料是天然砂、石子、水泥和水，为改善混凝土的某些性能，还常加入适量的外加剂或外掺料。

在混凝土中，砂、石起骨架作用，因此称为骨料，砂子称为细骨料，石子称为粗骨料。粗、细骨料总体积占混凝土体积的 70%～80%，是混凝土中重要的组成材料。水泥和水形成水泥浆，包裹在砂粒表面，并填充砂粒间的空隙而形成水泥砂浆，水泥砂浆再包裹在石子表面，并填充石子间的空隙且略有富余。在混凝土硬化前，水泥浆主要起润滑作用，使混凝土拌和物具有施工要求的流动性。硬化后，水泥浆硬化形成水泥石，将骨料胶结成一个整体，使混凝土产生强度，成为坚硬的人造石材。混凝土结构如图 4-1 所示。

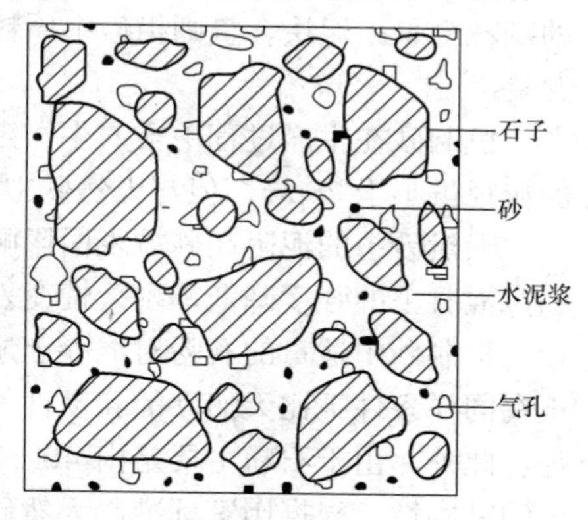

图 4-1　混凝土结构

混凝土的质量和技术性能在很大程度上取决于原材料的性质及其相对含量，同时也与施工工艺（配料、搅拌、运输、捣实成型、养护等）有关。为了保证混凝土的质量，提高混凝土的技术性能及降低成本，必须了解混凝土原材料的性质、作用及质量要求，并合理选择原材料。

## 一、水泥

水泥在混凝土中起胶结作用，是最重要的组成材料，同时也是混凝土组成材料中总价最高的材料，与混凝土的和易性、强度、耐久性和经济性直接相关。配制混凝土时，应正确选择水泥品种和水泥强度等级，以配制出性能满足要求、经济性好的混凝土。

水泥强度等级应根据混凝土的设计强度等级进行选择。原则上，配制高强度等级的混凝土，要选用高强度等级的水泥。若用低强度等级的水泥配制高强度等级的混凝土，则要满足强度要求，就必然增大水泥用量，不经济；同时混凝土易于出现干缩开裂和温度裂缝等劣化现象。反之，用高强度等级的水泥配制低强度等级的混凝土时，若只考虑满足混凝土强度要求，水泥用量将较少，难以满足混凝土和易性和耐久性等性能的要求；若水泥用量兼顾了耐久性等性能，又会导致混凝土超强和不经济。所以，一般以水泥强度等级为混凝土强度等级的 1.5～2.0 倍为宜，配制高强度混凝土时，可选择水泥强度等级为混凝土强度等级的 0.9～1.5 倍。

## 二、细骨料（砂）

粒径在 150μm～4.75mm 之间的岩石颗粒称为细骨料，俗称砂子。混凝土用细骨料按产源的不同分为天然砂和机制砂。

天然砂是指自然生成的，经人工开采和筛分的粒径小于 4.75mm 的岩石颗粒，包括河砂、湖砂、山砂和海砂，但不包含软质、风化的岩石颗粒。山砂颗粒多具棱角，表面粗糙，砂中含泥量及有机质等有害杂质较多；河砂由于长期受水流的冲刷作用，颗粒表面比较圆滑、洁净，且产源较广；海砂虽然有河砂的优点，但海砂中常含有贝壳碎片及可溶盐等有害物质。

机制砂为经除土处理，由机械破碎、筛分制成的粒径小于 4.75mm 的岩石、矿山尾矿或工业废渣颗粒，但不包括软质、风化的颗粒，俗称机械砂，其颗粒尖锐、有棱角、较洁净，但片状颗粒及细粉含量较多，成本较高。一般在当地缺乏天然砂源时，采用机制砂。

根据《建设用砂》（GB/T 14684—2011）的规定，砂按细度模数（$M_x$）大小分为粗、中、细三种规格；按技术要求分为Ⅰ类、Ⅱ类、Ⅲ类三种类别。Ⅰ类砂宜用于强度等级大于 C60

的混凝土；Ⅱ类砂宜用于强度等级为 C30～C60 及抗冻、抗渗或其他要求的混凝土；Ⅲ类砂宜用于强度等级小于 C30 的混凝土和建筑砂浆。

对砂的质量和技术要求主要有下述几个方面。

（一）有害杂质

1. 含泥量、石粉含量和泥块含量

含泥量是指天然砂中粒径小于 75μm 的颗粒含量；石粉含量是指机制砂中粒径小于 75μm 的颗粒含量；泥块含量则指砂中原粒径大于 1.18mm，经水浸洗、手捏后小于 600μm 的颗粒含量。

机制砂在生产过程中会产生一定量的石粉，这是机械砂与天然砂最明显的区别之一。它的粒径虽小于 75μm，但与天然砂中的泥成分与粒径分布不同，在使用中所起的作用也不同。

天然砂中的泥附在砂粒表面影响水泥与砂的黏结，使混凝土达到一定流动性的需水量增加，混凝土的强度降低，耐久性变差，同时硬化后的干缩性较大。因此，必须严格控制其含量。机制砂中适量的石粉对混凝土质量是有益的。因机械砂颗粒尖锐、多棱角，拌制的混凝土在同样条件下比天然砂的和易性差，而适量的石粉可弥补机制砂形状和表面特征引起的不足。此外，由于石粉主要是由 40～75μm 的微粒组成，能完善细骨料的级配，从而提高混凝土的密实性。根据国家标准，天然砂的含泥量和泥块含量及机制砂的石粉含量和泥块含量应分别符合表 4-1 和表 4-2 的规定。

**表 4-1　　天然砂的含泥量和泥块含量　　（%）**

| 项目 | 指标 | | |
|---|---|---|---|
| | Ⅰ类 | Ⅱ类 | Ⅲ类 |
| 含泥量（按质量计） | ≤1.0 | ≤3.0 | ≤5.0 |
| 泥块含量（按质量计） | 0 | ≤1.0 | ≤2.0 |

**表 4-2　　机制砂石粉含量和泥块含量　　（%）**

| 项目 | | | 指标 | | |
|---|---|---|---|---|---|
| | | | Ⅰ类 | Ⅱ类 | Ⅲ类 |
| 亚甲蓝试验 | MB 值≤1.40 或合格 | MB 值 | ≤0.5 | ≤1.0 | ≤1.40 或合格 |
| | | 石粉含量（按质量计） | ≤10.0 | | |
| | | 泥块含量（按质量计） | 0 | ≤1.0 | ≤2.0 |
| | MB 值＞1.40 或不合格 | 石粉含量（按质量计） | ≤1.0 | ≤3.0 | ≤5.0 |
| | | 泥块含量（按质量计） | 0 | ≤1.0 | ≤2.0 |

注　根据使用地区和用途，在试验验证的基础上，可由供需双方协商确定。

2. 有害物质含量

混凝土用砂中不应有草根、树叶、树枝、塑料、煤块、炉渣等杂物。砂中如含有云母、轻物质、有机物、硫化物及硫酸盐、氯盐等，其含量应符合表 4-3 的规定。

表 4-3　砂中有害物质含量　（%）

| 项目 | | 指标 | | |
|---|---|---|---|---|
| | | Ⅰ类 | Ⅱ类 | Ⅲ类 |
| 云母（按质量计） | ≤ | 1.0 | 2.0 | |
| 轻物质（按质量计） | ≤ | 1.0 | | |
| 有机物（比色法） | | 合格 | | |
| 硫化物及硫酸盐（按 $SO_3$ 质量计） | ≤ | 0.5 | | |
| 氯化物（以氯离子质量计） | ≤ | 0.01 | 0.02 | 0.06 |
| 贝壳（按质量计）① | ≤ | 3.0 | 5.0 | 8.0 |

① 该指标仅适用于海砂，其他砂种不作要求。

云母是表面光滑的小薄片，会降低混凝土拌和物的和易性，也会降低混凝土的强度和耐久性。硫化物及硫酸盐主要由硫铁矿（$FeS_2$）和石膏（$CaSO_4$）等杂物带入，它们与水泥石中的固态水化铝酸钙反应生成钙矾石，反应产物的固相体积膨胀 1.5 倍，从而引起混凝土膨胀开裂。有机物主要来自于动植物的腐殖质、腐殖土、泥煤和废机油等，会延缓水泥的水化，降低混凝土的强度，尤其是早期强度。$Cl^-$ 是强氧化剂，会导致钢筋混凝土中的钢筋锈蚀，钢筋锈蚀后体积膨胀、受力面减小，从而引起混凝土开裂。

### （二）砂的颗粒级配及粗细程度

砂的颗粒级配是指粒径大小不同的砂粒相互搭配的比例情况。颗粒级配较好的砂，颗粒之间搭配适当，大颗粒之间的空隙由小一级颗粒填充，这样颗粒之间逐级填充，能使砂的空隙率达到最小，从而达到节约水泥的目的；或者在水泥用量一定的情况下可提高混凝土拌和物的和易性。从图 4-2 中可以看出，在粗颗粒砂的空隙中由中颗粒砂填充，中颗粒砂的空隙再由细颗粒砂填充，逐级填充，使砂形成最密集的堆积，空隙率达到最小程度。

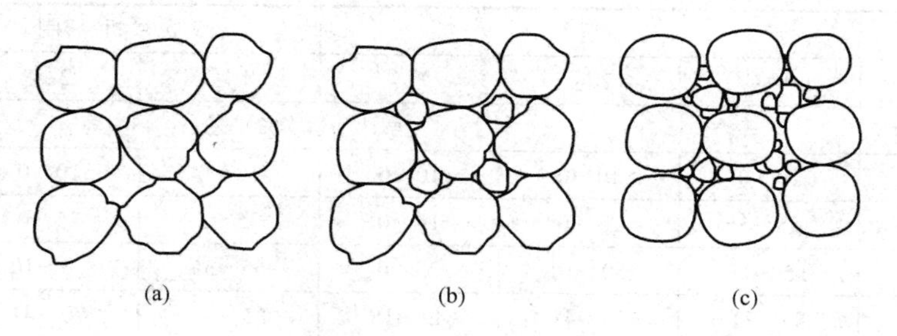


图 4-2　骨料的颗粒级配

（a）单一粒径；（b）两种粒径；（c）多种粒径

砂的粗细程度是指不同粒径的砂粒混合后总体的粗细程度，通常有粗砂、中砂与细砂之分。在相同砂用量的条件下，砂的颗粒越粗，其总表面积越小，包裹砂颗粒表面的水泥浆越少，可以达到节约水泥的目的，或者在水泥用量一定的情况下提高混凝土拌和物的和易性。砂越细，砂子的总表面积越大，则需要包裹砂粒表面的水泥浆就越多。因此，在选择和使用砂时，应在空隙小的条件下尽量选择粗的砂，即选择级配适宜、颗粒尽可能粗的砂配制混凝土。

砂的颗粒级配和粗细程度常用筛分法进行测定。按照 GB/T 14684—2011 规定，砂的筛分法是用 4.75mm、2.36mm、1.18mm、600μm、300μm 和 150μm 方孔筛，将 $m$=500g 干砂样由粗到细依次过筛，称取留在各筛上砂的筛余量 $m_i$（$m_1$～$m_6$），然后计算出各筛上的分计筛余百分率 $a_1$～$a_6$（各筛上的筛余量占砂样总质量的百分率）及累计筛余百分率 $A_1$～$A_6$（各筛和比该筛粗的所有分计筛余百分率之和）。累计筛余与分计筛余的关系为

$$A_1 = a_1$$
$$A_2 = a_1 + a_2$$
$$A_3 = a_1 + a_2 + a_3$$
$$A_4 = a_1 + a_2 + a_3 + a_4$$
$$A_5 = a_1 + a_2 + a_3 + a_4 + a_5$$
$$A_6 = a_1 + a_2 + a_3 + a_4 + a_5 + a_6$$

细度模数（$M_x$）的计算式为

$$M_x = \frac{A_2 + A_3 + A_4 + A_5 + A_6 - 5A_1}{100 - A_1} \tag{4-1}$$

$M_x$ 越大，表示砂越粗。普通混凝土用砂的粗细程度按细度模数分为粗、中、细三级。$M_x$ 一般在 3.1～3.7 之间为粗砂；2.3～3.0 为中砂；1.6～2.2 为细砂。

细度模数为 1.6～3.7 的普通混凝土用砂根据 0.60mm 筛孔的累计筛余百分率分成 1 区、2 区、3 区三个级配区，见表 4-4。将筛分试验的结果与表 4-4 进行对比，来判断砂的级配是否符合要求。

判定砂级配是否合格的方法如下：

（1）各筛上的累计筛余百分率原则上应完全处于表 4-4 所规定的任何一个级配区。

（2）允许有少量超出，但超出总量应小于 5%。

（3）4.75mm 和 600μm 筛号上不允许有任何超出。

**表 4-4　砂的级配区范围**

| 砂的分类 | 天然砂 | | | 机制砂 | | |
|---|---|---|---|---|---|---|
| 级配区 | 1 区 | 2 区 | 3 区 | 1 区 | 2 区 | 3 区 |
| 方孔筛直径（mm） | 累计筛余（%） | | | | | |
| 4.75 | 10～0 | 10～0 | 10～0 | 10～0 | 10～0 | 10～0 |
| 2.36 | 35～5 | 25～0 | 15～0 | 35～5 | 25～0 | 15～0 |
| 1.18 | 65～35 | 50～10 | 25～0 | 65～35 | 50～10 | 25～0 |
| 0.60 | 85～71 | 70～41 | 40～16 | 85～71 | 70～41 | 40～16 |
| 0.30 | 95～80 | 92～70 | 85～55 | 95～80 | 92～70 | 85～55 |
| 0.15 | 100～90 | 100～90 | 100～90 | 100～90 | 100～90 | 100～90 |

用表 4-4 来判断砂的级配不直观，为了方便应用，常用筛分曲线来判断。以累计筛余百分率为纵坐标，以筛孔尺寸为横坐标，依据表 4-4 规定画出砂 1、2、3 级配区的筛分曲线，如图 4-3 所示。当筛分曲线偏向右下方时，表示砂较粗，配制的混凝土拌和物和易性不易控制，且内摩擦大，不易浇捣密实；筛分曲线偏向左上方时，表示砂较细，配制的混凝土不仅要增加较多的水泥用量，而且强度会显著降低。因此，配制混凝土时宜优先选用 2 区砂，以使混凝土拌和物获得良好的和易性。当采用 1 区砂时由于砂颗粒偏粗，配制的混凝土流动性

大，但黏聚性和保水性较差，因此应适当提高砂率，并保证足够的水泥用量，以满足混凝土拌和物的和易性要求；当采用3区砂时，宜适当降低砂率，以保证混凝土硬化后的强度。

（三）砂的坚固性

砂的坚固性是指砂在自然风化和其他外界物理化学因素作用下抵抗破裂的能力。国家标准《建设用砂》（GB/T 14684—2011）规定，天然砂采用硫酸钠溶液检验，砂样经5次循环后，其质量损失应符合表4-5的规定。

机制砂采用压碎指标法进行检验，压碎指标值应符合表4-6的规定。

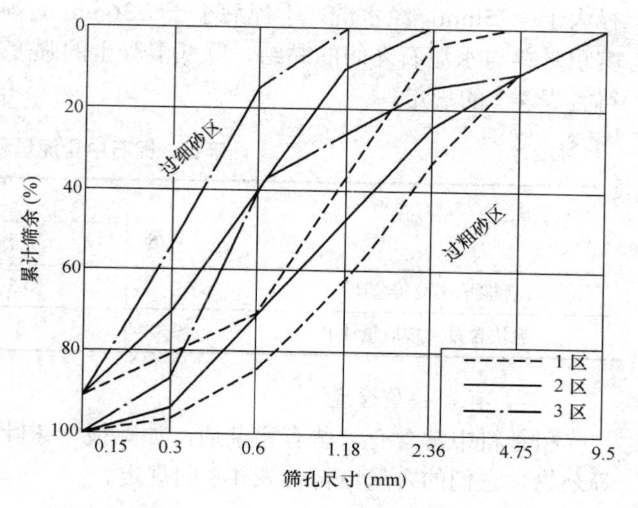


图4-3 筛分曲线

表4-5 砂的坚固性指标 （%）

| 项目 | 指标 | | |
|---|---|---|---|
| | Ⅰ类 | Ⅱ类 | Ⅲ类 |
| 质量损失 ≤ | 8 | | 10 |

表4-6 砂的压碎指标 （%）

| 项目 | 指标 | | |
|---|---|---|---|
| | Ⅰ类 | Ⅱ类 | Ⅲ类 |
| 单级最大压碎指数 ≤ | 20 | 25 | 30 |

## 三、粗骨料

粗骨料是指粒径不小于4.75mm的岩石颗粒，普通混凝土常用的粗骨料有碎石和卵石（砾石）。

碎石是指由天然岩石、卵石或矿山废石经机械破碎、筛分而成，粒径大于4.75mm的岩石颗粒。碎石表面粗糙、棱角多，且较洁净，与水泥石黏结比较牢固。

卵石是由自然风化、水流搬运和分选、堆积形成，粒径大于4.75mm的岩石颗粒，按其产源不同可分为河卵石、海卵石、山卵石等几种，其中河卵石应用较多。卵石表面光滑，有机杂质含量较多，与水泥石胶结力较差。

卵石、碎石按技术要求分为Ⅰ、Ⅱ、Ⅲ类。Ⅰ类宜用于强度等级大于C60的混凝土；Ⅱ类宜用于强度等级为C30～C60及抗冻、抗渗或有其他要求的混凝土；Ⅲ类宜用于强度等级小于C30的混凝土。

《建设用卵石、碎石》（GB/T 14685—2011）对卵石和碎石的质量及技术要求主要有以下几个方面。

（一）含泥量和泥块含量

含泥量是指卵石、碎石中粒径小于75μm的颗粒含量，泥块含量是指卵石、碎石中原粒径大于 4.75mm，经水洗、手捏后小于 2.36mm 的颗粒含量。含泥量和泥块含量过大时，会影响粗骨料与水泥石之间的黏结，降低混凝土的强度和耐久性。粗骨料中含泥量及泥块含量应符合表 4-7 的规定。

表 4-7　碎石、卵石中含泥量和泥块含量　（%）

| 项　目 | | 指　标 | | |
|---|---|---|---|---|
| | | Ⅰ类 | Ⅱ类 | Ⅲ类 |
| 含泥量（按质量计） | ≤ | 0.5 | 1.0 | 1.5 |
| 泥块含量（按质量计） | ≤ | 0 | 0.2 | 0.5 |

（二）有害杂质含量

粗骨料中常含有一些有害杂质，如草根、树叶、塑料、硫化物、硫酸盐、氯化物和煤块等杂物。它们的含量应符合表 4-8 的规定。

表 4-8　碎石、卵石中有害物质含量　（%）

| 项　目 | | 指　标 | | |
|---|---|---|---|---|
| | | Ⅰ类 | Ⅱ类 | Ⅲ类 |
| 硫化物及硫酸盐（按 $SO_3$ 质量计） | ≤ | 0.5 | 1.0 | 1.0 |
| 有机物（比色法） | | 合格 | 合格 | 合格 |

（三）颗粒形状和表面特征

粗骨料颗粒外形有方形、圆形、针状（指颗粒长度大于骨料所在粒级平均粒径 2.4 倍者）、片状（指颗粒厚度小于骨料所在粒级平均粒径 0.4 倍者）等。混凝土用粗骨料以接近球状或立方体形为好，这样的骨料颗粒之间空隙小，混凝土更易密实，有利于混凝土强度的提高。粗骨料中针状、片状颗粒不仅本身受力时易折断，且易产生架空现象，增大骨料空隙率，使混凝土拌和物和易性变差，同时降低混凝土的强度。针、片状颗粒含量分别采用针状规准仪和片状规准仪测定。根据标准规定，卵石和碎石的针、片状颗粒含量应符合表 4-9 的规定。

表 4-9　碎石、卵石的针、片状颗粒含量　（%）

| 项　目 | | 指　标 | | |
|---|---|---|---|---|
| | | Ⅰ类 | Ⅱ类 | Ⅲ类 |
| 针、片状颗粒（按质量计） | ≤ | 5 | 10 | 15 |

碎石表面粗糙、多棱角，而卵石颗粒多呈圆形、表面光滑。在水泥浆用量相同的条件下，卵石混凝土的流动性较大，与水泥浆的黏结较差，但混凝土拌和物的和易性较好；碎石混凝土则流动性较小，与水泥浆的黏结较强。在相同条件下，碎石混凝土比卵石混凝土强度高 10% 左右。

（四）最大粒径及颗粒级配

1. 最大粒径

粗骨料所在的公称粒级的上限称为粗骨料的最大粒径。当骨料用量一定时，其比表面积随着粒径的增大而减小，当达到一定流动性时，包裹其表面所需的水泥浆量减少，可节约水泥；或在一定和易性和水泥用量的条件下，能减少用水量而提高强度。因此，粗骨料的最大粒径应在条件许可的情况下，尽量选大些。但实践证明，对于普通配合比的结构混凝土，尤其是高强混凝土，当粗骨料粒径超过 40mm 时，会造成混凝土施工操作困难，混凝土不易密实，引起强度降低和耐久性变差。粗骨料的最大粒径还受结构形式、配筋疏密及施工条件的限制。根据《混凝土结构工程施工及验收规范》（GB 50204—2002）的规定，混凝土用粗骨料的最大粒径不得大于结构截面最小尺寸的 1/4，同时不得大于钢筋间最小净距的 3/4；对于混凝土实心板，粗骨料的最大粒径不宜超过板厚的 1/3，且最大粒径不得超过 40mm。

2. 颗粒级配

粗骨料的级配好坏与节约水泥、保证混凝土拌和物良好的和易性及混凝土强度有很大关系，特别是配制高强混凝土时，粗骨料级配更为重要。粗骨料的颗粒级配与砂的颗粒级配原则相同，就是使不同粒径颗粒级配适当搭配，使粗骨料的空隙尽可能小，以减少水泥用量，保证混凝土拌和物具有良好的和易性，提高混凝土的密实度。

粗骨料的级配也是通过筛分析试验来确定的。根据《建设用卵石、碎石》（GB/T 14685—2011）的规定，标准筛孔径为 2.36、4.75、9.50、16.0、19.0、26.5、31.5、37.5、53.0、63.0、75.0、90.0mm 十二个方孔筛。分计筛余百分率及累计筛余百分率的计算与砂相同。普通混凝土用碎石或卵石的颗粒级配应符合表 4-10 的规定。

表 4-10　碎石或卵石的颗粒级配范围

| 公称粒径（mm） \ 累计筛数（%） \ 方筛孔直径（mm） | | 2.36 | 4.75 | 9.50 | 16.0 | 19.0 | 26.5 | 31.5 | 37.5 | 53.0 | 63.0 | 75.0 | 90.0 |
|---|---|---|---|---|---|---|---|---|---|---|---|---|---|
| 连续级配 | 5～16 | 95～100 | 85～100 | 30～60 | 0～10 | 0 | | | | | | | |
| | 5～20 | 95～100 | 90～100 | 40～80 | — | 0～10 | 0 | | | | | | |
| | 5～25 | 95～100 | 90～100 | — | 30～70 | — | 0～5 | 0 | | | | | |
| | 5～31.5 | 95～100 | 90～100 | 70～90 | — | 15～45 | — | 0～5 | 0 | | | | |
| | 5～40 | — | 95～100 | 70～90 | — | 30～65 | — | — | 0～5 | 0 | | | |
| 单粒级 | 5～10 | 95～100 | 80～100 | 0～15 | 0 | | | | | | | | |
| | 10～16 | | 95～100 | 80～100 | 0～15 | | | | | | | | |
| | 10～20 | | 95～100 | 85～100 | | 0～15 | 0 | | | | | | |
| | 16～25 | | | 95～100 | 55～70 | 25～40 | 0～10 | | | | | | |
| | 16～31.5 | | 95～100 | | 85～100 | | | 0～10 | | | | | |
| | 20～40 | | | 95～100 | | 80～100 | | | 0～10 | 0 | | | |
| | 40～80 | | | | | 95～100 | | | 70～100 | | 30～60 | 0～10 | 0 |

粗骨料的颗粒级配分连续级配和间断级配两种。连续级配是指石子由小到大各粒级相连的级配；间断级配是指用小颗粒的粒级石子直接与大颗粒的粒级石子相配，中间缺了一段粒级的级配。土木工程中多采用连续级配，间断级配虽然可获得比连续级配更小的空隙率，但混凝土拌和物易产生离析现象，不便于施工，较少使用。

（五）骨料的强度

为保证混凝土强度的要求，粗骨料都必须是质地坚实，且具有足够的强度。碎石和卵石的强度可采用岩石立方体强度和压碎指标两种方法来检验。

岩石立方体强度检验是将轧制碎石的母岩制成边长为 50mm 的立方体（或直径和高均为 50mm 的圆柱体）试件，在水饱和状态下，测定其极限抗压强度值。根据《建设用卵石、碎石》（GB/T 14685—2011）规定，作为骨料的岩石的抗压强度应满足以下要求：在水饱和状态下，火成岩的强度不宜低于 80MPa，变质岩不宜低于 60MPa，水成岩不宜低于 30MPa。

压碎指标检验是将一定质量气干状态下 9.50～19.0mm 的石子除去针、片状颗粒，装入一定规格的圆筒内，在压力机上按 1 kN/s 速度均匀加荷至 200kN，并稳荷 5s，卸荷后称取试样质量，然后用孔径为 2.36mm 的筛筛去被压碎的细粒，称取试样留在筛上的筛余量 $G_2$。压碎指标 $Q_e$ 可按下式计算，即

$$Q_e = \frac{G_1 - G_2}{G_1} \times 100\% \tag{4-2}$$

式中 $Q_e$ ——压碎指标，%；

$G_1$ ——试样质量，g；

$G_2$ ——试样的筛余量，g。

压碎指标表示粗骨料抵抗受压破坏的能力，其值越小，表示抵抗压碎的能力越强，强度越高。压碎指标应符合表 4-11 的规定。

**表 4-11　普通混凝土用碎石和卵石的压碎指标**　（%）

| 项目 | | 指标 | | |
|---|---|---|---|---|
| | | Ⅰ类 | Ⅱ类 | Ⅲ类 |
| 碎石压碎指标 | ≤ | 10 | 20 | 30 |
| 卵石压碎指标 | ≤ | 12 | 14 | 16 |

（六）坚固性

粗骨料在混凝土中起骨架作用，必须有足够的坚固性，尤其对于长期在干湿循环或冻融交替等风化作用环境下使用的混凝土而言，骨料的坚固性显得尤为重要。坚固性是指卵石、碎石在自然风化和其他外界物理化学因素作用下抵抗破裂的能力。

骨料的坚固性可采用硫酸钠溶液法检验，根据《建设用卵石、碎石》（GB/T 14685—2011）规定，碎石或卵石经 5 次循环后，其质量损失应符合表 4-12 的规定。

**表 4-12　碎石、卵石的坚固性指标表（GB/T 14685—2011）**　（%）

| 项目 | | 指标 | | |
|---|---|---|---|---|
| | | Ⅰ类 | Ⅱ类 | Ⅲ类 |
| 质量损失 | ≤ | 5 | 8 | 12 |

（七）骨料的含水状态

骨料的含水状态可分为干燥状态、气干状态、饱和面干状态和湿润状态等四种，如图 4-4 所示。干燥状态下的骨料含水率等于或接近于零；气干状态的骨料含水率与大气湿度相平衡，但未达到饱和状态；饱和面干状态的骨料，其内部孔隙含水达到饱和而表面干燥；湿

润状态的骨料不仅内部孔隙含水达到饱和，而且表面还附着一部分自由水。计算普通混凝土配合比时，一般以干燥状态的骨料为基准，而一些大型水利工程，常以饱和面干状态的骨料为基准。

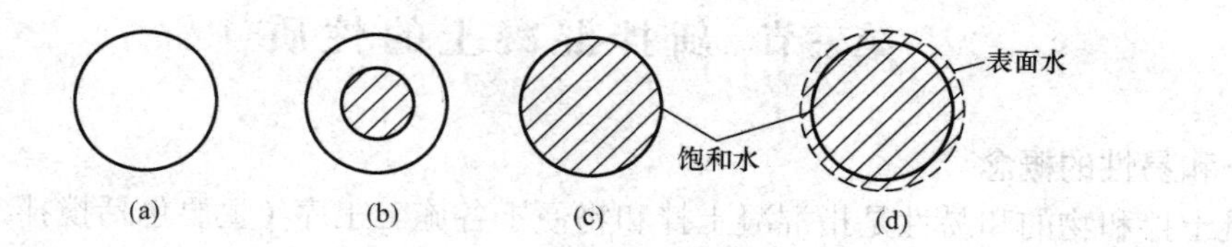


图 4-4 骨料的含水状态

（a）干燥状态；（b）气干状态；（c）饱和面干状态；（d）湿润状态

## 四、混凝土拌和用水及养护用水

混凝土拌合用水可分为饮用水、地表水、地下水、再生水、混凝土企业设备洗刷水和海水，混凝土拌合用水中的各种物质含量限值见表 4-13，在使用时要符合以下规定：

（1）对于设计使用年限为 100 年的结构混凝土，氯离子含量不得超过 500mg/L；对使用钢丝或经热处理钢筋的预应力混凝土，氯离子含量不得超过 350mg/L。

（2）地表水、地下水、再生水的放射性应符合现行国家标准《生活饮用水卫生标准》（GB 5749—2006）的规定。

（3）被检验水样应与饮用水样进行水泥凝结时间对比试验，对比试验的水泥的初凝时间差及终凝时间差均不应大于 30min。同时初凝时间及终凝时间应符合现行国家标准《通用硅酸盐水泥》（GB 175—2007/XG2—2015）的规定。

（4）被检验水样应与饮用水样进行水泥胶砂强度对比试验，被检验水样的水泥胶砂 3d 和 28d 强度不应低于饮用水配制的水泥胶砂 3d 和 28d 强度的 90%。

（5）混凝土拌合用水不应有漂浮明显的油脂和泡沫，不应有明显的颜色和异味。

（6）混凝土企业设备洗刷水不宜用于预应力混凝土、装饰混凝土、加气混凝土和暴露于腐蚀环境的混凝土；不得用于使用碱活性或潜在碱活性骨料的混凝土。

（7）未经处理的海水严禁用于钢筋混凝土和预应力混凝土。

（8）在无法获得水源的情况下，海水可用于素混凝土，但不宜用于装饰混凝土。

**表 4-13　　混凝土拌和用水中的物质含量限值（JGJ 63—2006）**　　（mg/L）

| 项　目 | 预应力混凝土 | 钢筋混凝土 | 素混凝土 |
|---|---|---|---|
| pH 值 | ≥5.0 | ＞4.5 | ＞4.5 |
| 不溶物 | ≤2000 | ≤2000 | ≤5000 |
| 可溶物 | ≤2000 | ≤5000 | ≤10 000 |
| 氯化物（以 $Cl^-$ 计） | ≤500 | ≤1200 | ≤3500 |
| 硫酸盐（以 $SO_4^{2-}$ 计） | ≤600 | ≤2000 | ≤2700 |
| 碱含量（rag/L） | ≤1500 | ≤1500 | ≤1500 |

注　使用钢丝或经处理钢筋的预应力混凝土，氯化物供应量不得超过 350mg/L。

混凝土养护用水应符合表 4-13 的规定，可不检验不溶物和可溶物，且不检验水泥凝结时间和水泥胶砂强度。对于设计使用年限为 100 年的结构混凝土，$Cl^-$ 含量不得超过 500mg/L；

对使用钢丝或经热处理钢筋的预应力混凝土 $Cl^-$ 含量不得超过 350mg/L；地表水、地下水、再生水的放射性应符合现行国家《生活饮用水卫生标准》（GB 749）的规定。

## 第三节 新拌混凝土的性质

### 一、和易性的概念

混凝土拌和物的和易性是指混凝土拌和物便于各施工工序（主要包括搅拌、运输、浇注、捣实、成型等）操作，并最终能够获得结构均匀、成型密实的混凝土的性能。和易性是一项综合性能，主要包括流动性、黏聚性和保水性三个方面的性能。

（1）流动性是指混凝土拌和物在自重或施工机械振捣作用下，能产生流动，并均匀、密实地填满模板的性能。流动性的好坏反映了混凝土拌和物的稀稠程度，直接关系到浇捣施工的难易及混凝土的质量。

（2）黏聚性是指混凝土拌和物各组成材料间具有一定的内聚力，在运输和浇筑过程中不致产生分层和离析的现象，使混凝土保持整体均匀的性能。

（3）保水性是指混凝土拌和物具有一定的保持内部水分的能力，在施工过程中不致产生严重泌水的性能。保水性差的混凝土拌和物，在施工过程中，其内部固体粒子下沉、水分上浮，一部分水易从内部析出至表面，在混凝土内部形成泌水通道，使混凝土的密实性变差，降低混凝土的强度和耐久性，且硬化后表面易起砂。保水性反映了混凝土拌和物的稳定性。

混凝土拌和物的流动性、黏聚性、保水性，三者之间是对立统一的关系。流动性好的拌和物，黏聚性和保水性往往较差；而黏聚性、保水性好的拌和物，一般流动性可能较差。因此，拌和物的和易性良好，就是要使这三方面的性能在某种具体条件下均达到良好，尽可能使三者得到统一。

### 二、和易性的测定及选用

混凝土的和易性作为一项极其复杂的综合性能，目前还很难用一个单一的试验方法来进行全面测定。根据我国现行标准《普通混凝土拌和物性能试验方法标准》（GB/T 50080—2002）规定，工程中多用坍落度法和维勃稠度法来测定混凝土拌和物的流动性，并辅以直观经验来评定黏聚性和保水性，以此综合评定和易性。

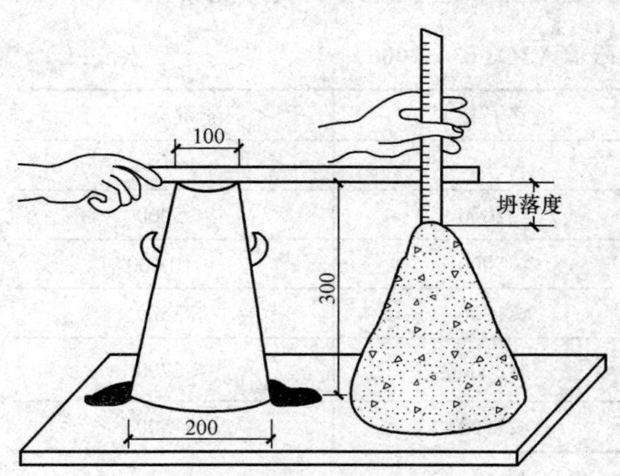

图 4-5 混凝土拌和物坍落度试验（单位：mm）

#### （一）坍落度法

坍落度法是将被测定的拌和物按规定的方法装入坍落度筒内，分层插实，装满刮平后，垂直平衡向上提起坍落度筒，拌和物因自重而坍落，量出筒高与混合料试体最高点间的高差，即为该拌和物的坍落度，以 mm 为单位（结果精确到 5mm），见图 4-5。坍落度越大，则流动性越好。

测定坍落度后，观察拌和物的黏聚性和保水性。黏聚性的评定是用捣棒在已坍落的混凝土堆体侧面轻轻敲打，如果堆体逐渐下沉，则表示黏聚性良好；若堆体突然倒塌、部分崩裂或产生离析现象，则表示黏聚性差。保水性通过观察拌和物中稀浆的析出程度来评定，如在向坍落度筒内加料及坍落度筒提起后无稀浆或仅有少量稀浆析出，则表示拌和物的保水性良好。

根据坍落度的不同，可将混凝土拌和物分为低塑性混凝土（坍落度为 10～40mm）、塑性混凝土（坍落度为 40～90mm）、流动性混凝土（坍落度为 90～150mm）及大流动性混凝土（坍落度≥150mm）。

坍落度试验法适用于骨料最大粒径不大于 40mm，坍落度值不小于 10mm 的塑性混凝土拌和物。

（二）维勃稠度法（V.B 稠度值）

坍落度值小于 10mm 的干硬性混凝土拌和物应采用维勃稠度法测定。维勃稠度法的试验装置如图 4-6 所示。试验方法为：先将坍落度筒置于容器之内，并固定在规定的振动台上；然后在坍落度筒内按规定方法填满混凝土拌和物，抽出坍落度筒；将附有滑杆的透明板放在拌和物顶部，开动振动台，至圆板的全部面积与混凝土拌和物接触时为止；测定所经过的时间作为拌和物的稠度值，称为维勃稠度，单位为 s。

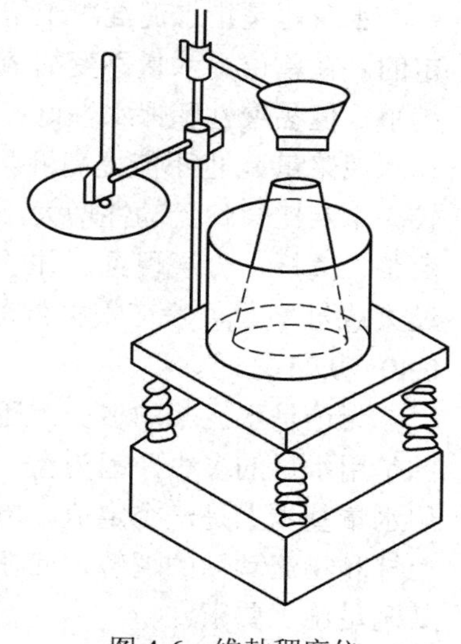

图 4-6　维勃稠度仪

根据维勃稠度值将混凝土拌和物分为超干硬性混凝土（维勃稠度为≥31s）、特干硬混凝土（维勃稠度为 21～30s）、干硬性混凝土（维勃稠度为 11～20s）、半干硬性混凝土（维勃稠度为 5～10s）。维勃稠度法适用于粗骨料最大粒径不大于 40mm、维勃稠度在 5～30s 之间的拌和物稠度的测定。

## 三、和易性的选用

选择混凝土拌和物的坍落度时，要根据结构类型、施工条件、构件截面大小、配筋情况、输送方式和施工捣实方法等因素来确定。通常，当构件截面较小、钢筋较密或采用人工插捣时，坍落度可选大些；反之，如构件截面尺寸较大、钢筋较疏或采用机械振捣时，坍落度可选择小些。根据《混凝土结构工程施工及验收规范》（GB 50204—2015）规定，混凝土浇筑时的坍落度宜按表 4-14 选用。

**表 4-14**　**混凝土浇筑时的坍落度**　（mm）

| 项目 | 结 构 种 类 | 坍落度 |
|---|---|---|
| 1 | 基础或地面等的垫层、无筋的厚大结构或配筋稀疏的结构构件 | 10～30 |
| 2 | 板、梁和大型及中型截面的柱子等 | 30～50 |
| 3 | 配筋密列的结构（薄壁、筒仓、细柱等） | 50～70 |
| 4 | 配筋特密的结构 | 70～90 |

## 四、影响和易性的主要因素

（一）水泥浆的用量

混凝土拌和物中的水泥浆赋予混凝土拌和物一定的流动性。在混凝土骨料用量、水灰比一定的情况下，填充在骨料之间的水泥浆越多，水泥浆对骨料的润滑作用越充分，混凝土拌和物流动性越大。但水泥浆量过多不仅浪费水泥，而且会出现流浆现象，使混凝土拌和物的黏聚性、保水性变差，对混凝土强度及耐久性也会产生一定的影响；水泥浆量过少，则其不能填满骨料空隙或不能很好地包裹骨料表面，拌和物的流动性、黏聚性变差，从而产生崩塌现象。因此，混凝土拌和物中的水泥浆量应以满足流动性和强度要求为度，不宜过量或少量。

（二）水泥浆的稠度（水灰比）

水灰比是指水泥混凝土中水的用量与水泥用量之比（$W/C$）。水泥浆的稠度是由水灰比决定的。在单位用水量不变的情况下，水灰比越小，水泥浆就越稠，混凝土拌和物的流动性就越小，但黏聚性和保水性好；当水灰比过小时，水泥浆过于干稠，即使增加单位用水量（增加水泥浆量），也不能提高混凝土拌和物的流动性，会使施工困难，不能保证混凝土的密实性。较大水灰比会使流动性增大，但水灰比太大，又会造成拌和物的黏聚性和保水性不良，产生流浆、离析、分层现象，并严重影响混凝土的强度，降低混凝土的质量。所以，水灰比不宜过大或过小，一般应根据混凝土的强度和耐久性要求合理地选用。混凝土常用水灰比宜在0.40～0.75之间。

无论是水泥浆的多少，还是水泥浆的稀稠，实际上对混凝土拌和物的流动性起决定作用的是用水量的多少。因为在一定条件下，要使混凝土拌和物获得一定的流动性，所需的单位用水量基本上是一个定值。单纯加大用水量反而会降低混凝土的强度和耐久性，因此对混凝土拌和物流动性的调整，应在保持水灰比不变的条件下，以改变水泥浆量的方法来调整，使其满足施工要求。

1m$^3$混凝土拌和物的用水量，一般应根据选定的坍落度，参考表4-15选用。

**表4-15　塑性和干硬性混凝土的用水量［《普通混凝土配合比设计规程》（JGJ 55—2011）］**　（kg/m$^3$）

| 项目 | 指标 | 卵石最大粒径（mm） | | | | 碎石最大粒径（mm） | | | |
|---|---|---|---|---|---|---|---|---|---|
| | | 10 | 20 | 31.5 | 40 | 16 | 20 | 31.5 | 40 |
| 坍落度（mm） | 10～30 | 190 | 170 | 160 | 150 | 200 | 185 | 175 | 165 |
| | 35～50 | 200 | 180 | 170 | 160 | 210 | 195 | 185 | 175 |
| | 55～70 | 210 | 190 | 180 | 170 | 220 | 205 | 195 | 185 |
| | 75～90 | 215 | 195 | 185 | 175 | 230 | 215 | 205 | 195 |
| 维勃稠度（s） | 16～20 | 175 | 160 | — | 145 | 180 | 170 | — | 155 |
| | 11～15 | 180 | 165 | — | 150 | 185 | 175 | — | 160 |
| | 5～10 | 185 | 170 | — | 155 | 190 | 180 | — | 165 |

注　1．表中用水量是采用中砂时的平均值，当采用粗砂或细砂时，混凝土用水量可适当增减5～10kg。
2．掺用各种外加剂或掺料时，用水量应相应调整。
3．本表不适用于水灰比小于0.4或大于0.8的混凝土以及特殊成型工艺的混凝土。

（三）砂率

砂率是指混凝土中砂的质量占砂、石总质量的百分比。砂的作用是填充石子间的空隙，而水泥浆则填充砂子的空隙，同时有一定富余的水泥浆包裹骨料表面，润滑骨料，减少石子间的摩擦阻力，赋予混凝土拌和物一定的流动性。随着砂率的增大，骨料的总表面积也将增大，润湿骨料的水分需增多，在单位用水量一定的条件下，混凝土拌和物的流动性降低。反之，砂率过小时，水泥浆除了填充砂子的空隙外，还要填充砂子不足以填充的石子之间的空隙，这样骨料表面包裹的水泥浆层厚度减薄，石子间的摩擦阻力同样加大，拌和物流动性也不好。因此，砂率的变动会使骨料的空隙率和总表面积发生显著改变，会对混凝土拌和物的和易性产生显著影响。

在水泥浆量一定的情况下，当砂率过大时，骨料的空隙率和总表面积都会增大，包裹粗骨料表面和填充粗骨料空隙所需的水泥浆量就会增大，相对地水泥浆显得较少，削弱了水泥浆的润滑作用，导致混凝土拌和物的流动性降低；当砂率过小时，不能保证粗骨料间有足够的水泥砂浆，也会降低拌和物的流动性，并严重影响其黏聚性和保水性，从而造成离析和流浆等现象。因此，存在一个合理砂率，即最佳砂率。当采用合理砂率时，在用水量和水泥用量一定的情况下，能使混凝土拌和物获得最大的流动性，且能保持良好的黏聚性和保水性；或采用合理砂率时，能使混凝土拌和物获得所要求的流动性及良好的黏聚性与保水性，而水泥用量最少，见图 4-7、图 4-8。合理的砂率可通过试验求得。影响合理砂率的因素很多，如合理的石子级配、砂的细度模数、水灰比、施工要求混凝土的流动性以及掺用外加剂等，需要根据工程施工时的条件来选择。一般在保证拌和物不离析，便于浇筑、捣实的条件下，尽量选用较小的砂率。

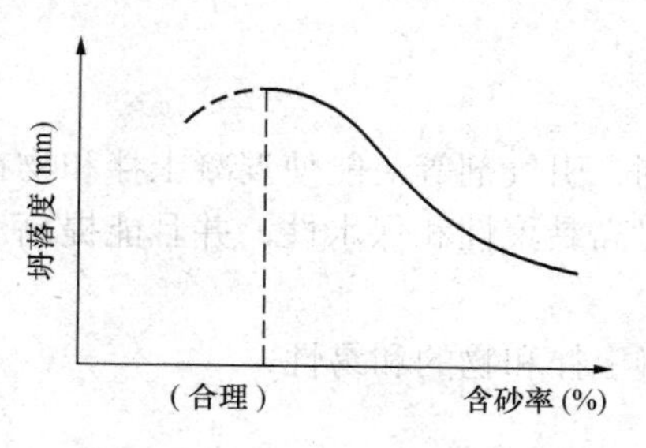


图 4-7　砂率与坍落度的关系

（水与水泥用量一定）

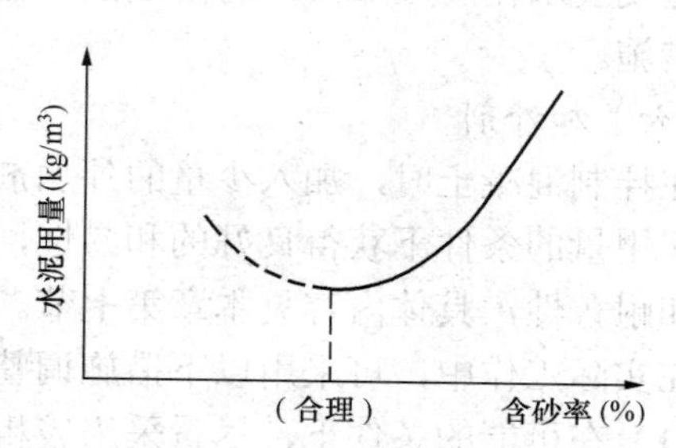


图 4-8　砂率与水泥用量的关系

（达到相同的坍落度）

确定合理砂率的方法很多，可根据本地区、本单位的经验累计数值选用；若无经验数据，可按骨料的品种、规格及混凝土的水灰比参考表 4-16 选用合理的砂率值。

**表 4-16　　混凝土砂率选用表［《普通混凝土配合比设计规程》（JGJ 55—2011）］**　（%）

| 水灰比 $W/C$ | 卵石最大粒径（mm） | | | 碎石最大粒径（mm） | | |
|---|---|---|---|---|---|---|
| | 10.0 | 20.0 | 40.0 | 16.0 | 20.0 | 40.0 |
| 0.4 | 26～32 | 25～31 | 24～30 | 30～35 | 29～34 | 27～32 |
| 0.5 | 30～35 | 29～34 | 28～33 | 33～38 | 32～37 | 30～35 |
| 0.6 | 33～38 | 32～37 | 31～36 | 36～41 | 35～40 | 33～38 |
| 0.7 | 36～41 | 35～40 | 34～39 | 39～44 | 38～43 | 36～41 |

注　1. 表中数值是中砂的选用砂率；对细砂或粗砂，可相应地减少或增大砂率。

2. 采用机制砂配制混凝土时，其砂率值应适当增大。

3. 只用一个单粒级粗骨料配制混凝土时，其砂率值应适当增大。

（四）组成材料的品种及性质

不同品种的水泥需水量不同，因此在相同配合比时，拌和物的坍落度也将有所不同。在常用水泥中，以普通硅酸盐水泥所配制的混凝土拌和物的流动性和保水性较好。当使用矿渣水泥和某些火山灰水泥时，矿渣、火山灰质混合材料对水泥的需水性都有影响。矿渣水泥所配制的混凝土拌和物的流动性比较大，但黏聚性差，易泌水；火山灰水泥需水量大，在相同加水量条件下，流动性显著降低，但黏聚性、保水性较好。

天然卵石呈圆形或卵圆形，表面较光滑，颗粒之间的摩擦阻力较小；碎石形状不规则，表面粗糙，颗粒之间的摩擦阻力较大。在其他条件完全相同的情况下，采用卵石拌制的混凝土比用碎石拌制的混凝土的流动性好。采用级配良好、较粗大的骨料，因其骨料的空隙率和总表面积小，包裹骨料表面和填充空隙的水泥浆量少，可提高拌和物的流动性，但砂、石过于粗大也会使拌和物的黏聚性和保水性下降，同时不易拌和均匀。

（五）时间及温度

混凝土拌和物随时间的延长而逐渐变得干稠，流动性减小，主要原因是一部分水供水泥水化，一部分水被骨料吸收，还有一部分水蒸发；同时混凝土凝聚结构也在逐渐形成，使得混凝土拌和物的流动性变差。高温也会使新拌混凝土的坍落度减小，因为环境温度的升高，水分蒸发及水化反应加快，坍落度损失也加快，在施工中要注意环境温度的变化，并采取相应的措施。

（六）加外剂

在拌制混凝土时，加入少量的外加剂，如减水剂、引气剂等，能使混凝土拌和物在不增加水泥用量的条件下获得良好的和易性，同时也能提高黏聚性和保水性，并且能提高混凝土强度和耐久性，具体内容见本章第七节。

在实际工作中，可采用以下措施调整和改善混凝土拌和物的和易性：

（1）在可能的条件下，尽量采用较粗的砂、石。

（2）改善砂、石的级配。

（3）通过试验，采用合理砂率，尽可能降低砂率。

（4）混凝土拌和物的坍落度太小时，保持水灰比不变，适当增加水泥浆用量；当坍落度太大，但黏聚性良好时，可保持砂率不变，适当增加砂、石用量。

（5）有条件时尽量掺用外加剂。

## 第四节 混凝土的力学性质

强度是混凝土硬化后最重要的力学性质。混凝土的强度包括抗压强度、抗拉强度、抗弯强度、抗剪强度及与钢筋的黏结强度等。其中混凝土的抗压强度最大，因此使用中主要利用混凝土抗压强度高的特点。在结构工程中，混凝土主要承受压力。混凝土的抗压强度与其他性能有一定的相关性，通常混凝土的强度越大，其刚度越大，不透水性、抗风化及耐蚀性能也越强，同时工程上也通常用混凝土抗压强度的大小来估计其他强度值。

### 一、混凝土的抗压强度与强度等级

根据《普通混凝土力学性能试验方法标准》（GB/T 50081—2002）规定，制作边长为150mm的立方体试件，在标准养护条件下［20℃±2℃、相对湿度为95%以上的标准养护室或20℃±2℃、不流动的$Ca(OH)_2$饱和溶液中］，养护到28d龄期，以标准试验方法测得的抗压强度值作为混凝土立方体抗压强度，以$f_{cu}$表示。

150mm×150mm×150mm的试件为标准试件，非标准试件为200mm×200mm×200mm和

100mm×100mm×100mm，研究表明测定混凝土试件的强度时，试件的尺寸和表面状况等对测试结果会产生较大影响。为了使混凝土抗压强度的测试结果具有可比性，GB/T 50081—2002规定，混凝土强度等级小于C60时，用非标准试件测得的强度值均应乘以尺寸换算系数，以换算成标准试件强度值。200mm×200mm×200mm 试件的换算系数为 1.05，100mm×100mm×100mm 试件的换算系数为 0.95。当混凝土强度等级不小于 C60 时，宜采用标准试件；使用非标准试件时，尺寸换算系数应由试验确定。试件的尺寸选择及换算系数见表 4-17。

**表 4-17　　试件的尺寸选择及换算系数**　　（mm）

| 试件种类 | 试件尺寸 | 粗骨料最大粒径 | 换算系数 |
|---|---|---|---|
| 标准试件 | 150×150×150 | ≤40 | 1.00 |
| 非标准试件 | 100×100×100 | ≤31.5 | 0.95 |
| | 200×200×200 | ≤63 | 1.05 |

为了便于设计选用和控制混凝土，将混凝土按强度分成若干等级，即强度等级。根据混凝土立方体抗压强度标准值（以 $f_{cu,k}$ 表示），《混凝土结构设计规范》（GB 50010—2010）将混凝土划分为 14 个强度等级。混凝土立方体抗压强度标准值是指按标准方法制作和养护的边长为 150mm 的立方体试件，在 28d 龄期后，用标准试验方法测得的抗压强度总体分布中的一个值，强度低于该值的百分率不超过 5%，即具有 95%保证率的立方体抗压强度。混凝土强度等级采用符号 C 与立方体抗压强度标准值表示，共分为 C15、C20、C25、C30、C35、C40、C45、C50、C55、C60、C65、C70、C75、C80 十四个强度等级。

## 二、混凝土的轴心抗压强度

棱柱体抗压强度又称为轴心抗压强度，根据 GB/T 50081—2002 的规定，它是以尺寸为150mm×150mm×300mm 的棱柱体作为标准试件，在标准养护条件下养护 28d 后，所测得的抗压强度，以 $f_{cp}$ 表示。

实际工程中，钢筋混凝土构件的形式大部分是棱柱体或圆柱体。为了使测得的混凝土强度接近构件的实际情况，在钢筋混凝土结构计算中，计算轴心受压构件（如梁、柱、桁架的腹杆等）时，都采用混凝土轴心抗压强度作为设计依据。轴心抗压强度 $f_{cp}$ 比同截面的立方体抗压强度 $f_{cu}$ 小。棱柱体试件的高宽比越大，轴心抗压强度越小，但当高宽比达到一定值后，强度就不再降低。实验表明，当立方体抗压强度 $f_{cu}$=15～55MPa时，轴心抗压强度 $f_{cp}$≈（0.70～0.80）$f_{cu}$，在结构设计计算时，一般取 $f_{cp}$=0.67 $f_{cu}$。

## 三、混凝土的抗拉强度

混凝土是一种典型的脆性材料，抗拉强度很小，混凝土的拉压比只有 1/20～1/10，而且拉压比随着抗压强度的增加而降低。因此，在混凝土结构设计时，一般不考虑混凝土承受拉应力，但抗拉强度对混凝土的抵抗性有重要影响，是结构设计时确定混凝土抗裂度的重要指标。此外，混凝土的抗拉强度有时也用来间接衡量混凝土与钢筋间的黏结强度。

我国目前采用 150mm×150mm×150mm 的混凝土标准立方体试件的劈裂抗拉试验来间接地测定混凝土的抗拉强度，称为劈裂抗拉强度。在试件两个相对的表面素线上，作用着均匀分布的压力，这样就能够在外力作用的竖向平面内产生均匀分布的拉伸应力，见图 4-9。

劈裂抗拉强度应按下式计算，即

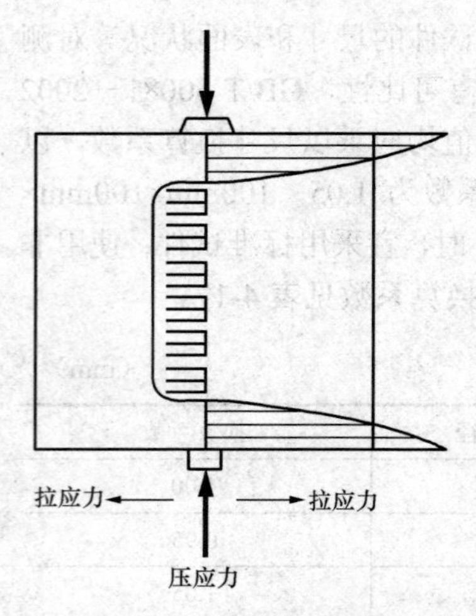

图 4-9 劈裂实验时垂直于受力面的应力分布

$$f_{ts}=\frac{2F_P}{\pi A}=0.637\frac{F_P}{A} \tag{4-3}$$

式中 $f_{ts}$——混凝土劈裂抗拉强度，MPa；

$F_P$——破坏荷载，N；

$A$——试件劈裂面积，$mm^2$。

混凝土劈裂抗拉强度 $f_{ts}$ 与混凝土立方体抗压强度之间的关系，可用经验公式表达为

$$f_{ts}=0.35f_{cu}^{3/4} \tag{4-4}$$

## 四、影响混凝土强度的因素

由于混凝土是多种材料组成的复合体，因此影响混凝土抗压强度的因素很多，主要包括人、机械、材料、施工工艺及环境条件五个方面。试验证明，普通混凝土受力破坏一般出现在骨料和水泥石的界面上，即常见的黏结面破坏形式。另外，当水泥石强度较低时，水泥石本身破坏也是常见的破坏形式。所以，混凝土强度主要取决于水泥石的强度、水灰比及骨料的性质，同时也受施工质量、养护条件、龄期及外加剂等因素的影响。本课程主要探讨材料、环境等因素对混凝土抗压强度的影响。

### （一）水泥的实际强度与水灰比

水泥的实际强度与水灰比是决定混凝土强度的主要因素，也是决定性因素。在配合比相同的条件下，水泥实际强度越高，水泥石强度及其与骨料的黏结强度越大，混凝土强度也越高。

水灰比是混凝土中用水量与水泥用量的比值。在水泥实际强度相同的条件下，混凝土强度主要取决于水灰比。水泥水化时所需的水，一般只占水泥质量的 23%左右，但在拌制混凝土拌和物时，为了使拌和物具有较好的和易性，通常需多加一些水，占水泥质量的 40%～70%。当混凝土硬化后，多余的水分或残留在混凝土中，或蒸发，使得混凝土内部形成不同尺寸的孔隙，这些孔隙的存在会大大降低混凝土的强度。因此，在水泥强度及其他条件相同时，混凝土的抗压强度主要取决于水灰比，这一规律称为水灰比定则。在满足施工要求，并保证混凝土均匀密实的条件下，水灰比越小，水泥石强度越高，与骨料黏结力越大，混凝土强度越高。但若水灰比过小，拌和物过于干稠，施工困难，就会出现蜂窝、孔洞，导致混凝土强度严重下降。试验证明，混凝土强度随水灰比的增大而降低，其规律呈曲线关系，而与灰水比呈直线关系，见图 4-10。

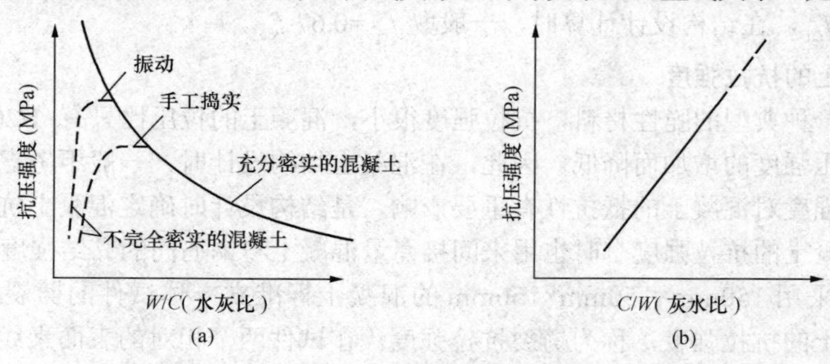

图 4-10 混凝土强度与水灰比及灰水比的关系

（a）强度与水灰比的关系；（b）强度与灰水比的关系

根据工程实践经验，可建立混凝土强度与水泥实际强度及灰水比等因素之间的线性经验公式（又称鲍罗米公式，仅适用于C60以下的混凝土，为

$$f_{cu}=\alpha_a f_{ce}\left(\frac{C}{W}-\alpha_b\right) \tag{4-5}$$

式中　$f_{cu}$——混凝土立方体抗压强度，MPa；

$\alpha_a$、$\alpha_b$——粗骨料回归系数（应根据工程所使用的水泥和粗、细骨料，通过试验建立的灰水比与混凝土强度的关系式来确定；若无上述试验统计资料，则可按《普通混凝土配合比设计规程》（JGJ 55—2011）中规定值系统取用，碎石混凝土为0.53、0.20，卵石混凝土为0.49、0.13）；

$\frac{C}{W}$——灰水比；

$f_{ce}$——水泥28 d抗压强度实测值，MPa。

在无法取得水泥实测强度时，可用下式计算，即

$$f_{ce}=\gamma_c f_{ce,g} \tag{4-6}$$

式中　$f_{ce,g}$——水泥强度等级值，MPa；

$\gamma_c$——水泥强度等级值的富余系数，见表4-18，可按水泥的品种、产地、等级统计得出。

$f_{ce}$值也可根据3d强度或快测强度推定28d强度。

**表4-18　水泥强度等级值的富余系数$\gamma_c$**

| 水泥强度等级 | 32.5 | 42.5 | 52.5 |
|---|---|---|---|
| 富余系数 | 1.12 | 1.16 | 1.10 |

（二）骨料

水泥石与骨料的黏结强度不仅取决于水泥石的强度，而且还与粗骨料的品种有关。由于碎石表面粗糙、有棱角，提高了骨料与水泥砂浆之间的机械啮合力和黏结力；卵石呈圆形或卵圆形、表面光滑，与水泥石的黏结强度较低。所以在坍落度相同的条件下，用碎石拌制的混凝土比用卵石的强度要高。

骨料的强度影响混凝土的强度，一般骨料强度越高，所配制的混凝土强度越高。骨料粒形以球形或立方体为好，若含有较多扁平或细长的颗粒，就会增加混凝土的孔隙率，导致混凝土强度下降。

（三）养护温度及湿度

为混凝土创造适当的温度和湿度条件，以使水泥充分水化，以及其硬化的工序称为养护。养护对混凝土强度的实现至关重要。混凝土强度的发展是一个渐进发展的过程，其发展的程度和速度取决于水泥的水化状况，而温度和湿度是影响水泥水化速度和程度的重要因素。

养护温度越高，水泥水化速度越快，混凝土强度的发展也越快。在实际工程中，为了加快混凝土强度发展，自然养护时需采取一定的措施，如覆盖、利用太阳能养护。另外还可以采取热养护，如蒸汽养护、蒸压养护等加速混凝土的硬化，提高混凝土的早期强度；反之，在低温下混凝土强度发展迟缓。当温度降至 0℃以下时，混凝土中的水分大部分都结冰，不

但水泥停止水化，混凝土强度停止发展，而且由于混凝土孔隙中的水结冰产生体积膨胀（约9%），从而使硬化中的混凝土结构遭到破坏，强度受到损失。所以冬季施工时，要特别注意保温养护，以免混凝土早期受冻破坏。

周围环境的湿度对水泥的水化作用能否正常进行有显著影响。湿度适当，水泥水化反应顺利进行，使混凝土强度得到充分发展；湿度过低，水泥水化反应不能正常进行，甚至停止水化。因为在湿度过低的情况下，混凝土表面会严重失水，迫使内部水分向表面迁移，在混凝土中形成毛细管通道，使混凝土结构疏松，形成干缩裂缝，增大渗水性，从而影响混凝土的耐久性，严重降低混凝土强度。

在自然环境中，利用自然气温进行养护称为自然养护。施工规范规定，在混凝土浇筑完毕后，应在12h内进行覆盖，以防止水分蒸发，覆盖可采用锯末、塑料薄膜、麻袋片等。同时，在夏季混凝土进行自然养护时，要特别注意浇水保湿，使用硅酸盐水泥、普通硅酸盐水泥和矿渣水泥时，浇水养护时间不得少于7d；对使用火山灰水泥和粉煤灰水泥，或在施工中掺缓凝型外加剂，或有抗渗要求的混凝土，应不少于 14d，浇水次数应能保持混凝土表面长期处于潮湿状态。

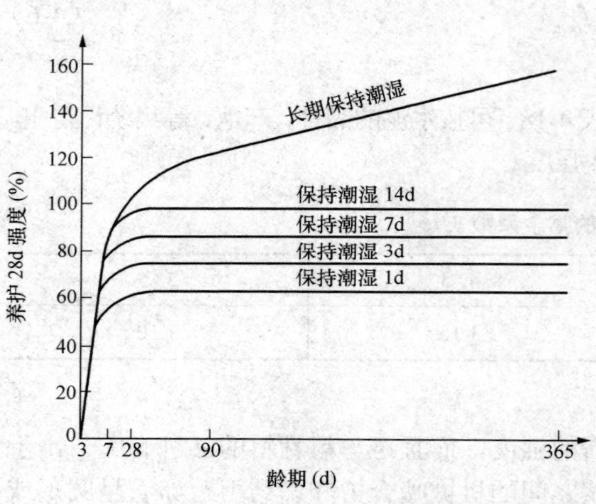

图 4-11 混凝土强度与保湿养护时间的关系

（四）龄期

龄期是指混凝土在正常养护条件下所经历的时间。在正常养护的条件下，混凝土的强度将随龄期的增长而不断发展，最初7～14d内强度发展较快，以后逐渐缓慢；28d 达到设计强度，28d 后强度仍在发展。由于水泥水化的原因，混凝土强度发展可持续数十年之久。混凝土强度与龄期的关系从图4-11中可以看出。

试验证明，普通水泥制成的中等强度等级的混凝土在标准养护条件下，混凝土强度的发展大致与其龄期的常用对数成正比关系（龄期≥3d），即

$$\frac{f_n}{f_{28}}=\frac{\lg n}{\lg 28} \tag{4-7}$$

式中 $f_n$ ——$n$d 龄期混凝土的抗压强度，MPa；

$f_{28}$ ——28d 龄期混凝土的抗压强度，MPa；

$n$ ——养护龄期，≥3，d。

根据式（4-7），可以由所测混凝土的早期强度估算其 28 d 龄期的强度，或者由混凝土的 28 d 强度，推算 28 d 前混凝土达到某一强度需要养护的天数，如确定混凝土拆模、构件起吊、放松预应力钢筋、制品养护、出厂等日期。

（五）试验条件对混凝土强度测定值的影响

试验条件是指试件的尺寸、形状、表面状态及加荷速度等。试验条件不同，会影响混凝土强度的测定值。

1. 试件尺寸

相同条件的混凝土，试件的尺寸越大，测得的强度越小，主要原因是因为试件尺寸大时，

内部孔隙、缺陷等出现的几率也大，从而引起强度的降低。我国标准规定采用 150mm×150mm×150mm 的立方体试件作为标准试件，如果采用非标准的其他尺寸试件时，所测得的抗压强度应乘以一定的换算系数，见表 4-17。

2. 试件的形状

当试件受压面积（$a\times a$）相同，而高度（$h$）不同时，高宽比（$h/a$）越大，抗压强度越小。这是由于试件承压时，试件受压面与试件承压板之间的摩擦力，使试件上下承压面处的横向膨胀起着约束作用，该约束有利于试件强度的提高，见图 4-12（a）。越接近试件的端面，这种约束作用就越大，在距端面大约 $\sqrt{3}/2a$ 范围以外时，约束作用才消失。试件破坏后，其上下部分各呈现一个较完整的棱锥体，这一现象就是此约束作用的结果［见图 4-12（b）］，通常称这种作用为环箍效应。

3. 表面状态

当试件受压面上有油脂类润滑剂时，试件受压时的环箍效应大大减小，试件将出现直裂破坏［见图 4-12（c）］，测出的强度值也较低。

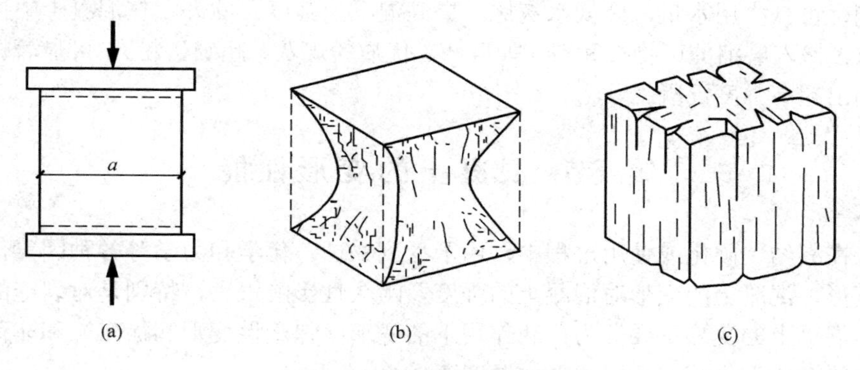


图 4-12　混凝土受压试验

（a）压力机压板对试件的约束作用；（b）试件破坏后残存的棱锥试体；（c）不受压板约束时试件的破坏情况

4. 加荷速度

加荷速度越快，测得的混凝土强度值也越大，当加荷速度超过 1.0MPa/s 时，这种趋势更加显著。我国标准规定混凝土抗压强度的加荷速度为 0.3～0.8MPa/s，且应连续、均匀地进行加荷。

### 五、提高混凝土强度的主要措施

提高混凝土强度的主要措施如下：

（1）采用高强度等级水泥。在相同配合比的情况下，水泥的强度等级越高，混凝土强度越高，但由于水泥强度等级的提高，受原料、生产工艺等因素制约，故单纯靠提高水泥强度来提高混凝土强度往往不现实，也不经济。

（2）降低水灰比。这是提高混凝土强度的有效措施。降低混凝土拌和物的水灰比，即可降低硬化混凝土的孔隙率，提高混凝土的密实度，增加水泥与骨料的黏结力，从而提高混凝土强度。但降低水灰比，会使混凝土拌和物的工作性能下降，因此施工时必须有相应的技术措施配合，如采用机械强力振动、掺加外加剂等。

（3）采用湿热养护。湿热养护分蒸汽养护和蒸压养护两类。蒸汽养护是将混凝土放在温度低于 100℃常压蒸汽中进行养护。混凝土经过 16～20h 蒸汽养护后，其强度可达到正常条件下养护 28d 强度的 70%～80%。蒸汽养护最适合于掺混合材料的矿渣水泥、火山灰水泥及粉煤灰水泥混凝土。而对普通水泥和硅酸盐水泥混凝土，因在水泥颗粒表面过早形成水化产物凝胶膜层，阻碍水分继续深入水泥颗粒内部，使其后期强度增长速度减缓，其 28d 强度比标准养护 28d 强度低 10%～15%。

蒸压养护是将混凝土置于 175℃、0.8MPa 蒸汽中进行养护，这种养护方式能大大促进水泥的水化，明显提高混凝土强度，特别适用于掺混合材料的硅酸盐水泥。

（4）采用机械搅拌和振捣。混凝土采用机械振捣不仅比人工搅拌功效高，而且搅拌得更均匀，故能提高混凝土的密实度和强度。采用机械振捣混凝土，可使混凝土拌和物的颗粒产生振动，降低水泥浆的黏结度及骨料之间的摩擦力，使混凝土拌和物转入流体状态，提高流动性，同时混凝土拌和物被振捣后，其颗粒互相靠近，使混凝土内部孔隙大大减少，从而使混凝土的密实度和强度得到提高。

（5）掺加混凝土外加剂、掺和料。在混凝土中掺入早强剂，可提高混凝土的早期强度；掺入减水剂，可减少用水量，降低水灰比，提高混凝土强度。此外，在混凝土中掺入高效减水剂的同时，掺入磨细的矿物掺和料（如硅灰、优质粉煤灰、超细矿粉），可显著提高混凝土强度，配制出超高强度混凝土。

## 第五节 混凝土的变形性能

混凝土在凝结、硬化或使用过程中，由于受到物理、化学和力学等各种因素作用，常会产生各种变形，混凝土的变形对混凝土的强度及耐久性影响很大，特别是对裂缝的产生有更大的影响。混凝土的变形主要分为荷载作用下的变形（弹塑性变形和徐变）和非荷载作用下的变形（主要有化学收缩、干湿变形、温度变形等）。

### 一、非荷载作用下的变形

#### （一）化学收缩

由于水泥水化生成物的固体体积比反应前物质（水泥+水）的总体积小，从而引起混凝土发生体积收缩，称为化学收缩，也称自身收缩。化学收缩是不可恢复的，而且收缩值随着龄期的延长而增加，一般在混凝土成型后 40d 内增长较快，以后渐趋稳定。温度的升高、水泥用量的增加、水泥细度的提高，也会增大化学收缩值。化学收缩对混凝土结构不会产生明显的破坏作用，但在混凝土内部可能产生微裂缝，从而影响承载状态和耐久性。

#### （二）干湿变形

由于周围环境湿度的变化，混凝土中水分也发生变化，从而引起混凝土的湿胀干缩，这种变形称为干湿变形。

混凝土在干燥环境中硬化时，由于毛细孔中自由水分的蒸发，使混凝土体积收缩；当自由水蒸发完毕时，凝胶中的吸附水也发生部分蒸发，凝胶体因失水而产生收缩。空气相对湿度越低，干缩发展越快。混凝土的这种体积收缩是不能完全恢复的。当混凝土在水中硬化时，体积会产生轻微膨胀，这是由于凝胶体粒子的吸附水膜增厚，胶体粒子间的距离增大所致。

混凝土的湿胀变形量很小，一般无破坏作用，对于水泥浆用量较大的混凝土，早期在水中养护形成的湿胀还可以抵消化学收缩。但混凝土的干缩对混凝土有较大危害，因为干缩使混凝土表面产生较大拉应力而导致混凝土表面干裂，严重影响混凝土的强度和耐久性。

混凝土干缩值的大小与水泥品种、水泥用量和用水量及骨料的性质有关。因此，减小干缩就要合理选择水泥品种，减少水泥用量，降低水灰比，选用质量好、级配好、砂率合理、弹性模量大的骨料，加强养护，特别是早期的湿润养护。

结构设计中，混凝土的干缩值取值为 $1.5\times10^{-4}$～$2.0\times10^{-4}$mm/mm，即每米收缩 0.15～0.20mm。湿胀导致的变形很小，对混凝土性能影响不大。

（三）温度变形

混凝土的热胀冷缩变形称为温度变形。混凝土的温度膨胀系数为 $1\times10^{-5}$～$1.5\times10^{-5}$/℃，即温度升降 1℃，每米胀缩 0.01～0.015mm。

温度变形对于大体积混凝土工程、纵向很长的混凝土结构及大面积混凝土工程极为不利，容易引起混凝土的温度裂缝。在混凝土硬化初期，水泥水化放出较多的热量，而混凝土是热的不良导体，散热很慢，使大体积混凝土内外产生较大的温差，从而在混凝土外表面产生很大的拉应力，严重时会产生裂缝。为了避免这种危害，对于上述类型的混凝土工程，应设法降低其内部热量，如选用低热水泥、减少水泥用量、掺加缓凝剂及采用人工降温等。对纵向长或面积大的混凝土结构，应设置伸缩缝。

## 二、荷载作用下的变形

### （一）短期荷载作用下的变形

#### 1. 混凝土的弹塑性变形

混凝土在荷载作用下，不是完全弹性体也不呈完全塑性体，而是弹塑性体。荷载对其作用时，既产生弹性变形，又产生塑性变形。因此，混凝土在静力受压时，其全部变形（$\varepsilon$）由弹性变形（$\varepsilon_{弹}$）和塑性变形（$\varepsilon_{塑}$）组成，应力（$\sigma$）与应变（$\varepsilon$）的关系为一曲线，如图 4-13 所示。

在静力试验的加荷过程中，若加荷至应力为 $\sigma$、应变为 $\varepsilon$ 的 $A$ 点，然后逐渐卸去荷载，则卸荷时的应力—应变曲线如图 4-13 中 $AC$ 所示（微向上弯曲）。卸荷后能恢复的应变 $\varepsilon_{弹}$是由混凝土的弹性性质引起的，称为弹性变形；剩余的不能恢复的应变 $\varepsilon_{塑}$是由混凝土的塑性性质引起的，称为塑性应变。

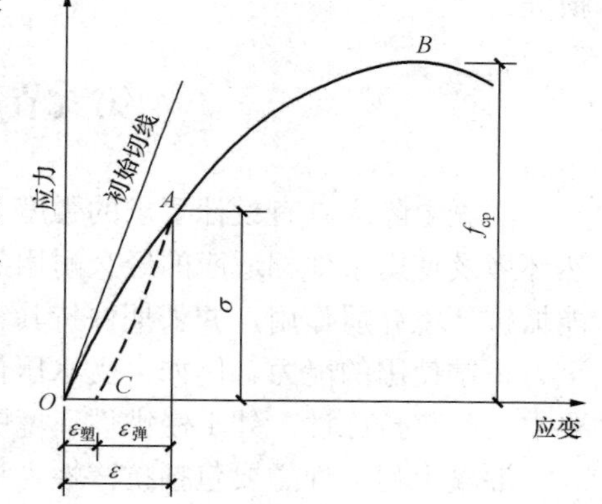


图 4-13 混凝土的应力—应变曲线

#### 2. 混凝土的弹性模量

在应力—应变曲线上任一点的应力 $\sigma$ 与其应变 $\varepsilon$ 的比值，称为混凝土在该应力下的变形模量。它反映混凝土所受应力与所产生应变之间的关系。计算钢筋混凝土结构的变形、裂缝开展及大体积混凝土的温度应力时，均需用到混凝土的弹性模量。

当应力 $\sigma$ 为（0.3～0.5）$f_{cp}$ 时，在重复荷载作用下，每次卸载都会在应力—应变曲线中残留一部分塑性变形 $\varepsilon_{塑}$，但随着重复次数的增加，塑性变形的增量减小，最后曲线稳定于 $A'C'$ 线，此线与初始切线大致平行，如图 4-14 所示。

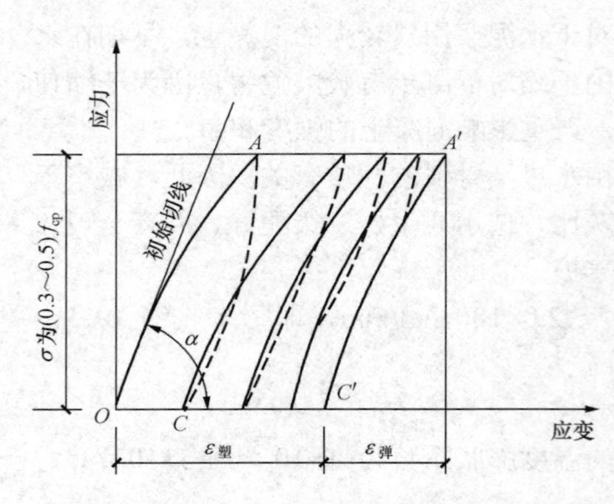

图 4-14 低应力下重复荷载的应力—应变曲线

根据《普通混凝土力学性能试验方法标准》（GB/T 50081—2002）中的规定，采用 150mm×150mm×300mm 的棱柱体试件作为标准试件，所测定点的应力为试件轴心抗压强度的 40%（即 $\sigma=0.4f_{cp}$），经 4 次以上反复加荷与卸载后，所得的应力—应变曲线与初始切线大致平行时测得的弹性模量值，即为该混凝土的弹性模量 $E_c$，在数值上与 $\tan\alpha$ 相近。

影响混凝土弹性模量的主要因素有：混凝土的强度、骨料的含量及其弹性模量和养护条件等。混凝土的强度越高，其弹性模量越大，当混凝土的强度等级由 C10 增加至 C60 时，其弹性模量大致由 $1.75\times10^4$MPa 增加至 $3.605\times10^4$MPa；骨料的含量越多，其弹性模量越大，混凝土的弹性模量越高；混凝土的水灰比较小，养护得较好，龄期较长，混凝土的弹性模量就较大。

（二）长期荷载作用下的变形

混凝土在恒定荷载的长期作用下，沿作用力方向，随着时间的延长而不断增加的塑性变形，称为混凝土的徐变，也称蠕变。

徐变产生的原因，一般认为是由于水泥石中凝胶体在长期荷载作用下产生黏性流动，使凝胶孔中的水向毛细孔迁移的结果。徐变对结构物的影响既有利，又有弊。有利的是，它可以减弱钢筋混凝土内的应力集中，使应力较均匀重新分布，对大体积混凝土则能消除一部分由于温度变形所产生的破坏应力；不利的是，它会使预应力钢筋混凝土的预加应力值受到损失。

## 第六节 混凝土的耐久性

混凝土除应具有设计要求的强度，以保证其能安全地承受设计的荷载外，还应具有与自然环境及使用条件相适应的经久耐用的性能。混凝土耐久性是指混凝土在长期使用过程中，能抵抗环境介质作用，并长期保持其良好的使用性能和外观完整性，从而维持混凝土结构安全、正常使用的能力。例如，受水压作用时要求其具有抗渗性；与水接触并遭受冰冻作用时要求其具有抗冻性；处于侵蚀性环境中时要求其具有相应的抗侵蚀性等。

混凝土耐久性主要包括抗渗性、抗冻性、抗侵蚀性、抗碳化性、抗碱—骨料反应及混凝土中的钢筋耐锈蚀等性能。

### 一、混凝土的抗渗性

混凝土的抗渗性是指混凝土抵抗有压介质（水、油、溶液等）渗透作用的能力。是决定混凝土耐久性的最主要因素。混凝土渗水的主要原因是由于混凝土内部连通的毛细孔和裂缝形成了渗水通道。这些孔道除产生于施工振捣不密实外，主要还来源于水泥浆中多余水分的蒸发而留下的气孔、水泥浆泌水所形成的毛细孔。这些渗水通道的多少，与水灰比的大小有着很大的关系。水灰比增大，抗渗性逐渐变差，当水灰比大于 0.6 时，抗渗性急剧下降。

若混凝土的抗渗性差，不仅周围的水等液体物质易渗入内部，使混凝土遭受冰冻或侵蚀作用而破坏，还将引起钢筋混凝土内部的钢筋锈蚀。因此，对地下建筑、水坝、水池、港工、海工等工程，要求混凝土具有较好的抗渗性。

要提高混凝土抗渗性，其主要措施是提高混凝土的密实度和改善混凝土中的孔隙结构，减少连通孔隙，可以通过降低水灰比、采用好的骨料级配、充分振捣和养护、掺入引气剂等方法来实现。

混凝土的抗渗性用抗渗等级表示。抗渗等级是以28d龄期的标准试件在标准试验方法下所能承受的最大静水压来确定。抗渗等级有P4、P6、P8、P10、P12五个等级，分别表示混凝土能抵抗0.4、0.6、0.8、1.0、1.2MPa的静水压力而不渗透。

### 二、混凝土的抗冻性

混凝土的抗冻性是指混凝土在饱和水状态下，能经受多次冻融循环而不破坏，强度也不显著降低的性质。在寒冷地区，特别是接触水又受冻的环境条件下，混凝土要求具有较高的抗冻性。抗冻性是评定混凝土耐久性的重要指标。

混凝土的抗冻性用抗冻等级来表示。抗冻等级是以28d龄期的混凝土标准试件在饱和水状态下承受反复冻融循环，以抗压强度损失不超过25%，且质量损失不超过5%时所能承受的最大循环次数来确定。混凝土的抗冻等级有F10、F15、F25、F50、F100、F150、F200、F250和F300九个等级，分别表示混凝土能承受冻融循环的最大次数为10、15、25、50、100、150、200、250、300次。

混凝土受冻融破坏的原因是混凝土内部孔隙中的水在结冰后体积膨胀形成的压力。混凝土的抗冻性主要取决于混凝土的密实度、孔隙率、孔隙特征和孔隙的含水程度等因素。孔隙率小，且具有封闭空隙的混凝土，其抗冻性好。掺入引气剂、减水剂和防冻剂可有效提高混凝土的抗冻性。

### 三、混凝土的抗侵蚀性

环境介质对混凝土的侵蚀通常有软水侵蚀、硫酸盐侵蚀、镁盐侵蚀、碳酸侵蚀、一般酸侵蚀与强碱侵蚀等。对于在地下工程、海岸与海洋工程等恶劣环境下应用的混凝土，对其抗侵蚀性提出了更高的要求。

混凝土的抗侵蚀性主要取决于水泥石的抗侵蚀性。合理选择水泥品种、提高混凝土的密实程度、改善孔隙结构均可以提高混凝土的抗侵蚀性。密实和孔隙封闭的混凝土，环境水不易侵入，抗侵蚀性较强。

### 四、混凝土的碳化

混凝土的碳化是指混凝土内水泥石中的$Ca(OH)_2$与空气中的$CO_2$，在湿度适宜时发生化学反应，生成$CaCO_3$和水，也称中性化。碳化首先是碱度降低减弱了对钢筋的保护作用。其次是碳化会增加混凝土的收缩，引起混凝土表面产生微细裂缝，从而降低混凝土的抗拉、抗折强度及抗渗能力。

环境中的$CO_2$浓度高，碳化速度快；当环境中的相对湿度为50%～75%时，碳化速度最快；水灰比越小，混凝土越密实，二氧化碳和水越不易侵入，碳化速度就越慢；掺混合材料的水泥碱度较低，碳化速度随混合材料掺量的增多而加快。

### 五、混凝土的碱—骨料反应

碱—骨料反应是指水泥、外加剂等混凝土构成物及环境中的碱与骨料中碱活性矿物在潮湿环境下缓慢发生将导致混凝土开裂破坏的膨胀反应。碱—骨料反应一般有碱—氧化硅反应、碱—硅酸盐反应、碱—碳酸盐反应三种类型。碱—骨料反应并造成破坏必须具备以下三个条件：一是水泥中碱的含量大于 0.6%（以 $Na_2O$ 的含量计）；二是骨料中含有一定的活性氧化硅；三是有水存在。

碱—骨料反应进行很慢，由此引起的膨胀破坏往往几年之后才会发现，所以应对碱—骨料反应给予足够的重视。其预防的措施为：使用碱含量小于 0.6%的水泥；使用非活性骨料，或掺用一定量的粉煤灰等活性掺和料；掺用引气剂，在混凝土中产生微小气泡，以降低膨胀压力。

## 六、提高混凝土耐久性的措施

混凝土所处的环境和使用条件不同，对其耐久性的要求也不相同。影响混凝土抗渗、抗冻、抗侵蚀及抗碳化等耐久性的因素很多，虽然不完全一样，但却有许多相同之处。混凝土的密实程度是影响耐久性的主要因素，其次是原材料的性质、施工质量等。提高混凝土耐久性的主要措施有：

（1）根据混凝土工程的特点和所处的环境条件，合理选择水泥品种，可参照第三章内容选用合适的水泥品种。

（2）选用质量良好、技术条件合格的砂石骨料，严格控制骨料中泥、泥块及有害物质含量；同时采用级配较好的骨料，有利于提高混凝土的密实性。

（3）严格控制水灰比及保证足够的水泥用量，这是保证混凝土密实度、提高混凝土耐久性的关键。《普通混凝土配合比设计规程》（JGJ 55—2011）规定了混凝土结构所用混凝土的最大水灰比和最小水泥用量的限值，见表 4-19。

（4）掺入减水剂，可以减少混凝土的用水量，从而提高混凝土的密实性；掺用引气剂，可改善混凝土的孔隙率和孔结构，能显著提高混凝土的抗渗性和抗冻性。

（5）在施工中严格按照操作规程进行施工操作，加强搅拌、合理浇筑、振捣密实、加强养护，保证施工质量，提高混凝土的密实性。

表 4-19 混凝土的最大水灰比和最小水泥用量

<table>
<tr><th rowspan="2">环境类型</th><th rowspan="2">条　件</th><th rowspan="2">最大水灰比（水胶比）</th><th colspan="3">最小水泥（胶凝材料）用量（kg/m³）</th></tr>
<tr><th>素混凝土</th><th>钢筋混凝土</th><th>预应力混凝土</th></tr>
<tr><td>一</td><td>室内干燥环境。<br>无侵蚀性静水浸没环境</td><td>0.60</td><td>250</td><td>280</td><td>300</td></tr>
<tr><td>二 a</td><td>室内潮湿环境。<br>非严寒和非寒冷地区的露天环境。<br>非严寒和非寒冷地区与无侵蚀性的水或土壤直接接触的环境。<br>严寒和寒冷地区的冰冻线以下与无侵蚀性的水或土壤直接接触的环境</td><td>0.55</td><td>280</td><td>300</td><td>300</td></tr>
<tr><td>二 b</td><td>干湿交替环境。<br>水位频繁变动环境。<br>严寒和寒冷地区的露天环境。<br>严寒和寒冷地区冰冻线以上与无侵蚀性的水或土壤直接接触的环境</td><td>0.50（0.55）</td><td colspan="3">320</td></tr>
<tr><td>三 a</td><td>严寒和寒冷地区冬季水位变动区环境。<br>受除冰盐影响环境。<br>海风环境</td><td>0.45（0.50）</td><td colspan="3">320</td></tr>
<tr><td>三 b</td><td>盐渍土环境。<br>受除冰盐作用环境。<br>海岸环境</td><td>0.40</td><td colspan="3">320</td></tr>
</table>

# 第七节 混凝土外加剂

## 一、混凝土外加剂的定义和分类

### (一) 混凝土外加剂的定义

混凝土外加剂是指在混凝土拌和过程中掺入的用以改善混凝土性能的物质，掺量一般不超过水泥质量的5%。

混凝土在掺入少量外加剂的情况下，可以明显改善混凝土的性能，包括混凝土拌和物的和易性、调节混凝土凝结时间、提高混凝土强度及耐久性等。混凝土外加剂已经得到广泛的使用，可以说混凝土外加剂的使用是混凝土技术的重大突破，被誉为混凝土的第五种组成材料。

### (二) 混凝土外加剂的分类

根据国标《混凝土外加剂》(GB 8076—2008）的规定，混凝土外加剂按其主要功能分为以下四类：

(1) 改善混凝土拌和物流动性能的外加剂，包括各种减水剂、引气剂和泵送剂等。

(2) 调节混凝土凝结时间、硬化性能的外加剂，包括缓凝剂、早强剂和速凝剂等。

(3) 改善混凝土耐久性的外加剂，包括引气剂、防水剂和阻锈剂等。

(4) 改善混凝土其他性能的外加剂，包括引气剂、膨胀剂、防冻剂、着色剂、防水剂和泵送剂等。

目前在建筑工程中常用的外加剂主要有减水剂、引气剂、早强剂、缓凝剂、防冻剂等。

## 二、常用的外加剂

### (一) 减水剂

减水剂又称塑化剂或分散剂，是指在保持混凝土坍落度基本相同的条件下，能减少拌和用水量的外加剂。根据减水剂的作用效果及功能不同，可分为普通减水剂、高效减水剂、早强减水剂、缓凝减水剂、引气减水剂等。

1. 减水剂的作用原理

常用减水剂均属表面活性物质，是由亲水基团和憎水基团两个部分组成。在水泥加水拌和形成水泥浆的过程中，由于水泥颗粒间分子凝聚力的作用，水泥颗粒之间容易吸附在一起，使水泥浆形成絮凝结构（见图4-15)，包裹的拌和水（游离水）不能起到使水泥浆流动的作用，从而降低了混凝土拌和物的流动性。

如在水泥浆中加入适量的减水剂，一方面表面活性剂在水泥颗粒表面呈定向排列，使水泥颗粒表面带有同种电荷，形成排斥力，这种排斥力远远大于水泥颗粒之间的分子吸引力，使水泥颗粒分散［见图4-16（a)]，絮凝结构解体，包裹的游离水被释放出来，从而有效地增加了混凝土拌和物的流动性［见图4-16（b)]。另一方面，当水泥颗粒表面吸附足够的减水剂后，使水泥颗粒表面形成一层稳定的薄膜层，从而阻止了水泥颗粒间的直接接触，起到润滑作用，也改善了混凝土拌和物的流动性，使水泥水化比较充分，提高了混凝土的强度。

2. 减水剂的技术经济效果

在混凝土中加入减水剂后，根据使用目的的不同，一般可取得以下效果：

(1) 增加流动性。在混凝土各组成材料用量一定的条件下，加入减水剂，能明显提高混凝土拌和物的流动性，混凝土坍落度可增大100～200mm，且不影响混凝土的强度。

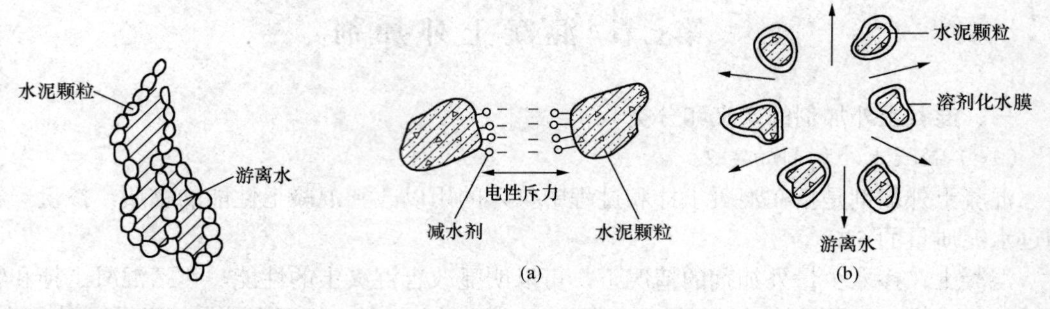


图 4-15 水泥浆的絮凝结构　　图 4-16 减水剂作用示意图

（2）提高混凝土强度。在保持流动性及水泥用量不变的条件下，可减少混凝土的单位用水量 5%～25%（普通型 5%～15%、高效型 10%～30%），从而降低了水灰比，使混凝土强度提高，特别是早期强度提高更为显著。

（3）节约水泥。在保持流动性及水灰比不变、强度一定的条件下，在减少拌和用水量的同时，相应减少水泥用量，可节约水泥 5%～20%。

（4）改善混凝土的耐久性。由于减水剂的掺入，可以减少混凝土拌和物的泌水、离析现象，显著地改善混凝土的孔结构，使混凝土的密实度提高，从而可提高抗渗、抗冻、抗化学腐蚀及抗锈蚀性，提高混凝土的耐久性。

3. 目前常用的减水剂

减水剂是使用最广泛、效果最显著的外加剂，按化学成分不同，可分为木质素系、萘系、树脂系、糖蜜系和腐殖酸系减水剂等。

（二）早强剂

早强剂是指能够提高混凝土强度并对后期强度无显著影响的外加剂。按照其化学成分的不同，分为有机物类、无机盐类和复合型早强剂。有机物为甲酸钙、三乙醇胺、三异丙醇胺、尿素等；无机盐类有硫酸盐、氯化物、硝酸盐及亚硝酸类、碳酸盐等。复合型是指有机与无机盐复合型早强剂。

氯盐类的早强剂只能在不配筋的素混凝土中掺加，对于钢筋混凝土，特别是预应力钢筋混凝土，以及有金属预埋件的混凝土中，要慎重使用这类外加剂，限制氯离子含量的引入量，甚至要禁止使用。

早强剂可在不同温度下加速混凝土强度发展，加快施工进度，提高模板周转率，特别适用于冬季施工或紧急抢修工程。

（三）引气剂

引气剂是指在混凝土搅拌过程中能引入大量均匀分布、稳定而封闭的微小气泡，且能保留在硬化混凝土中的外加剂。引气剂属憎水性表面活性剂，由于表面活性和搅拌作用，使水溶液在混凝土中产生许多微小的封闭气泡，气泡直径多为 50～250μm，稳定、均匀地分布于混凝土中，因引气剂定向吸附在气泡表面，形成较为牢固的液膜，减少了颗粒间的摩擦阻力，使混凝土拌和物流动性增加；同时大量均匀分布的封闭气泡切断了混凝土中的毛细管渗水通道，改变了混凝土的孔结构，从而改善了拌和物的保水性和黏聚性，使混凝土抗渗性和抗冻性显著提高。但是由于大量气泡的存在，减少了混凝土的有效受力面积，使混凝土强度有所降低。一般混凝土的含气量每增加1%时，其抗压强度将降低4%～5%。

引气剂的掺量一般在水泥重量的0.3%～2%的范围内，由于掺量小，因此需称量准确，拌和均匀。另外，影响引气量的因素多，如水灰比、水泥用量、砂率、集料、振捣情况、搅拌时间，坍落度、成型温度，都需要严格规范操作，否则就达不到应有效果。

引气剂可用于抗渗混凝土、抗冻混凝土、抗硫酸盐侵蚀混凝土、泌水严重的混凝土、轻混凝土以及对饰面有要求的混凝土等，但引气剂不宜用于蒸养混凝土及预应力钢筋混凝土。

常用的引气剂有松香热聚物、烷基苯磺酸钠、脂肪醇硫酸钠等，也可以采用引气型减水剂，或由引气剂与减水剂组成的复合剂。

（四）缓凝剂

缓凝剂是指能延缓混凝土凝结时间，便于施工，能使混凝土浆体水化速度减慢，延长水化放热过程，有利于大体积混凝土温度控制，并对混凝土后期强度发展无不利影响的外加剂。兼有缓凝和减水作用的外加剂称为缓凝减水剂。

建筑工程中，缓凝剂主要有四类：糖类，如糖蜜；木质素磺酸盐类，如木质素磺酸钙、木质素磺酸钠等；羟基羧酸及其盐类，如柠檬酸、酒石酸等；无机盐类，如锌盐、硼酸盐等。常用的缓凝剂是木钙和糖蜜，其中糖蜜的缓凝效果最好。

缓凝剂主要适用于大体积混凝土、炎热气候下施工的混凝土、碾压混凝土、拉模施工的混凝土以及需长时间停放或长距离运输的混凝土。与高效减水剂复合使用可以减少坍落度损失，并达到节约水泥的目的。但缓凝剂不宜用于日最低气温5℃以下施工的混凝土，也不宜单独用于有早强要求的混凝土及蒸养混凝土。

（五）防冻剂

防冻剂是指能使混凝土在负温下硬化，并在规定养护条件下达到预期性能的外加剂。常用的防冻剂有氯盐类（氯化钙、氯化钠）、氯盐阻锈类（以氯盐与亚硝酸钠阻锈剂复合成）、无氯盐类（以硝酸盐、亚硝酸盐、碳酸盐、乙酸钠或尿素复合而成）、水溶性有机化合物类、有机化合物与无机盐类、复合型防冻剂。

（1）氯盐类：主要是氯化钙和氯化钠，具有降低冰点的作用，但对钢筋有锈蚀作用，适用于无筋混凝土，一般掺量为0.5%～1%。

（2）氯盐阻锈类：由氯盐与亚硝酸钠阻锈剂复合而成，具有降低冰点、早强、阻锈等作用，适用于钢筋混凝土，一般掺量为1%～8%。

（3）无氯盐类：由硝酸盐、亚硝酸盐、碳酸盐、乙酸钠或尿素复合而成。在实际工程中，使用的防冻剂一般都是复合性的，具有防冻、早强、减水等作用，可用于钢筋混凝土工程和预应力钢筋混凝土工程。

（4）有机化合物类：以某些醇类、尿素等有机化合物为防冻组合的外加剂。

（5）复合型防冻剂：以防冻组分复合早强、引气、减水等组分的外加剂。

（六）速凝剂

速凝剂是指能使混凝土迅速凝结硬化的外加剂。速凝剂能使混凝土中的石膏丧失缓凝作用，导致水泥浆迅速凝结硬化。速凝剂主要有无机盐类和有机物类两类。我国常用的速凝剂是无机盐类，主要型号有红星Ⅰ型、711型、728型、8604型等。

速凝剂的掺量为2.5%～4%。速凝剂掺入混凝土后，能使混凝土在5min内初凝，7～10min内终凝，1 h就可产生强度，1 d后强度提高2～3倍，但后期强度会下降，28 d后强度为不掺时的 80%～90%。速凝剂主要用于隧道喷射混凝土及其他抢修类工程。

（七）膨胀剂

膨胀剂是能使混凝土在硬化过程中因化学作用而产生一定体积膨胀的外加剂。膨胀剂的种类有硫铝酸盐类、氧化钙类、金属类等。常用的品种为明矾石膨胀剂，掺量为 10%～15%，掺量较大时可在钢筋混凝土中产生自应力。

### 三、外加剂的选择和使用

在混凝土中掺入适量外加剂，可明显改善混凝土的技术性能，达到需要的效果。如果选择和使用不当，会造成事故。因此，在选择和使用外加剂时，应注意以下几点：

（1）外加剂品种的选择。外加剂品种、品牌众多，功能各异，同一外加剂对不同的水泥效果不同。所以在选择外加剂时，应根据工程需要、现场的材料条件，严格按照规定和要求进行选择和添加。

（2）外加剂掺量的确定。混凝土外加剂的添加要适量，掺量过大过小都不行。其掺量过大，会影响混凝土质量，甚至造成质量事故；掺量过小，又往往达不到预期效果。因此，应通过试验试配确定最佳掺量。

（3）外加剂的掺加方法。外加剂的掺量少，但必须保证其均匀分散在混凝土内，一般不能直接加入混凝土搅拌机内。对于可溶于水的外加剂，用水配成一定浓度的溶液，随水加入搅拌机；对不溶于水的外加剂，与一定量的水泥或砂混合均匀后再加入搅拌机内。

## 第八节　普通混凝土配合比设计

混凝土配合比设计根据材料的技术性能、工程要求、结构形式和施工条件来确定混凝土各组成材料数量之间的比例关系。

配合比常用“体积比”和“质量比”两种方法表示，工程中常用“质量比”表示。混凝土的质量配合比在工程中也有两种表示方法：一种是以 $1m^3$ 混凝土中各组成材料的质量来表示，如水泥 295kg、水 165kg、砂 648kg、石子 1330kg；另一种表示方法是以各组成材料相互间的质量比来表示（以水泥质量为 1），将上例换算成质量比为水泥:砂:石子=1:2.20:4.51。

### 一、配合比设计的基本要求

混凝土配合比设计的基本要求，即混凝土需要达到的性能要求，包括技术要求和经济性要求两个方面，主要包括：

（1）满足混凝土结构设计的强度等级。

（2）满足混凝土施工所要求的和易性。

（3）满足工程所处环境和使用条件对混凝土耐久性的要求。

（4）符合经济原则，节约水泥，降低成本。

### 二、混凝土配合比设计的资料准备

在设计混凝土配合比之前，必须通过调查研究，预先掌握下列基本资料：

（1）了解工程设计要求的混凝土强度等级，以便确定需要配制的混凝土强度。

（2）了解工程所处环境对混凝土耐久性的要求，以便确定所配制混凝土的水泥品种、最大水灰比和最小水泥用量。

（3）了解结构断面尺寸及钢筋配制情况，以便确定混凝土骨料的最大粒径。

（4）了解混凝土管理水平及施工方法（如强度标准差的统计资料，混凝土拌和物应采用的坍落度），以便选择混凝土拌和物坍落度及骨料的最大粒径。

（5）掌握原材料的性质及技术指标，包括水泥的品种及等级；砂、石骨料的种类及表观密度、级配、石子最大粒径；拌和用水的水质情况；各项材料的密度、表观密度及堆积密度；外加剂的品种、性能、适宜掺量等。

## 三、普通混凝土配合比设计方法及步骤

### （一）确定混凝土配制强度

混凝土配制强度按下式计算，即

$$f_{cu,0} \geqslant f_{cu,k} + 1.645\sigma \tag{4-8}$$

式中 $f_{cu,0}$ ——混凝土配制强度，MPa；

$f_{cu,k}$ ——混凝土立方体抗压强度标准值，MPa；

$\sigma$ ——混凝土强度标准差，MPa。

混凝土强度标准差应按下列规定确定：

（1）当施工单位具有1～3个月的同一品种、同一强度等级混凝土的强度资料，且试件组数不小于30时，其混凝土强度标准差应按下式计算，即

$$\sigma = \sqrt{\frac{\sum_{i=1}^{n} f_{cu,i}^2 - n m_{f_{cu}}^2}{n-1}} \tag{4-9}$$

式中 $\sigma$ ——混凝土强度标准差，MPa；

$f_{cu,i}$ ——第 $i$ 组试件的强度，MPa；

$m_{f_{cu}}$ —— $n$ 组试件的强度平均值，MPa；

$n$ ——试件组数。

对于强度等级不大于C30的混凝土，当混凝土强度标准差计算值不小于3.0MPa时，应按式（4-9）的计算结果取值；当混凝土标准差计算值小于3.0MPa时，应取3.0MPa。

对于强度等级大于C30且小于C60的混凝土，当混凝土强度标准差计算值不小于4.0MPa时，应按式（4-9）的计算结果取值；当混凝土标准差计算值小于4.0MPa时，应取4.0MPa。

（2）当施工单位没有同一品种、同一强度等级混凝土的强度资料时，其强度标准差可按表4-20规定取用。

**表4-20　　混凝土强度标准差 $\sigma$　　（MPa）**

| 混凝土强度等级 | ≤C20 | C25～C45 | C50～C55 |
|---|---|---|---|
| $\sigma$ | 4.0 | 5.0 | 6.0 |

注　采用本表时，施工单位根据实际情况（指生产质量管理水平），可以适当调整。

### （二）初步确定水胶比（水灰比）

根据已确定的混凝土配制强度 $f_{cu,0}$（当混凝土强度等级小于C60时），按下式计算水胶比，即

$$\frac{W}{B} = \frac{\alpha_a f_b}{f_{cu,0} + \alpha_a \alpha_b f_b} \tag{4-10}$$

式中 $\frac{W}{B}$——混凝土水胶比；

$\alpha_a$、$\alpha_b$——回归系数，碎石混凝土为0.53、0.20，卵石混凝土为0.49，0.13；

$f_b$——胶凝材料28d胶砂抗压强度，MPa。

当$f_b$无实测值时，可按下式计算，即

$$f_b = \gamma_f \gamma_s f_{ce} \tag{4-11}$$

式中 $\gamma_f$、$\gamma_s$——粉煤灰影响系数、粒化高炉矿渣粉影响系数，按表4-21选用；

$f_{ce}$——水泥的实测抗压强度，MPa。

当$f_{ce}$无实测值时，可按下式计算，即

$$f_{ce} = \gamma_c f_{ce,g} \tag{4-12}$$

式中 $\gamma_c$——水泥强度等级值的富余系数，可按实际统计资料确定，当缺乏实际统计资料时，按表4-22选用；

$f_{ce,g}$——水泥强度等级值，MPa。

**表4-21 粉煤灰影响系数$\gamma_f$和粒化高炉矿渣粉影响系数$\gamma_s$**

| 掺量（%） \ 系数 | $\gamma_f$ | $\gamma_s$ |
|---|---|---|
| 0 | 1.00 | 1.00 |
| 10 | 0.90～0.95 | 1.00 |
| 20 | 0.80～0.85 | 0.95～1.00 |
| 30 | 0.70～0.75 | 0.90～1.00 |
| 40 | 0.60～0.65 | 0.80～0.90 |
| 50 | | 0.70～0.85 |

**表4-22 水泥强度等级值的富余系数$\gamma_c$**

| 水泥强度等级 | 32.5 | 42.5 | 52.5 |
|---|---|---|---|
| 富余系数 | 1.12 | 1.16 | 1.10 |

为了满足耐久性要求，计算所得混凝土水灰比值应与表4-19中的规定值进行复核，若计算出的水胶比（水灰比）大于表中的最大水胶比（水灰比）值，则取表中规定的最大水胶比（水灰比）。

（三）选取1m$^3$混凝土的用水量

对于塑性混凝土和干硬性混凝土单位用水量，应按骨料品种、粒径、施工要求的流动性指标等，根据本地区或本单位的经验数据选用。用水量也可参考4-15选取。

对流动性和大流动性混凝土的用水量的确定，按下列步骤进行：

（1）以表4-15中坍落度为90mm的用水量为基础，按坍落度每增大20mm，用水量增加5kg，计算出未掺外加剂时混凝土的用水量。

（2）掺外加剂时的混凝土用水量可按下式计算，即

$$m_{wa} = m_{w0}(1-\beta) \tag{4-13}$$

式中　$m_{wa}$——满足实际坍落度要求的 $1m^3$ 混凝土的用水量，kg；

$m_{w0}$——未掺外加剂时推定的满足实际坍落度要求的 $1m^3$ 混凝土的用水量，kg；

$\beta$——外加剂的减水率，应经试验确定，%。

（四）计算 $1m^3$ 混凝土的胶凝材料、矿物掺和料和水泥用量

根据已确定的用水量、水胶比计算胶凝材料用量，即

$$m_{b0}=m_{w0}\frac{B}{W} \tag{4-14}$$

式中　$m_{b0}$——计算配合比 $1m^3$ 混凝土中胶凝材料的用量，kg；

$m_{w0}$——计算配合比 $1m^3$ 混凝土的用水量，kg。

$1m^3$ 混凝土的矿物掺和料用量按下式计算，即

$$m_{f0}=m_{b0}\beta_f \tag{4-15}$$

式中　$m_{f0}$——计算配合比 $1m^3$ 混凝土中矿物掺和料的用量，kg；

$\beta_f$——矿物掺和料掺量，%。

$1m^3$ 混凝土的水泥用量按下式计算，即

$$m_{c0}=m_{b0}-m_{f0} \tag{4-16}$$

式中　$m_{c0}$——计算配合比 $1m^3$ 混凝土中水泥的用量，kg。

为保证混凝土的耐久性，应进行复核。若由式（4-14）计算所得的胶凝材料用量若小于表 4-19 中规定的最小用量，则混凝土耐久性不合格，应按表中规定的最小胶凝材料用量选取；反之，则说明混凝土的耐久性合格。

（五）选取合理砂率

混凝土砂率一般可根据混凝土拌和物的和易性，通过试验求出合理砂率。如无试验资料，可按集料品种、粒径及混凝土的水灰比，按表 4-16 中规定的范围选用。该表适用于坍落度为 10～60mm 的混凝土；坍落度大于 60mm 的混凝土砂率，可在表 4-16 的基础上，按坍落度每增大 20mm，砂率增大 1%的幅度调整；坍落度小于 10mm 的混凝土，其砂率应经试验确定。

（六）计算砂、石用量

计算砂、石用量有两种方法，即体积法和质量法。在已知混凝土用水量、水泥用量及砂率的情况下，采用其中任何一种方法均可求出砂、石用量 $m_{s0}$ 和 $m_{g0}$。

1. 体积法

这种方法是假设混凝土拌和物的体积等于各组成材料绝对体积和混凝土拌和物中所含空气体积之和。已知各材料的密度时，用下列关系式，解联立方程得砂、石用量，即

$$\begin{cases}\dfrac{m_{c0}}{\rho_c}+\dfrac{m_{f0}}{\rho_f}+\dfrac{m_{s0}}{\rho_s}+\dfrac{m_{g0}}{\rho_g}+\dfrac{m_{w0}}{\rho_w}+0.01\alpha=1\\[2ex]\dfrac{m_{s0}}{m_{s0}+m_{g0}}\times100\%=\beta_s\end{cases} \tag{4-17}$$

式中　$\rho_c$——水泥密度，可取 2900～3100，$kg/m^3$；

$\rho_f$——矿物掺和料密度，$kg/m^3$；

$\rho_g$——粗骨料的表观密度，$kg/m^3$；

$\rho_s$——细骨料的表观密度，$kg/m^3$；

$\rho_w$——水的密度，kg/m³，可取 1000kg/m³；

$\alpha$——混凝土的含气量百分数（在不使用引气型外加剂时，又可取 1）；

$\beta_s$——砂率，%。

2. 质量法

先假定 1m³ 混凝土捣实后的质量为 $m_{cp}$，可根据本单位累计的实验资料确定，在无资料时可在 2350～2450kg 范围内选定。

按下列两个关系式求出砂石用量，即

$$m_{c0}+m_{f0}+m_{s0}+m_{g0}+m_{w0}=m_{cp} \tag{4-18}$$

$$\frac{m_{s0}}{m_{s0}+m_{g0}}\times 100\%=\beta_s \tag{4-19}$$

式中 $m_{g0}$——1m³ 混凝土粗骨料用量，kg；

$m_{w0}$——1m³ 混凝土的用水量，kg；

$m_{cp}$——1m³ 混凝土拌和物的假定质量，可取 2350～2450kg；

$m_{c0}$——1m³ 混凝土的水泥用量，kg；

$m_{f0}$——1m³ 混凝土的矿物掺和料用量，kg；

$m_{s0}$——1m³ 混凝土的细骨料用量，kg。

（七）初步配合的确定

经上述计算，即可取得初步配合比，即 1m³ 混凝土各组成材料用量 $m_{c0}$、$m_{s0}$、$m_{g0}$、$m_{w0}$，也可求出以水泥用量为 1 的各材料比值，即

$$m_{c0}:m_{f0}:m_{s0}:m_{g0}:m_{w0}=1:\frac{m_{f0}}{m_{c0}}:\frac{m_{s0}}{m_{c0}}:\frac{m_{g0}}{m_{c0}}:\frac{m_{w0}}{m_{c0}} \tag{4-20}$$

（八）试配与调整

1. 试配拌和物的用量

以上求出的初步配合比是借助于经验公式、图表算出或查得的，能否满足设计要求，还需要通过试验及试配调整来完成。混凝土试配时，每次混凝土的最小搅拌量应符合表 4-23 的规定。当采用机械搅拌时，其搅拌量不应小于搅拌机额定搅拌量的 1/4。

表 4-23 混凝土试配拌和量

| 骨料最大粒径（mm） | 拌和物数量（L） |
|---|---|
| ≤31.5 | 20 |
| 40 | 25 |

2. 和易性检验与调整

根据试验用拌和物的数量，首先按初步配合比称取实际工程中使用的材料进行试拌，搅拌均匀，测定其坍落度，并观察黏聚性和保水性。如经试配和易性不符合设计要求，则应在保持水灰比不变的条件下，调整用水量或砂率，直到符合要求为止，而后测出混凝土拌和物实测表观密度，并计算出 1m³ 混凝土中各拌和物的实际用量，最后提出和易性已满足要求的供检验混凝土强度用的基准配合比，即

$$m_{ca}:m_{fa}:m_{sa}:m_{ga}:m_{wa}=1:\frac{m_{fa}}{m_{ca}}:\frac{m_{sa}}{m_{ca}}:\frac{m_{ga}}{m_{ca}}:\frac{m_{wa}}{m_{ca}} \tag{4-21}$$

式中　$m_{ca}$、$m_{fa}$、$m_{sa}$、$m_{ga}$、$m_{wa}$——基准配合比 1m$^3$ 混凝土中水泥、矿物掺和料、砂、石子、水的用量，kg。

3. 强度复核

混凝土配合比除和易性满足要求外，还要进行强度复核。检验混凝土强度时，至少应采用三个不同水灰比的配合比，其中一个为基准配合比，另两个水灰比是在基准配合比的基础上分别增加和减少 0.05，其用水量应与基准配合比相同，但砂率分别增加和减少 1%。经试验、调整后的拌和物均应满足和易性要求，并测出各自的表观密度实测值。

用三个不同配合比的混凝土拌和物分别制成试块，每种配合比至少应制作一组（三块）试块，标准养护 28d，测其立方体抗压强度值。根据试验结果，通过作图法把不同水灰比值的立方体强度标在以强度为纵轴、灰水比为横轴的坐标上，就可得到强度—灰水比的线性关系。由该直线可求出与配制强度相对应的水灰比值，即所需的设计水灰比值。

（九）确定设计配合比（由称试验室配合比）

按强度和表观密度的检验结果再修正配合比，即可得设计配合比。

1. 按强度检验结果修正配合比

（1）用水量 $m'_{wa}$ 应在基准配合比用水量的基础上，根据制作强度试块时测得的坍落度值加以适当调整。

（2）胶凝材料用量 $m'_{ca}$ 取用水量乘以由强度—灰水比关系直线定出的为达到试配强度 $f_{cu,0}$ 所必需的胶水比值。

（3）砂、石用量 $m'_{sa}$、$m'_{ga}$ 取基准配合比中的砂、石用量。

2. 按拌和物实测表观密度值修正配合比

按下式求 $\delta$ 值，即

$$\delta=\frac{\rho_{c,t}}{m'_{ca}+m'_{fa}+m'_{sa}+m'_{ga}+m'_{wa}}=\frac{\rho_{c,t}}{\rho_{c,c}} \tag{4-22}$$

$$\rho_{c,c}=m'_{ca}+m'_{fa}+m'_{sa}+m'_{ga}+m'_{wa}$$

式中　$\delta$——表观密度校正系数；

$\rho_{c,t}$——混凝土拌和物实测表观密度值，kg/m$^3$；

$\rho_{c,c}$——混凝土拌和物计算表观密度值，kg/m$^3$。

将混凝土配合比中的每项材料用量乘以修正系数$\delta$，即得到最终确定的设计配合比，即

胶凝材料用量　$m_{bb}=\delta m'_{ba}$

矿物掺和料用量　$m_{fb}=m'_{bb}\beta_f$

水泥用量　$m_{cb}=m_{bb}-m_{fb}$

水的用量　$m_{wb}=\delta m'_{wa}$

砂的用量　$m_{sb}=\delta m'_{sa}$

石子的用量　$m_{gb}=\delta m'_{ga}$

当混凝土拌和物表观密度实测值与计算值之差的绝对值不超过计算值的 2%时，配合比不需要调整。

（十）换算施工配合比

上述设计配合比中，材料是以干燥状态为基准计算出来的，而施工现场砂石一般在露天堆放，常含有一定量水分，并且含水率随气候的变化而经常变化。为保证混凝土质量，应根据现场砂石含水率对配合比设计值进行修正，修正后的配合比称为施工配合比。

假设施工现场实测砂含水率为 $a$，石子含水率为 $b$，则将上述设计配合比换算为施工配合比为

$$m_c = m_{cb}$$

$$m_f = m_{cb}$$

$$m_s = m_{sb}(1+a)$$

$$m_g = m_{gb}(1+b)$$

$$m_w = m_{wb} - (m_{sb}a + m_{gb}b)$$

即

$$m_c : m_f : m_s : m_g : m_w = 1 : \frac{m_f}{m_c} : \frac{m_s}{m_c} : \frac{m_g}{m_c} : \frac{m_w}{m_c} \tag{4-23}$$

**【例 4-1】** 某办公楼现浇钢筋混凝土柱，该柱位于室内，不受雨雪影响。设计要求混凝土强度等级为 C25，坍落度为 30～50mm，采用机械拌和、机械振捣，混凝土强度标准差 $\sigma$ 为 5.0MPa。采用的原材料为普通硅酸盐水泥，强度等级为 42.5，实测强度为 43.5MPa，密度为 3000kg/m$^3$；中砂，$M_x$=2.5，表观密度 $\rho_s$=2650kg/m$^3$；碎石，最大粒径 $D_{max}$=20mm，表观密度 $\rho_g$=2700kg/m$^3$；水为自来水。试设计混凝土配合比；如果施工现场测得砂子的含水率为 3%、石子的含水率为 1%，试换算施工配合比。

**解** （1）确定初步配合比。

1）确定混凝土配制强度 $f_{cu,0}$，即

$$f_{cu,0} \geqslant f_{cu,k} + 1.645\sigma = 25 + 1.645 \times 5 = 33.2\text{（MPa）}$$

2）计算水灰比。碎石回归系数 $\alpha_a$=0.53，$\alpha_b$=0.20，由式（4-10）得出下列公式，即

$$\frac{W}{C} = \frac{\alpha_a f_{ce}}{f_{cu,0} + \alpha_a \alpha_b f_{ce}} = \frac{0.53 \times 43.5}{33.2 + 0.53 \times 0.20 \times 43.5} = 0.61$$

考虑耐久性要求，对照表 4-19，对于室内干燥环境，钢筋混凝土的最大水灰比为 0.60，故可初步确定水灰比为 0.60。

3）确定用水量。此题要求坍落度为 35～50mm，碎石最大粒径为 20mm，查表 4-15，确定 1m$^3$ 混凝土用水量 $m_{w0}$ =195kg。

4）计算水泥用量。

$$m_{c0} = \frac{C}{W} m_{w0} = 1.67 \times 195 = 326\text{(kg)}$$

考虑耐久性要求，对照表 4-19，对于室内干燥环境，钢筋混凝土的最小水泥用量为 280kg，小于 326kg，故可初步确定 $m_{c0}$ =326kg。

5）确定砂率。采用查表法，水灰比为 0.60，碎石最大粒径为 20mm，查表 4-16，取砂率 $\beta_s$ =36%。

6）计算砂、石用量。采用式（4-17）体积法计算。

因为未掺引气型的外加剂，所以 $\alpha$=1，则解联立方程

$$\frac{326}{3000}+\frac{m_{g0}}{2700}+\frac{m_{s0}}{2650}+\frac{195}{1000}+0.01\times1=1$$

$$\frac{m_{s0}}{m_{g0}+m_{s0}}\times100\%=36\%$$

得 $m_{g0}$ =1184kg，$m_{s0}$ =665kg。

根据以上计算，得出初步配合比为：水泥 $m_{c0}$ =326kg，砂 $m_{s0}$ =665kg，石子 $m_{g0}$ =1184kg，水 $m_{w0}$ =195kg，水灰比为 0.60。

采用质量法所得结果和体积法的很相近，这里不再详细求解。

（2）试拌调整，得出基准配合比。

1）试拌时，材料用量根据骨料最大粒径为 20mm，取 20L 混凝土拌和物，并计算各材料用量为

水泥　　326×0.020=6.52（kg）

砂　　665×0.020=13.30（kg）

石子　　1184×0.020=23.68（kg）

水　　195×0.020=3.90（kg）

2）和易性检验与调整。得到基准配合比后，拌制混凝土拌和物，作和易性试验，观察黏聚性、保水性均良好，这说明所选用的砂率基本合适。但测出该混凝土拌和物的坍落度值只有 20mm，不符合要求，故需调整。先增加 5%水泥浆，即增加水泥 0.326kg、水 0.195kg，再进行拌和试验，测得坍落度为 35mm，满足要求。此时各材料用量为水泥 6.846kg、水 4.095kg、砂 13.30kg、石子 23.68kg，总质量为 47.92kg。

（3）检验强度，确定实验室配合比。

拌制三种不同水灰比的混凝土，并制作三组强度试件。其中一组水灰比为 0.60 的基准配合比；另两组的水灰比各增减 0.05，分别为 0.65 和 0.55。用水量与基准配合比相同，砂率分别减少和增加 1%。经试验，三组拌和物均满足和易性要求。三种配合比的试件经标准养护 28 d，实测强度值分别为：

1）水灰比 0.55，则抗压强度为 38MPa，表观密度为 2400kg/m$^3$。

2）水灰比 0.60，则抗压强度为 33.5MPa，表观密度为 2390kg/m$^3$。

3）水灰比 0.65，则抗压强度为 27.21MPa，表观密度为 2380kg/m$^3$。

根据配制强度要求为 33.2MPa，实测强度为 33.5MPa 一组的满足要求，水灰比为 0.60 可作为实验室配合比，且其表观密度实测值为 2390kg/m$^3$，则 1 m$^3$ 混凝土中各材料的量为

水泥
$$m_c=\frac{m_{c0}}{m_{c0}+m_{w0}+m_{s0}+m_{g0}}\rho_{ct}=\frac{6.846}{47.95}\times2390=341\text{（kg）}$$

同理　水
$$m_w=\frac{4.095}{47.95}\times2390=204\text{（kg）}$$

砂
$$m_s=\frac{13.30}{47.95}\times2390=663\text{（kg）}$$

石子
$$m_g=\frac{23.68}{47.95}\times2390=1180\text{（kg）}$$

（4）换算施工配合比。

根据现场砂含水率 $a$ 为 3%，石子含水率 $b$ 为 1%，计算各材料用量为

水泥 $$m_c' = m_c = 341\text{（kg）}$$

砂 $$m_s' = m_s(1+a) = 663\times(1+0.03) = 683\text{（kg）}$$

石子 $$m_g' = m_g(1+b) = 1180\times(1+0.01) = 1192\text{（kg）}$$

水 $$m_w' = m_w - m_s a - m_b b = (204 - 663\times0.03 - 1180\times0.01) = 172\text{（kg）}$$

施工配合比为 $m_c' : m_s' : m_g' = 341:683:1192 = 1:2.00:3.50$，$\dfrac{W}{C} = 0.50$。

## 第九节 其他品种混凝土

除了普通混凝土以外，随着科学技术的不断发展及工程的需要，各种新品种混凝土不断涌现，产生了许多特种用途混凝土、新型混凝土和采用新工艺的混凝土。大多数新品种混凝土都是在普通混凝土的基础上发展起来的，但又不同于普通混凝土。

### 一、高强、高性能混凝土

#### （一）高强混凝土

高强混凝土是指强度等级为 C60 及其 C60 以上的混凝土。主要依靠高效减水剂或同时外加一定数量的活性矿物掺和料。

由于高强混凝土强度高、变形小、耐久性好，因此高强混凝土在高层、超高层建筑、大跨度桥梁、高级公路等工程中得到了推广应用。采用高强混凝土，可减轻结构自重，提高构件的承载力，节省投资，从而获得明显的技术，经济效益。

用于高强混凝土的粗骨料的性能，对混凝土的抗压强度和弹性模量起着主要制约作用。当混凝土的强度等级在 C50～C60 时，对粗骨料并无过多的要求。但是对于强度等级在 C70～C80 及以上的高强混凝土，则应仔细检查粗骨料的性能。

高强混凝土的组成材料应符合以下规定：

（1）配制高强混凝土时，应选用质量稳定、强度等级不低于 42.5 级的硅酸盐水泥或普通硅酸盐水泥。

（2）配制高强混凝土应掺用粒化高炉矿渣粉、粉煤灰和硅灰等矿物掺和料，粉煤灰等级不应低于Ⅱ级，对于强度等级不低于 C80 的高强混凝土宜用硅灰。

（3）混凝土的水泥用量不应大于 550kg/m$^3$；水泥和矿物掺和料的总量不应大于 600kg/m$^3$；其中针、片状颗粒含量不宜大于 5.0%；含泥量不应大于 0.5%，泥块含量不宜大于 0.2%；其他质量指标应符合《建设用卵石、碎石》（GB/T 14685—2011）的规定。

（4）对强度等级为 C60 的混凝土，其粗骨料的最大粒径不应大于 31.5mm；对强度等级高于 C60 的混凝土，其粗骨料的最大粒径不应大于 25mm。

（5）配制混凝土时，应掺用高效减水剂或缓凝高效减水剂。

（6）细骨料的细度模数宜大于 2.6，含泥量不应大于 2.0%，泥块含量不应大于 0.5%，其他质量指标也应符合现行标准的规定。

（7）高强混凝土的水胶比、胶凝材料用量和砂率可按表 4-24 选取，并应经试配确定。

表 4-24

| 强度等级 | 水胶比 | 胶凝材料用量（kg/m³） | 砂率（%） |
|---|---|---|---|
| ≤C60，＜C80 | 0.28～0.34 | 480～560 | 35～42 |
| ≥C90，＜C100 | 0.26～0.28 | 520～580 | |
| C100 | 0.24～0.26 | 550～600 | |

（二）高性能混凝土

随着混凝土强度等级的提高，其脆性增加，韧性下降。同时由于高强度混凝土的水泥用量较多，使得水化热增大，干缩也较大，容易产生裂缝。因此，为了适应土木工程发展对混凝土材料性能要求的提高，开始了高性能混凝土的研究和开发。

高性能混凝土既是高强混凝土（强度等级≥C60），也是流态混凝土（坍落度＞200mm），具有高抗渗性（高耐久性的关键性能）、高体积稳定性（低干缩、低徐变、低温度应变率和高弹性模量）、适当高的抗压强度、良好的施工性（高流动性、高黏聚性，达到自密实）。高性能混凝土也可以是满足某些特殊性能要求的匀质性混凝土。

虽然高性能混凝土是由高强混凝土发展而来，但高强混凝土并不就是高性能混凝土，不能将它们混为一谈。与高强度混凝土相比，高性能混凝土具有更有利于工程长期安全使用与便于施工的优异性能，它将会比高强混凝土有更为广阔的应用前景。

高性能混凝土常用的配制途径及措施主要有以下几方面：

（1）必须掺入高效减水剂。高效减水剂可降低水灰比，获得高流动性，提高抗压强度，并使其具有良好的工作性。

（2）必须掺入一定量活性的细磨矿物掺和料，如硅灰、磨细矿渣、优质粉煤灰等，减少水泥用量。在配制高性能混凝土时，掺加活性磨细掺和料，可利用其微粒效应和火山灰活性，以增加混凝土的密实性，提高强度。

（3）选用合适的集料，尤其是粗集料的品质（如强度、针片颗粒的质量分数、最大粒径等）对高性能混凝土的强度有较大的影响。因此，用于高性能混凝土的粗集料粒径不宜过大，在配制 60～100MPa 的高性能混凝土时，粗集料最大粒径可取 19.0mm 左右；配制 100MPa 以上的高性能混凝土，粗集料最大粒径不宜大于 10～12mm。

（4）优化配合比。普通混凝土的配合比设计方法在这里不再适用，必须通过试配优化后确定高性能混凝土的配合比。在满足设计要求的前提下，尽可能降低水泥用量，减小水灰比，并限制水泥浆体的体积。

（5）加强生产质量管理，严格控制每个施工环节。

（三）泡沫混凝土

泡沫混凝土是将水泥净浆与泡沫剂拦和后经浇筑成型，养护而成的一种多孔混凝土。

配制自然养护的泡沫混凝土，水泥强度等级应为 42.5 级以上，每立方米用量 300～400kg，否则强度太低。生产制品时，常采用蒸汽或蒸压养护，不仅可缩短养护时间和提高强度，而且还可掺入工业废料，以节约水泥。

泡沫混凝土常用于屋面和管道保温，可制作板、半圆瓦、弧形条等制品。

## 二、轻骨料混凝土

《轻骨料混凝土技术规程》（JGJ 51—2002）规定，用轻粗骨料、轻砂（或普通砂）、水泥和水配制而成的混凝土，其干表观密度不大于1950kg/m$^3$的，称为轻骨料混凝土。

### （一）轻骨料

轻骨料按其原料来源可分为工业废料轻骨料，如粉煤灰陶粒、自然煤矸石、膨胀矿渣珠、煤渣及轻砂；天然轻骨料，如浮石、火山渣及其轻砂；人造轻骨料，如页岩陶粒、黏土陶粒、膨胀珍珠岩轻砂。

轻粗骨料按其粒形可分为圆球形、普通型和碎石型三种。

轻骨料与普通混凝土骨料的不同之处在于骨料中存在大量孔隙，轻质、吸水率大、强度低、表面粗糙等，轻骨料的技术性质直接影响到所配制混凝土的性质。轻骨料的技术性质主要包括堆积密度、强度、颗粒级配和吸水率四项，此外对耐久性、安定性、有害杂质含量等也提出了要求。

1. 堆积密度

轻骨料堆积密度的测定和普通混凝土用砂石的测定相同，其值的大小将影响轻骨料混凝土的表观密度和性能。堆积密度大，则混凝土的表观密度也大，强度也高。轻粗骨料按其堆积密度分为300、400、500、600、700、800、900、1000kg/m$^3$八个密度等级；轻细骨料分为500、600、700、800、900、1000、1100、1200kg/m$^3$八个密度等级。

2. 最大粒径与颗粒级配

最大粒径越大，颗粒堆积密度越小，强度和耐久性越低。保温及结构保温轻骨料混凝土用的轻粗骨料，其最大粒径不宜大于 40mm；结构轻骨料混凝土用的轻粗骨料，其最大粒径不宜大于20mm。

轻砂的细度模数不宜大于4.0；其大于5mm的累计筛余不宜大于10%。

轻骨料级配的测定和普通混凝土用砂石的测定相同。使用级配良好的轻骨料，可获得质量好、水泥用量少的轻骨料混凝土。轻粗骨料的级配应符合表4-25的要求。

**表4-25　　轻粗骨料的级配　　（%）**

| 筛孔尺寸 | | $d_{min}$ | $1/2d_{max}$ | $d_{max}$ | $2d_{max}$ |
|---|---|---|---|---|---|
| 累计筛余（按质量计） | 圆球形单一粒级 | ≥90 | 不规定 | ≤10 | 0 |
| | 普通型混合级配 | ≥90 | 30～70 | ≤10 | 0 |
| | 碎石型混合级配 | ≥90 | 40～60 | ≤10 | 0 |

3. 强度

轻粗骨料的强度对轻骨料混凝土的强度有很大影响。轻骨料的强度通常有筒压强度和强度等级两种表示方法。《轻骨料混凝土技术规程》（JGJ 51—2002）规定，对不同密度等级的轻粗骨料，其筒压强度应符合表4-26中的规定。

筒压强度只是间接地反映粗骨料相对强度的大小，不能直接反映骨料的真实强度，真实承压强度比筒压强度高得多（为筒压强度的4～5倍）。因此，《轻骨料混凝土技术规程》还规定了采用强度等级来评定粗骨料的强度，见表4-26。所谓强度等级，是指某种轻粗骨料配制混凝土的合理强度值，所配制的混凝土强度不宜超过此值。轻粗骨料的强度越高，其强度等级也越高，适用于配制较高强度的轻骨料混凝土。

表 4-26 轻粗骨料的筒压强度及强度等级 （MPa）

| 密度等级 | 筒压强度 $f_a$ | | 强度等级 $f_{ak}$ | |
|---|---|---|---|---|
| | 碎石型 | 普通型和圆球 | 普通型 | 圆球型 |
| 300 | 0.2/0.3 | 0.3 | 3.5 | 3.5 |
| 400 | 0.4/0.5 | 0.5 | 5.0 | 5.0 |
| 500 | 0.6/1.0 | 1.0 | 7.5 | 7.5 |
| 600 | 0.8/1.5 | 2.0 | 10 | 15 |
| 700 | 1.0/2.0 | 3.0 | 15 | 20 |
| 800 | 1.2/2.5 | 4.0 | 20 | 25 |
| 900 | 1.5/3.0 | 5.0 | 25 | 30 |
| 1000 | 1.8/4.0 | 6.5 | 30 | 40 |

4. 吸水率

轻骨料的吸水率比普通骨料大，因此将导致施工中混凝土拌和物的坍落度损失较大，并且影响混凝土的和易性、水灰比，以及混凝土的强度发展及耐久性。轻骨料吸水时，1h 内吸水极快，以后缓慢，24h 后几乎达到饱和，因此在设计轻骨料混凝土配合比时，必须根据骨料吸水率大小，再多加一部分被骨料吸收的附加水量。《轻骨料混凝土技术规程》规定，对轻砂和天然轻粗骨料的 1h 吸水率不作要求；其他轻粗骨料的吸水率不应大于 22%。

（二）轻骨料混凝土的技术性质

1. 轻骨料的和易性

轻骨料的和易性与普通混凝土有明显的不同。轻骨料具有颗粒表观密度小，表面多孔、粗糙，吸水性强等特点。轻骨料混凝土拌和物的黏聚性和保水性好，但流动性差。拌和物的用水量由两部分组成：一部分为拌和物获得要求流动性的用水量，即净用水量；另一部分是因骨料吸水率大，使得混凝土中多加的一部分水将被轻骨料吸收，其数量相当于 1h 吸水率，称为附加用水量。

2. 轻骨料混凝土的强度

轻骨料混凝土按其立方体抗压强度标准值划分为 13 个强度等级，即 CL5.0、CL7.5、CL10、CL15、CL20、CL25、CL30、CL35、CL40、CL45、CL50、CL55、CL60。轻骨料混凝土按其用途可分为保温、结构保温和结构三大类，见表 4-27。

表 4-27 轻骨料混凝土按用途分类

| 类别名称 | 混凝土强度等级的合理范围 | 混凝土密度等级的合理范围（$kg/m^3$） | 用 途 |
|---|---|---|---|
| 保温轻骨料混凝土 | CL5.0 | 800 | 主要用于保温的围护结构或热工的构筑物 |
| 结构保温轻骨料混凝土 | CL5.0<br>CL7.5<br>CL10<br>CL15 | 800～1400 | 主要用于承重及保温的围护结构 |

续表

| 类别名称 | 混凝土强度等级的合理范围 | 混凝土密度等级的合理范围（kg/m³） | 用　途 |
|---|---|---|---|
| 结构轻骨料混凝土 | CL15<br>CL20<br>CL25<br>CL30<br>CL35<br>CL40<br>CL45<br>CL50<br>CL55<br>CL60 | 1400～1900 | 主要用于承重构件或构筑物 |

轻骨料强度虽低于普通骨料，但轻骨料混凝土仍可达到较高强度。影响轻骨料混凝土强度的主要因素与普通混凝土基本相同，为水泥强度、水灰比与骨料特征。轻骨料表面粗糙而多孔，轻骨料的吸水作用使其表面呈低水灰比，提高了轻骨料与水泥石的界面黏结强度，使弱结合面变成了强结合面，混凝土受力时不是沿界面破坏，而是轻骨料本身先遭到破坏。对低强度的轻骨料混凝土，也可能是水泥石先开裂，然后裂缝向骨料延伸。因此，轻骨料混凝土的强度主要取决于轻骨料的强度和水泥石的强度。

3. 弹性模量与变形

轻骨料混凝土的弹性模量小，一般为同强度等级普通混凝土的 50%～70%，这有利于改善建筑物的抗震性能和抵抗动荷载的作用。增加混凝土组分中普通砂的含量，可以提高轻骨料混凝土的弹性模量。

轻骨料混凝土的收缩和徐变比普通混凝土相应大 20%～50%和 30%～60%，热膨胀系数比普通混凝土小 20%左右。

4. 热工性

轻骨料混凝土具有良好的保温隔热性能。当其表观密度为 1000kg/m³ 时，导热系数为 0.28W/（m·K）；当表观密度为 1400kg/m³ 和 1800kg/m³ 时，导热系数相应为 0.49W/（m·K）和 0.87W/（m·K）。当含水率增大时，导热系数也将随之增大。

（三）轻骨料混凝土的应用

虽然人工轻骨料的成本高于就地取材的天然骨料，但轻骨料混凝土的表观密度比普通混凝土减少 1/4～1/3，隔热性能改善，可使结构尺寸减小，增加使用面积，降低基础工程费用和材料运输费用，其综合效益良好。因此，轻骨料混凝土主要适用于高层和多层建筑、软土地基、大跨度结构、抗震结构、要求节能的建筑和旧建筑的加层等。

## 三、加气混凝土

加气混凝土是以含钙材料（水泥、石灰等）、含硅材料（石英砂、粉煤灰、尾矿粉、粒化高炉矿渣等）和适量的发气剂为原料，经过混合搅拌、浇注、成型、切割和压蒸养护（0.8～1.5MPa 下养护 6～8 h）等工序生产而成不含粗骨料的轻混凝土。

一般是采用铝粉和双氧水作为发气剂，把它加在加气混凝土料浆中，与含钙材料中的氢氧化钙发生化学反应放出氢气，形成气泡，使料浆体积膨胀形成多孔结构，其化学反应过程为

$$2Al+3Ca(OH)_2+6H_2O \longrightarrow 3CaO+Al_2O_3 \cdot 6H_2O+3H_2\uparrow$$

加气混凝土的性能随其表观密度及含水率不同而变化，在干燥状态下，其物理力学性能

见表 4-28。

表 4-28 压蒸加气混凝土物理力学性能

| 表观密度（$kg/m^3$） | 抗压强度（MPa） | 抗拉强度（MPa） | 弹性模量（MPa） | 导热系数［W/（m·K）］ |
|---|---|---|---|---|
| 500 | 3.0～4.0 | 0.3～0.4 | $1.4\times10^3$ | 0.12 |
| 600 | 4.0～5.0 | 0.4～0.5 | $2.0\times10^3$ | 0.13 |
| 700 | 5.0～6.0 | 0.5～0.6 | $2.2\times10^3$ | 0.16 |

加气混凝土的技术指标是表观密度与强度。一般情况下，表观密度越大，孔隙率越小，强度越高，但保温隔热就越差。加气混凝土宜作屋面板、砌块、配筋墙板和绝热材料。砌块可作为三层或三层以下房屋的承重墙，也可作为工业厂房，多层、高层框架结构的非承重填充墙。由于加气混凝土孔隙率高，强度较低，抗渗性较差，因此在建筑物基础处于浸水、高湿和有化学侵蚀的环境中时不得采用。配有钢筋的加气混凝土条板可作为承重和保温合一的屋面板。加气混凝土还可以与普通混凝土预制成复合板，用于外墙，兼有承重和保温作用。

由于加气混凝土能利用工业废料，产品成本较低，能大幅度降低建筑物自重，保温效果好，因此具有较好的技术经济效果，得到了广泛应用。

## 四、大体积混凝土

大体积混凝土是指混凝土结构物实体的最小尺寸不小于 1m，或预计会因水泥水化热引起混凝土的内外温差过大而导致裂缝的混凝土。如大型水坝、桥墩、高层建筑的基础等工程所用混凝土，应按大体积混凝土设计和施工。

为了减少由于水化热引起的温度应力，应选用水化热低和凝结时间长的水泥，如低热矿渣硅酸盐水泥、中热硅酸盐水泥、矿渣硅酸盐水泥、粉煤灰硅酸盐水泥、火山灰质硅酸盐水泥等；当采用硅酸盐水泥或普通硅酸盐水泥时，应采取相应措施延缓水化热的释放；大体积混凝土应掺用缓凝剂、减水剂和能减少水泥水化热的掺和料。

大体积混凝土在保证混凝土强度及坍落度要求的前提下，应提高掺和料及骨料的含量，以减少每立方米混凝土的水泥用量。粗骨料宜采用连续级配，细骨料宜采用中砂。

大体积混凝土配合比的计算和试配步骤应按《普通混凝土配合比设计规程》（JGJ 55—2011）的规定进行，并应验算或测定水化热。

## 五、透水性混凝土

进入 20 世纪 80 年代以来，美国、日本等发达国家开始研究透水性路面的铺筑材料，并将其应用于公园、人行道、轻量级车道、停车场以及各种体育场地。与普通的水泥混凝土路面相比，透水性道路能够使雨水迅速地渗入地表，还原成地下水，使地下水资源得到及时补充，保持土壤湿度，改善城市地表植物和土壤微生物的生存条件；同时透水性路面具有较大的孔隙率，与土壤相通，能蓄积较多的热量，有利于调节城市空间的温度和湿度，消除热岛现象；当集中降雨时，能够减轻排水设施的负担，防止路面积水和夜间反光，提高车辆、行人的通行舒适性与安全性；大量的孔隙能够吸收车辆行驶时产生的噪声，创造安静、舒适的交通环境。

### （一）透水性混凝土的种类及基本性能

到目前为止，用于道路铺筑和地面的透水性混凝土主要有三种类型。

1．水泥透水性混凝土

水泥透水性混凝土是以硅酸盐类水泥为胶凝材料，采用单一粒级的粗骨料，不用或少用细骨料配制的无砂、多孔混凝土。该种混凝土一般采用较高强度的水泥，集灰比为3.0～4.0，水灰比为0.3～0.35。混凝土拌和物较干硬，采用压力成型，形成具有连通孔隙的混凝土。硬化后的混凝土内部通常含有15%～25%的连通孔隙，相应地表观密度低于普通混凝土，通常为1700～2200kg/m$^3$。抗压强度可达15～35MPa，抗折强度可达3～5MPa，透水系数为1～15mm/s。该种透水性混凝土成本低，制作简单，适用于用量较大的道路铺筑，同时耐久性好。但由于含有较多的连通孔隙，因此使提高其强度及耐磨性、抗冻性成为技术难点。

2．高分子透水性混凝土

高分子透水性混凝土是采用单一粒级的粗骨料，以沥青或高分子树脂为胶结材料配制的透水性混凝土。与水泥透水性混凝土相比，该种混凝土强度较高，但成本也高。同时，由于有机胶凝材料耐候性差，在大气因素作用下容易老化，且性质随温度变化比较敏感，尤其是温度升高时，容易软化、流淌，使透水性受到影响。

3．烧结透水性制品

烧结透水性制品是以废弃的瓷砖、长石、高岭土、黏土等矿物的粒状物和浆体拌和，压制成坯体，经高温煅烧而成，具有多孔结构的块体材料。该类透水性材料强度高、耐磨性好、耐久性优良，但烧结过程需要消耗能量，成本较高，因此适用于量较小的高档地面部位。

（二）透水性混凝土的应用

由于透水性混凝土强度较低，到目前为止仍然主要应用在强度要求不太高，而要求具有较强透水效果的场合。例如，公园内道路、人行道、轻量级道路、停车场、地下建筑工程以及各种新型体育场地等。

表4-29列出了目前已有透水性混凝土制品的种类和应用范围。高透水性混凝土路面砌块是其中一个典型的制品，其性能见表4-30。

**表4-29 透水性混凝土制品的种类和应用范围**

| 制品种类 | 用途 | 应用范围 |
|---|---|---|
| 透水管、U形槽、水井、现浇混凝土、透水砖、透水性连锁砌块 | 雨水渗透 | 住宅小区、人行道、公园、广场、停车场、工厂区 |
| 现浇混凝土、透水砖、透水性连锁砌块 | 透水性铺筑 | 人行道、公园、广场、停车场、道路、球场、池边 |
| 透水管 | 地下水排放 | 道路、隧道、住宅小区 |
| 透水管、砌块 | 降低水压 | 码头底垫、水池底部、挡土墙后 |
| 透水管、水井、现浇混凝土 | 降低地下水位 | 地下建筑工程 |

**表4-30 透水性混凝土路面砌块的性能**

| 性能 | 指标 | 性能 | 指标 |
|---|---|---|---|
| 抗压强度（MPa） | 25～35 | 孔隙率（%） | 15～20 |
| 抗折强度（MPa） | 4.5～6.0 | 透水系数（cm/s） | 0.1～0.5 |
| 质量密度（kg/m$^3$） | 2000～2100 | | |

注 质量密度即过去所称的容重。

## 六、防水混凝土

防水混凝土也称抗渗混凝土，是指抗渗等级不低于 P6 的混凝土。防水混凝土是靠本身的密实性和抗渗性起到防水抗渗的作用，不需要附加任何防水措施，通过调整配合比而配制成抗渗压力大于 0.6MPa，并具有一定抗渗能力的刚性防水材料。

防水主要是使混凝土内部渗水的毛细管通道减少或将其堵塞，从而减小混凝土的渗水现象，这样就达到了防水的目的。防水混凝土的抗渗等级，根据防水混凝土的设计壁厚及最大水头的比值是否符合表 4-31 中的要求来确定。

表 4-31　　防水混凝土的抗渗等级

| 最大水头与混凝土壁厚的比值 | | 设计抗渗等级（MPa） |
| --- | --- | --- |
| $H_a=\frac{H}{h}$ | ＜10 | 0.6 |
| | 10～15 | 0.8 |
| | 15～25 | 1.2 |
| | 25～35 | 1.6 |
| | ＞35 | 2.0 |

注　$H_a$ 为最大水头与混凝土壁厚的比值；$H$ 为最大水头；$h$ 为混凝土壁厚。

防水混凝土常用的配制方法有普通防水混凝土、外加剂防水混凝土和膨胀水泥防水混凝土三种，它们的适用范围见表 4-32。

表 4-32　　防水混凝土的适用范围

| 种类 | | 最高抗渗压力（MPa） | 特点 | 适用范围 |
| --- | --- | --- | --- | --- |
| 普通防水混凝土 | | ＞3.0 | 施工简便，材料来源广泛 | 适用于一般工业、民用建筑及公共建筑的地下防水工程 |
| 外加剂防水混凝土 | 引气剂防水混凝土 | ＞2.2 | 抗冻性好 | 适用于北方高寒地区、抗冻性要求较高的防水工程及一般防水工程，不适用于抗压强度＞20 或耐腐性要求较高的防水工程 |
| | 减水剂防水混凝土 | ＞2.2 | 拌和物流动性好 | 用于钢筋密集或捣固困难的薄壁型防水构筑物；也适用于对混凝土凝结时间和流动性有特殊要求的防水工程 |
| | 三乙醇胺防水混凝土 | ＞3.8 | 早期强度高，抗渗标号高 | 适用于工期紧迫，要求早强及抗渗性较高的防水工程及一般防水工程 |
| | 氯化铁防水混凝土 | ＞3.8 | 抗渗标号高 | 适用于水中结构的无筋、少筋、厚大防水混凝土工程及一般地下防水工程，砂浆修补抹面工程；在接触直流电源或预应力混凝土及重要的薄壁结构上下宜使用 |
| 膨胀水泥防水混凝土 | | 3.6 | 密实性好，抗裂性好 | 适用于地下工程和地上防水构筑物、山洞、非金属油罐和主要工程的后浇缝 |

### （一）普通防水混凝土

普通防水混凝土主要是通过严格控制骨料级配、水灰比、水泥用量等方法，来提高自身密实度和抗渗性的一种混凝土。普通防水混凝土按照抗渗要求配制配合比，以尽量减少空隙，主要方法是在普通防水混凝土内保证有一定数量及质量的水泥砂浆，在粗骨料周围形成一定厚度的砂浆包裹层，把粗骨料彼此隔开，从而减少粗骨料之间的渗水通道，使混凝土具有较高的抗渗能力。水灰比的大小直接影响混凝土的密实性，因此在保证混凝土拌和物工作性的前提下要降低水灰比。选择普通防水混凝土配合比时，坍落度不宜大于 50mm，以减少渗水率。坍落度值可参见表 4-33。

表 4-33 普通防水混凝土的坍落度要求

| 结 构 种 类 | 坍落度（mm） |
| --- | --- |
| 厚度≥350mm 结构 | 20～30 |
| 厚度<250mm 或钢筋稠密结构 | 30～50 |
| 厚度大的少筋结构 | <30 |
| 大体积混凝土或墙体 | 根据其高度逐渐减小坍落度 |

（二）外加剂防水混凝土

外加剂防水混凝土是指在混凝土中掺入适当品种和数量的外加剂，隔断或堵塞混凝土中的各种孔隙、裂缝及渗水通路，以达到改善混凝土抗渗性能的目的。常用的外加剂有引气剂、减水剂、三乙醇胺和氯化铁防水剂。

引气剂防水混凝土是指在混凝土中加入极微量的引气剂，从而产生大量均匀、孤立、稳定的小气泡，以填充混凝土的孔隙。此外，引气剂还能使水泥石中的毛细管由亲水性变为憎水性，阻碍混凝土的吸水和渗水作用，也有利于提高混凝土的抗渗性。引气剂防水混凝土具有良好的和易性、抗渗性、抗冻性和耐久性，技术经济效果好，在国内外被普遍采用。

近年来，人们利用 YE 系列防水剂配制高抗渗防水混凝土，不仅大幅度地提高了混凝土的抗渗强度等级，而且对混凝土的抗压强度及劈裂抗拉强度也有明显的增强作用。

（三）膨胀水泥防水混凝土

膨胀水泥防水混凝土采用膨胀水泥配制而成，由于这种水泥在水化过程中能形成大量的钙矾石等大量结晶体，填充孔隙空间，会产生一定的体积膨胀，在有约束的条件下，能改善混凝土的孔结构，使毛细孔径减小，总孔隙率降低，从而使混凝土密实度提高，抗渗性增强。

防水混凝土主要应用于各种基础工程、水工构筑物、地下工程、屋面或桥面工程等，是一种经济、可靠的防水材料。为获得更好的效果，工程中还应根据综合条件，选择适当的防水混凝土类型，以满足耐久性要求，达到结构自防水的目的。

## 七、聚合物混凝土

聚合物混凝土是由有机聚合物、无机胶凝材料和骨料结合而成的一种新型混凝土，体现了有机聚合物和无机胶凝材料的优点，克服了水泥混凝土的一些缺点。聚合物混凝土按其组合及制作工艺，可分为聚合物水泥混凝土（PCC）、聚合物浸渍混凝土（PIC）和聚合物胶结混凝土（PC）三种。

（1）聚合物水泥混凝土（PCC）：改善了混凝土的抗渗性、耐蚀性、耐磨性及抗冲击性，并提高了抗拉及抗折强度，制作简便、成本较低，目前主要用于现场灌筑无缝地面、耐腐蚀性地面及修补混凝土路面、机场跑道面层和做防水层等。

（2）聚合物浸渍混凝土（PIC）：具有高强度、高防水性，以及抗冻性、抗冲击性、耐蚀性和耐磨性等特点，主要适用于贮运液体的有筋管、无筋管、坑道等，在国外已用于耐高压的容器，如原子反应堆、液化天然气贮罐等。

（3）聚合物胶结混凝土（PC）：优点是具有较高的强度，良好的抗渗性、抗冻性、耐蚀性及耐磨性，并且有很强的黏结力；缺点是硬化时收缩大、耐火性差。该混凝土主要适用于机场跑道面层、耐腐蚀的化工结构、混凝土构件的修复、堵缝材料等，但由于树脂的成本较高，因此限制了在工程中的实际应用。

**八、沥青混凝土**

沥青混凝土也称沥青混合料，是由沥青、粗细集料和矿粉按一定比例拌和而成的一种复合材料。

沥青与矿物质材料的黏结性能好，能够把粒状的砂石骨料黏结为一个整体，并具有一定的强度。将大小不同粒径的矿质骨料、填料，根据工程需要，按最佳级配原则进行组配，与适当的沥青材料搅拌均匀而成的混合物叫做沥青混合料。沥青混合料有力学性能良好、噪声小、抗滑性良好、经济耐久、排水性良好、可分期加厚路面等优点。沥青混凝土属于柔性材料，对于冲击荷载具有缓冲能力，所以适合做路面材料。沥青材料的抗蚀性强，能抵抗酸、碱、盐类物质的侵蚀，但最大弱点是易老化、感温性强，其性质随温度而变化，在长期的大气因素作用下容易老化变质。

## 本 章 小 结

混凝土的知识是建筑材料课程的重点内容。本章主要以普通混凝土为学习重点，较为详尽地讲述了有关混凝土的品种，组成材料的技术要求，混凝土的技术性能和影响因素，混凝土的外加剂以及普通混凝土的配合比设计等内容。

在混凝土的组成材料中，要掌握水泥、粗细骨料、水等在配制混凝土时的技术要求。

在混凝土配合比设计时，要求掌握水灰比、砂率、用水量及其他一些因素对混凝土的影响，正确处理三者之间的关系及其定量原则，熟练掌握配合比计算及调整方法。

外加剂是改善混凝土性能的有效措施之一，被视为混凝土的第五种组成材料，应了解外加剂的类别、性质、使用条件及作用机理。

在学习普通混凝土知识的基础上，还应了解其他混凝土，对比普通混凝土与其他混凝土的异同点。

## 复 习 题

**一、填空题**

1．混凝土的和易性是一项综合指标，包括（　　）、（　　）和（　　）。其中以（　　）性最为重要，可用“度”来衡量，分别是（　　）度、（　　）度。

2．影响混凝土强度的主要因素是（　　）。

3．混凝土外加剂种类繁多，要提高混凝土的早期强度应掺入（　　），要提高混凝土的抗冻性应掺入（　　），大体积混凝土工程应掺入（　　）。

4．选择混凝土用砂的原则是（　　）和（　　）。

5．用碎石配制的混凝土比相同条件下用卵石配制的混凝土的流动性（　　）、强度（　　）。

6．碳化作用会引起混凝土体积（　　），碳化作用带来的最大危害是（　　）。

7．干硬性混凝土的流动性以（　　）表示。

8．砂率是指砂与（　　）之比。

9．普通混凝土由（　　）、（　　）、（　　）、（　　）以及必要时掺入的（　　）组成。

## 二、名词解释

①混凝土；②砂的颗粒级配；③粗骨料的最大粒径；④混凝土拌和物的和易性；⑤砂率；⑥混凝土的抗冻性；⑦混凝土减水剂；⑧混凝土配合比；⑨高强混凝土；⑩碱—骨料反应。

## 三、选择题

1．施工所需的混凝土流动性大小主要由（　　）决定。

A．水灰比和砂率

B．强度要求和成型方式

C．粗骨料的最大粒径和级配

D．构件的截面尺寸、钢筋疏密程度、成型方式

2．试拌和调制混凝土时，若发现拌和物的保水性差，应采用（　　）的措施来改善。

A．增加砂率　B．减小砂率　C．增加水泥　D．减小水灰比

3．配制高强度混凝土时应选用（　　）。

A．早强剂　B．高效减水剂　C．引气剂　D．膨胀剂

4．配制混凝土时，若水灰比（*W*/*C*）过大，则（　　）。

A．混凝土拌和物的保水性变差　B．混凝土拌和物的黏聚性变差

C．混凝土的耐久性和强度下降　D．（A+B+C）

5．普通混凝土用砂的细度模数范围为（　　）。

A．3.7～3.1　B．3.7～2.3　C．3.7～1.6　D．3.7～0.7

6．配制混凝土时，限定最大 *W*/*C* 和最小水泥用量值是为了满足（　　）要求。

A．流动性　B．强度　C．耐久性　D．（A+B+C）

7．轻骨料混凝土与普通混凝土相比，更宜用于（　　）结构中。

A．有抗震要求的　B．高层建筑　C．水工建筑　D．（A+B）

8．混凝土拌和料发生分层、离析，说明其（　　）。

A．流动性差　B．黏聚性差　C．保水性差　D．（A+B+C）

9．配制混凝土时，水泥浆过少，则（　　）。

A．混凝土黏聚性下降　B．混凝土孔隙率增加

C．混凝土强度和耐久性降低　D．（A+B+C）

10．配制混凝土时，水泥浆过多，会使（　　）。

A．混凝土耐久性和强度降低　B．混凝土拌和物黏聚性下降

C．混凝土拌和物保水性提高　D．（A+B）

11．普通混凝土中胶凝材料是（　　）。

A．水泥　B．砂　C．沥青　D．石灰

12．混凝土路面不宜用（　　）水泥。

A．粉煤灰　B．硅酸盐　C．普通　D．（B+C）

13．选用（　　），就可以避免混凝土遭受碱骨料反应而破坏。

A．碱性小的骨料　　B．碱性大的骨料

C．活性骨料　　D．非活性骨料

14．在水泥稠度、用量以及骨料总量都不变的条件下，砂率过小或过大，混凝土的（　　）降低。

A．流动性　　B．黏聚性　　C．保水性　　D.（B+C）

15．测定混凝土立方体抗压强度时采用的标准试件尺寸为（　　）。

A．100mm×100mm×100mm　　B．150mm×150mm×150mm

C．200mm×200mm×200mm　　D．70.7mm×70.7mm×70.7mm

**四、简述题**

1．普通混凝土的组成材料有哪几种？在混凝土硬化后各起什么作用？

2．影响混凝土拌和物和易性的主要因素有哪些？应优先选择哪种措施提高和易性？

3．影响混凝土强度的因素有哪些？采用哪些措施可提高混凝土强度？

4．简述混凝土配合比设计的过程和基本要求。

5．什么是混凝土减水剂？减水剂的作用原理及效果是什么？

**五、计算题**

1．某教学楼现浇钢筋混凝土梁，该梁位于室内，不受雨雪影响。设计要求混凝土强度等级为C20，坍落度为30～50mm，采用机械拌和，机械振捣，混凝土强度标准差为$\sigma$=4.5MPa。其采用的原材料为普通硅酸盐水泥，强度等级为32.5，实测强度为35.6MPa，密度为3000kg/m$^3$；中砂，表观密度为$\rho_s$=2660kg/m$^3$；碎石，最大粒径$D_{max}$=20mm，表观密度为$\rho_g$=2700kg/m$^3$；水为自来水。试设计混凝土配合比；如果施工现场测得砂子的含水率为4%，石子的含水率为1%，试换算施工配合比。

2．某砂做筛分实验，分别称取各筛的筛余量值如下：

| 方孔筛径（mm） | 9.5 | 4.75 | 2.36 | 1.18 | 0.6 | 0.30 | 0.15 | <0.15 | 合计 |
|---|---|---|---|---|---|---|---|---|---|
| 筛余量（g） | 0 | 32 | 49 | 40 | 188 | 118 | 65 | 8 | 500 |

计算各号筛的分计筛余量、累计筛余量、细度模数，并评定该砂的颗粒级配和粗细程度。

# 第五章 建 筑 砂 浆

## 学 习 目 标

本章重点介绍了砂浆的概念、组成、性质，砌筑砂浆的配合比设计以及抹面砂浆的技术要求，同时还介绍了几种常见装饰砂浆的工艺做法。通过学习，要求学生重点掌握建筑砂浆和易性的概念及测定方法，掌握砌筑砂浆的配合比设计，简单了解建筑工程中常用砂浆及装饰工程中抹灰砂浆的技术性质及应用。

建筑砂浆是由胶凝材料、细骨料和水按适当比例拌制而成，习惯上称为砂浆。另外，还可以在砂浆中加入一定比例的掺和料和外加剂，以达到改善砂浆性能的目的。由于砂浆中不加粗骨料，因此又称为细骨料混凝土。因为与混凝土的组成成分相近，所以性质上存在很大的相似之处，但由于砂浆中细骨料和胶凝材料用量较多，干燥收缩大，强度值比较低，不直接承受荷载，只起到传递荷载的作用。

砂浆的种类很多。按砂浆用途不同，可分为砌筑砂浆（将砖、石、砌块等黏结成为砌体的砂浆）和抹面砂浆；按所用黏结材料不同，可分为水泥砂浆、石灰砂浆、混合砂浆、聚合物水泥砂浆等。

砂浆的主要用途表现在以下几个方面：①在结构工程中，将砖、石、砌块等块状材料胶结成砌体；②在装饰工程中，用于建筑物室内外的墙面、地面、柱、梁顶棚等构件的表面抹灰，镶贴大理石、陶瓷墙地砖等各类装饰板材；③用于装配式结构中墙板、混凝土楼板等各种构件的接缝；④制成各类特殊功能的砂浆，如装饰砂浆、保温砂浆、防水砂浆等。

## 第一节 砂浆的组成材料和技术性质

### 一、砂浆的组成材料

（一）水泥

水泥是砂浆常用的胶凝材料，常用的水泥主要是五大常用的硅酸盐水泥，如普通水泥、矿渣水泥、火山灰水泥、粉煤灰水泥、复合水泥等。水泥品种应根据砂浆的用途及使用环境的不同来选择，不同品种的水泥不得混用。对于一些有特殊要求的砂浆，如修补裂缝、预制构件嵌缝、结构加固可采用膨胀水泥；装饰砂浆可选择白色水泥和彩色水泥；用于蒸压加气混凝土的砂浆，可以采用 32.5 级的普通水泥或矿渣水泥。

水泥强度等级应根据砂浆品种及强度等级的要求进行选择。M15 及以下强度的砌筑砂浆宜选用 32.5 级的通用硅酸盐水泥或砌筑水泥；M15 以上强度等级的砌筑砂浆宜选用 42.5 级通用硅酸盐水泥。

（二）细骨料（砂子）

砂浆所用细骨料常用的是砂子，所用的砂子应符合混凝土用砂的质量要求。由于砂浆层较薄，因此对砂子的最大粒径应有所限制。用于毛石砌体的砂浆，宜选择粗砂，砂子的最大粒径不应大于砂浆层厚度的 1/5～1/4；对于砌筑砖砌体的砂浆，宜采用中砂，且砂子的粒径不大于 2.5mm；用于光滑的抹面及勾缝砂浆，宜采用细砂，且砂子的粒径不大于 1.25mm。

此外，为了保证砂浆的质量，应选择洁净的砂，砂中黏土杂质含量不宜太大。砂中含泥量过大，不仅会增加砂浆的水泥用量，还可能使砂浆的收缩值增大、耐久性降低，影响砌筑质量。

### （三）掺和料

砂浆中加入掺和料是为了改善砂浆的和易性，减少水泥用量，降低成本，一般为无机材料，常用的有石灰膏、黏土膏、粉煤灰等。掺和料应符合以下规定：

（1）石灰膏：用生石灰粉配成石灰膏，这个过程需要经过生石灰熟化，应用孔径不大于 3mm×3mm 的网过滤，熟化时间不得少于 7d；磨细生石灰粉的熟化时间不得少于 2d。严禁使用已经干燥、冻结、被污染及脱水硬化的石灰膏。消石灰粉未充分熟化，颗粒太粗，起不到改善和易性的效果，不得直接用于砌筑砂浆中。

（2）黏土膏：采用黏土或亚黏土制备黏土膏时，宜用搅拌机加水搅拌，通过孔径不大于 3mm×3mm 的网过筛。用比色法鉴定黏土中的有机物含量时，应浅于标准色。

（3）电石膏：制作电石膏的电石渣应用孔径不大于 3mm×3mm 的网过筛，检验时应加热至 70℃，并保持 20min，没有乙炔气味后，方可使用。

石灰膏、黏土膏和电石膏试配时的稠度应为 120mm±5mm。

（4）粉煤灰：粉煤灰的品质指标和磨细生石灰的品质指标，应符合国家标准《用于水泥和混凝土中的粉煤灰》（GB/T 1596—2017）及行业标准《建筑生石灰》（JC/T 479—2013）的要求。

### （四）水

拌制砂浆应采用不含有害杂质的纯净水，与混凝土用水的质量要求相同，详见混凝土拌和用水对水的要求。

### （五）外加剂

为改善或提高砂浆的某些性能，更好地满足施工条件和使用功能的要求，可在砂浆中掺入一定量的外加剂，如引气剂、缓凝剂、早强剂等，但对所选用外加剂的品种和掺量必须通过砂浆性能试验确定。

## 二、砂浆的技术性质

砂浆的技术性质包括以下几个方面，即新拌砂浆的和易性、硬化后砂浆的强度、砂浆的黏结力以及砂浆的变形。

### （一）新拌砂浆的和易性

新拌砂浆的和易性包括流动性和保水性两个方面。和易性良好的砂浆，在运输和施工过程中不易产生分层、泌水现象，较容易铺成均匀的薄层，易将砌块黏结成为整体，灰缝饱满、密实。

#### 1. 流动性

流动性又称为稠度，是指新拌砂浆在自重或机械振动作用下易于流动的性能，用沉入度（mm）表示。砂浆的稠度用砂浆稠度仪测定，就是以标准圆锥体自由沉入砂浆内 10s，沉入的深度即为砂浆沉入度，沉入度越大，表示砂浆流动性越好。

砂浆稠度的选择与砌体材料的种类、气候条件及施工方法等因素有关。砂浆的流动性适宜时，可提高施工效率，有利于保证施工质量。基底为多孔吸水材料或在干热条件下施工时，砂浆的流动性一般大一些；而对于密实且吸水较少的基底材料，或在湿冷条件下施工时，砂浆的流动性应小一些。砂浆的流动性见表5-1。

**表5-1** 砂浆流动性（沉入度） （mm）

| 砌体种类 | 砂浆稠度 |
| --- | --- |
| 烧结普通砖砌体、粉煤灰砖砌体 | 70～90 |
| 混凝土砖砌体、普通混凝土小型空心砌块砌体、灰砂砖砌体 | 50～70 |
| 烧结多孔砖砌体、烧结空心砖砌体、轻集料混凝土小型空心砌块砌体、蒸压加气混凝土砌块砌体 | 60～80 |
| 石切体 | 30～50 |

2. 保水性

砂浆保水性是指砂浆保持其内部水分不泌出流失的能力，同时也是指砂浆中各项组成材料不易分层离析的性质。保水性良好的砂浆才能形成均匀、密实的砂浆胶结层，从而保证砌体具有良好的质量；保水性不好的砂浆，在运输和使用过程中会发生泌水、流浆现象，降低砂浆的流动性，难以铺成均匀、密实的砂浆薄层，并且水分流失会影响胶凝材料的凝结、硬化，使砂浆强度和黏结力降低。

砂浆保水性的好坏用保水率来表示，保水率越大，表明砂浆的保水性越好。根据《砌筑砂浆配合比设计规程》（JGJ/T 98—2010）的规定，砌筑砂浆的保水率应符合表5-2的规定。

**表5-2** 砌筑砂浆的保水率 （%）

| 砂浆种类 | 保水率 |
| --- | --- |
| 水泥砂浆 | ≥80 |
| 水泥混合砂浆 | ≥84 |
| 预拌砌筑砂浆 | ≥88 |

（二）砂浆的立方体抗压强度及强度等级

砂浆的立方体抗压强度是将砂浆制成70.7mm×70.7mm×70.7mm的立方体标准试件，一组六块，在标准条件下（20℃±2℃，水泥砂浆的相对湿度≥90%，混合砂浆试件上面应覆盖，防止水滴在试件上）养护28d，用标准试验方法测得的抗压强度，以$f_{m,cu}$表示。根据砂浆的抗压强度平均值（$f_2$），将砂浆划分为M5、M7.5、M10、M15、M20、M25、M30七个强度等级。如M10表示砂浆的抗压强度为10MPa。

影响砂浆强度的因素很多，其中主要的影响因素是原材料的性质和用量，以及砌筑层（砖、石、砌块）的吸水性，水泥和砂的质量、掺和材料的品种及用量、养护条件（湿度和温度）都会影响砂浆的强度和强度增长。对于普通水泥配制的砂浆，其抗压强度可按下式计算，即

$$f_{m,cu}=\frac{\alpha f_{ce}Q_c}{1000}+\beta \tag{5-1}$$

式中 $f_{m,cu}$——砂浆的立方体抗压强度，MPa；

$Q_c$——$1m^3$砂浆的水泥用量，kg；

$\alpha$、$\beta$——砂浆的特征系数，分别取3.03、−15.09；

$f_{ce}$ ——水泥的实测强度，MPa。

此外，砂浆的黏结强度与基层材料的表面状态、清洁程度、湿润状况以及施工养护等条件有很大关系，同时还与砂浆的胶凝材料种类有很大关系，加入聚合物可使砂浆的黏结性大为提高。

（三）砂浆的黏结力

砖石砌体是靠砂浆把块状的砖、石材料黏结成为坚固整体的，砂浆黏结力的大小直接影响砌体的强度、耐久性、稳定性和抗震性等。一般来说，砂浆的抗压强度越高，砂浆与基层的黏结力也越大，并且粗糙、润湿、清洁的基层，黏结力较好。养护良好的砂浆，黏结力更好。因此，砌筑墙体前应将块材表面清理干净，并浇水润湿，必要时凿毛。砌筑后应加强养护，以提高砂浆与块材间的黏结力。

（四）砂浆的变形

砂浆在承受荷载、温度变化或湿度变化时，均会产生变形。变形过大或变形不均匀会降低砌体的整体性，引起沉降或裂缝。砂浆中混合料掺量过多或使用轻骨料，也会产生较大的收缩变形。砂浆变形过大会产生裂纹或剥离等质量问题，因此要求砂浆具有较小的变形性。有时为了减少收缩，可在砂浆中加入适量的膨胀剂。

## 第二节　砌　筑　砂　浆

将砖、石、砌块等块材经砌筑成为砌体，起黏结、衬垫和传力作用的砂浆称为砌筑砂浆。其作用主要是把块状材料胶结成为一个坚固的整体，从而提高砌体的强度、稳定性，并使上层块状材料所受的荷载能均匀地传递到下层。同时，砌筑砂浆可填充块状材料之间的缝隙，提高建筑物保温、隔音、防潮等性能。

### 一、常用砌筑砂浆的种类

（1）水泥砂浆：由水泥、砂子和水组成，其和易性较差，但强度较高，适用于潮湿环境、水中以及要求砂浆强度等级较高的工程。

（2）石灰砂浆：由石灰、砂子和水组成，其和易性较好，但强度较低。由于石灰是气硬性胶凝材料，因此石灰砂浆一般用于地上部位、强度要求不高的底层建筑或临时性建筑，不适合用于潮湿环境或水中。

（3）水泥石灰混合砂浆：由水泥、石灰、砂子和水组成，其和易性、强度、耐水性介于水泥砂浆和石灰砂浆之间，应用较广，常用于地面以上的工程。

### 二、砌筑砂浆的配合比设计

砌筑砂浆要根据工程类别及砌体部位的设计要求，选择其强度等级，再按砂浆等级来确定其配合比。确定砂浆配合比，一般情况可查阅有关手册或资料来选择。重要工程用砂浆或无参考资料时，可根据《砌筑砂浆配合比设计规程》（JGJ/T 98—2010）计算确定。

《砌筑砂浆配合比设计规程》（JGJ/T 98—2010）规定，砂浆的配合比以质量比表示，其计算步骤如下。

1. 计算砂浆的试配强度 $f_{m,0}$

砂浆的试配强度可按下式计算，即

$$f_{m,0} = kf_2 \tag{5-2}$$

式中 $f_{m,0}$ ——砂浆的试配强度，精确至 0.1MPa；

$f_2$ ——砂浆设计强度等级，即砂浆抗压强度平均值，精确至 0.1MPa；

$k$ ——系数，按表 5-3 选用。

**表 5-3 系数 k 选用表（JGJ/T 98—2010）**

| 施工水平 | 优良 | 一般 | 较差 |
|---|---|---|---|
| 系数 $k$ | 1.15 | 1.20 | 1.25 |

2．确定 1m³ 砂浆中水泥的用量 $Q_c$

1m³ 砂浆中水泥的用量可按下式确定，即

$$Q_c = \frac{1000(f_{m,0} - \beta)}{\alpha f_{ce}} \tag{5-3}$$

$$f_{ce} = \gamma_c f_{ce,k}$$

式中 $Q_c$ ——1m³ 砂浆中的水泥用量，精确至 1kg；

$f_{ce,k}$ ——水泥强度等级；

$\gamma_c$ ——水泥强度富余系数，应按实际统计资料确定，无统计资料时，可取 1.0；

$\alpha$、$\beta$ ——砂浆特征系数，取 3.03、−15.09。

当计算出的水泥用量不足 200kg 时，应取 $Q_c$=200kg。

3．确定 1m³ 砂浆中掺和料（石灰膏）的用量 $Q_d$

1m³ 砂浆中掺和料的用量按下式计算，即

$$Q_d = Q_a - Q_c \tag{5-4}$$

式中 $Q_a$——经验数据，即 1m³ 砂浆中掺加料与水泥的总量，宜为 300～350，kg。

如掺加料为石灰膏，其稠度以 120mm 为宜。若石灰膏稠度偏小，则要相应减少其用量。

4．确定 1m³ 砂浆中砂子的用量 $Q_s$

1m³ 砂浆中砂子的用量可按下式计算，即

$$Q_s = \rho_{0,干}(1+\beta) \tag{5-5}$$

式中 $Q_s$ ——1m³ 砂浆中砂的用量，精确至 1kg；

$\rho_{0,干}$ ——砂子干燥状态的堆积密度（含水量小于 0.5%），kg/m³；

$\beta$——砂子的含水率，%。

5．确定 1m³ 砂浆中水的用量 $Q_w$

1m³ 砂浆中的用水量，根据砂浆稠度等要求，可选用 210～310kg，或根据经验选择。混合砂浆的用水量不包括石灰膏中的水；当采用细砂或粗砂时，用水量分别取上限或下限；稠度小于 70mm 时，用水量可小于下限；施工现场气候炎热或干燥季节，可酌量增加用水量。

6．配合比的试配、调整

（1）试配时应采用工程中实际使用的材料，采用机械搅拌，搅拌时间应自投料结束算起。水泥砂浆、混合砂浆的搅拌时间不小于 120s；掺用粉煤灰和外加剂的砂浆，其搅拌时间不小于 180s。

（2）按计算或查表所得配合比进行试拌时，应按现行行业标准《建筑砂浆基本性能试验方法标准》（JGJ/T 70—2009）测定拌和物的稠度和保水率。当稠度和保水率不能满足要求时，

应调整材料用量，直到符合要求为止，并由此确定为试配时砂浆的基准配合比。

（3）检验砂浆强度时至少应采用三个不同的配合比，其中一个为基准配合比，其他配合比的水泥用量按基准配合比分别增加和减少10%，在保证沉入度和稠度合格的条件下，可将用水量或掺加料用量作相应调整。

（4）按三个不同的配合比进行调整后，应按现行行业标准《建筑砂浆基本性能试验方法标准》（JGJ/T 70—2009）的规定成型试件，测定砂浆强度，并选定符合强度要求且水泥用量较小的砂浆配合比。

当原材料有变更时，其配合比必须重新通过试验确定。

对水泥砂浆，可按表5-4选取材料用量，再按上述方式进行试配与调整。

**表5-4　$1m^3$水泥砂浆材料用量（JGJ/T 98—2010）**　（kg）

| 强度等级 | 水泥用量 | 砂用量 | 用水量 |
|---|---|---|---|
| M5 | 200～230 | $1m^3$砂的堆积密度值 | 270～330 |
| M7.5 | 230～260 | | |
| M10 | 260～290 | | |
| M15 | 290～330 | | |
| M20 | 340～400 | | |
| M25 | 360～410 | | |
| M30 | 430～480 | | |

注 1. M15及M15以下强度等级水泥砂浆，水泥强度等级为32.5级；M15以上强度等级水泥砂浆，水泥强度等级为42.5级。
2. 当采用细砂或粗砂时，用水量分别取上限或下限。
3. 稠度小于70mm时，用水量可小于下限。
4. 施工现场气候炎热或干燥季节，可酌量增加用水量。

水泥粉煤灰砂浆材料用量可按表5-5选取，再按上述方式进行试配与调整。

**表5-5　$1m^3$水泥粉煤灰砂浆材料用量（JGJ/T 98—2010）**

| 强度等级 | 水泥和粉煤灰总量 | 粉煤灰 | 砂用量（kg） | 用水量（kg） |
|---|---|---|---|---|
| M5 | 210～240 | 粉煤灰掺量可占胶凝材料总量的15%～25% | $1m^3$砂的堆积密度值 | 270～330 |
| M7.5 | 240～270 | | | |
| M10 | 270～300 | | | |
| M15 | 300～330 | | | |

注 1. 表中水泥强度等级为32.5级。
2. 当采用细砂或粗砂时，用水量分别取上限或下限。
3. 稠度小于70mm时，用水量可小于下限。
4. 施工现场气候炎热或干燥季节，可酌量增加用水量。

### 三、砌筑砂浆配合比设计实例

**【例5-1】** 某工程砌筑砖墙采用水泥石灰混合砂浆，强度等级为M10。使用32.5级的普通硅酸盐水泥；中砂，含水率为3%，干燥堆积密度为1450kg/m$^3$；石灰膏的稠度为100mm。

此工程施工水平一般，试计算此砂浆的配合比。

**解** （1）确定砂浆试配强度$f_{m,0}$。

$f_2$=10MPa，查表 5-3 得 $k$=1.20，根据式（5-2）可得到砂浆的配制强度为

$$f_{m,0}=kf_2=1.20\times10=12.0\ (\text{MPa})$$

（2）计算 1m$^3$ 砂浆中水泥的用量 $Q_c$。

$f_{ce}$=1.0×32.5=32.5（MPa），$\alpha$=3.03，$\beta$=−15.09，则 1m$^3$ 砂浆中水泥的用量为

$$Q_c=\frac{1000(f_{m,0}-\beta)}{\alpha f_{ce}}=\frac{1000\times(12.0+15.09)}{3.03\times32.5}=275\ (\text{kg})$$

（3）计算 1m$^3$ 砂浆中石灰膏的用量 $Q_d$。

取 1m$^3$ 砂浆中胶凝材料和掺和料的总量 $Q_a$=350kg，由式（5-4）得 1m$^3$ 砂浆中石灰膏的用量为

$$Q_d=Q_a-Q_c=350-275=75\ (\text{kg})$$

（4）计算 1m$^3$ 砂浆中砂的用量 $Q_s$。

$$Q_s=\rho_{0,干}(1+\beta)=1450\times(1+3\%)=1493.5\ (\text{kg})$$

（5）计算 1m$^3$ 砂浆中的用水量 $Q_w$。

取用水量 $Q_w$=280kg，故此砂浆的设计配合比为水泥:石灰膏:砂:水=275:75:1493.5:280=1:0.27:5.43:1.02。

## 第三节 抹 面 砂 浆

抹面砂浆又称抹灰砂浆，是指涂抹在建筑物或建筑构件表面的砂浆，其主要作用是保护结构主体免遭各种外界侵蚀，提高结构的耐久性，改善结构的外观。

根据功能不同，抹面砂浆分为普通抹面砂浆、装饰砂浆和特种砂浆（如防水砂浆、绝热砂浆、吸声砂浆等）；根据所用材料不同，又可以分为水泥砂浆、混合砂浆、石灰砂浆和水泥细石砂浆等。

对于抹面砂浆的要求是：具有良好的和易性，易于抹成均匀、平整的薄层，便于施工，与基层要有足够的黏结力，长期使用不致开裂和脱落。为了避免砂浆层开裂，可加入一些纤维材料（纸筋、麻刀、玻璃纤维等），有时也加入一些特殊骨料或掺和料，如陶砂、膨胀珍珠岩等以强化其功能。

### 一、普通抹面砂浆

普通抹面砂浆是建筑工程中普遍使用的抹面砂浆。其功能主要是保护建筑物不受风雨等有害介质的侵蚀，提高防潮、防腐蚀、抗风化性能，增强耐久性，同时使建筑物达到表面平整、清洁和美观的效果。

为了使砂浆平整，不易脱落，抹面砂浆通常分为两层或三层进行施工。各层砂浆的要求不同，因此每层所选用的砂浆也不一样。一般底层砂浆要能与底面牢固地黏结，要求砂浆应具有良好的和易性和黏结力，因此底层砂浆的保水性要好，否则水分易被基层材料吸收而影响砂浆的黏结力；基层表面要求粗糙些，以提高与砂浆的黏结力；中层抹灰主要是为了找平，有时可省去；面层抹灰主要为了平整、美观，达到规定的饰面要求，因此应选细砂。

用于砖墙的底层抹灰多用水泥砂浆；用于板条墙或板条顶棚的底层抹灰多用混合砂浆或石灰砂浆；混凝土墙、梁、柱、顶板等底层抹灰多用混合砂浆、麻刀石灰浆或纸筋石灰浆。

在容易碰撞或潮湿的地方，应采用水泥砂浆。如墙裙、踢脚板、地面、雨篷、窗台以及水池、水井等处一般多用1:2.5的水泥砂浆。

各种抹面砂浆的配合比见表5-6。

表5-6　各种抹面砂浆配合比参考值

| 材　　料 | 配合比（体积比） | 应　用　范　围 |
|---|---|---|
| 石灰:砂 | （1:2）～（1:4） | 砖石墙表面（檐口、勒脚、女儿墙及潮湿房间的墙除外） |
| 石灰:黏土:砂 | （1:1:4）～（1:1:8） | 干燥环境墙表面 |
| 石灰:石膏:砂 | （1:0.40:2）～（1:1:3） | 不潮湿房间的墙及天花板 |
| 石灰:石膏:砂 | （1:2:2）～（1:2:4） | 不潮湿房间的线脚及其他装饰工程 |
| 石灰:水泥:砂 | （1:0.5:4.5）～（1:1:5） | 檐口、勒脚、女儿墙及比较潮湿的部位 |
| 水泥:砂 | （1:2.5）～（1:3） | 浴室、潮湿车间等墙裙、勒脚或地面基层 |
| 水泥:砂 | （1:1.5）～（1:2） | 地面、天棚或墙面面层 |
| 水泥:砂 | （1:0.5）～（1:1） | 混凝土地面随时压光 |
| 石灰:石膏:砂:锯末 | 1:1:3:5 | 吸音粉刷 |
| 水泥:白石子 | （1:1）～（1:2） | 水磨石［打底用（1:2.5）水泥砂浆］ |
| 水泥:白石子 | 1:1.5 | 斩假石［打底用（1:2）～（1:2.5）水泥砂浆］ |
| 白灰:麻刀 | 100:2.5（质量比） | 板条天棚底层 |
| 石灰膏:麻刀 | 100:1.3（质量比） | 板条天棚面层（或100kg石灰膏加3.8kg纸筋） |
| 纸筋:白灰浆 | 灰膏0.1m$^3$，纸筋0.36kg | 较高级墙板、天棚 |

## 二、装饰砂浆

装饰砂浆是用于建筑物内外表面，具有装饰效果的抹面砂浆。装饰砂浆的底层和中层抹灰砂浆与普通抹面砂浆基本相同，其面层应选用具有一定颜色的胶凝材料和集料，并采用特殊的施工操作方法，使表面呈现出各种不同的色彩线条和花纹等装饰效果。

装饰砂浆所用的胶凝材料有普通水泥、矿渣水泥、火山灰水泥、白水泥和彩色水泥，以及石灰、石膏等。骨料常采用大理石、花岗石等带颜色的碎石渣或玻璃、陶瓷碎粒，也可选用白色或彩色的天然砂，以及特制的塑料色粒等。

几种常用装饰砂浆的工艺做法如下：

（1）拉毛。先用水泥砂浆或水泥混合砂浆做底层，再用水泥石灰砂浆或水泥纸筋灰浆做面层，在面层灰浆还未凝结之前，用铁抹子等工具将表面轻压后顺势轻轻拉起，形成凹凸感较强的饰面层。要求表面拉毛花纹、斑点分布均匀，颜色一致，同一平面上不显接槎。

拉毛同时具有装饰和吸声作用，多用于外墙面及影剧院等公共建筑的室内墙壁和天棚的饰面，也常用于外墙面、阳台栏板或围墙等外饰面。

（2）水刷石。水刷石是将水泥和粒径为5mm左右的石渣按比例混合，配制成水泥石渣砂浆，涂抹成型，待水泥浆初凝后，以硬毛刷蘸水刷洗，或喷水冲刷，将表面水泥浆冲走，使石渣半露出来，达到装饰效果。

水刷石饰面具有石料饰面的质感效果，主要用于外墙饰面，另外檐口、腰线、窗套、阳台、雨篷、勒脚及花台等部位也常使用。

（3）干粘石。干粘石是在素水泥浆或聚合物水泥砂浆黏结层上，将彩色石渣、石子等直接粘在砂浆层上，再拍平、压实的一种装饰抹灰做法。此方法分为人工甩粘和机械喷粘两种，要求石子黏结牢固、不脱落、不露浆，石粒的2/3应压入砂浆中。

装饰效果与水刷石相同，而且避免了湿作业，提高了施工效率，又节约材料，应用广泛。

（4）斩假石。斩假石又称剁斧石，是在水泥砂浆基层上涂抹水泥石粒浆，待硬化后，用剁斧、齿斧及各种凿子等工具剁出有规律的石纹，使其形成天然花岗石粗犷的效果，主要用于室外柱面、勒脚、栏杆、踏步等处的装饰。

（5）弹涂。弹涂是在墙体表面涂刷一层聚合物水泥色浆后，用电动弹力器分几遍将各种水泥色浆弹到墙面上，形成直径 1～3mm、颜色不同、互相交错的圆形色点，深浅色点互相衬托，构成彩色的装饰面层，最后再刷一道树脂罩面层，起到防护作用。此方法适用于建筑物内外墙面，也可用于顶棚饰面。

（6）喷涂。喷涂多用于外墙饰面，是用砂浆泵或喷斗，将掺有聚合物的水泥砂浆喷涂在墙面基层或底灰上，形成饰面层，最后在表面再喷一层甲基硅醇钠或甲基硅树脂疏水剂，以提高饰面层的耐久性和减少墙面污染。

## 三、特种砂浆

### （一）防水砂浆

防水砂浆是一种高抗渗性的砂浆。防水砂浆层又称刚性防水层，适用于不受振动和有一定刚度的混凝土或砖石砌体的表面，如水塔、水池、地下工程等的防水。

防水砂浆按其组成分为多层抹面水泥防水砂浆（也称五层抹面法或四层抹面法）、掺防水剂的防水砂浆、膨胀水泥防水砂浆及掺聚合物防水砂浆四类。

常用的防水剂有氯化物金属盐类防水剂，主要是由氯化钙、氯化铝等金属盐和水按一定比例配成的有色液体。其配合比为氯化铝:氯化钙:水=1:10:11，掺量一般为水泥质量的 3%～5%。这种防水剂在水泥凝结、硬化过程中生成不透水的复盐，起到促进结构密实的作用，从而提高砂浆的抗渗性能。

水玻璃类防水剂是以水玻璃为基料，加入两种或四种矾的水溶液，又称二矾或四矾防水剂，其中四矾防水剂凝结速度最快，一般不超过 1min。此类防水剂适用于防水堵漏，但不能用于大面积施工。

金属皂类防水剂是由硬脂酸、氨水、氢氧化钾（或碳酸钾）和水按一定比例混合加热皂化而成的有色浆状物。这种防水剂掺入混凝土或水泥砂浆中，能起到堵塞毛细通道和填充微小孔隙的作用，增加砂浆的密实度，使砂浆具有防水性。但由于憎水物质属非胶凝性的，会使砂浆强度降低，因此其掺量不宜过多，一般为水泥质量的3%左右。

防水砂浆中水泥与砂子的质量比不宜大于 1:2.5，水灰比应为 0.50～0.60，稠度不应大于80mm，水泥强度等级宜采用 32.5 级以上。

防水砂浆的防水效果在很大程度上取决于施工质量。防水砂浆层一般分 4 层或 5 层施工，每层约 5mm 厚，每层在初凝前应压实，最后一层要进行压光，抹完后要加强养护，防止脱水过快而造成干裂。

总之，刚性防水层必须保证砂浆的密实度，对施工操作要求高，否则难以获得理想的防水效果。

（二）保温砂浆

保温砂浆是以水泥、石灰、石膏等胶凝材料与膨胀珍珠岩、膨胀蛭石、火山渣或浮石砂、陶砂等轻质多孔骨料，按一定比例配制成的砂浆，具有轻质的特点和良好的保温性能，其导热系数为 0.07～0.1W/（m・K）。

常用的保温砂浆有水泥膨胀珍珠岩砂浆、水泥膨胀蛭石砂浆、水泥石灰膨胀蛭石砂浆等。

保温砂浆可用于平屋顶保温层及顶棚、内墙抹灰及供热管道的保温防护。

（三）吸声砂浆

由轻骨料配制成的保温砂浆一般均具有良好的吸声性能，故也可用作吸声砂浆。另外，还可用水泥、石膏、砂、锯末（体积比为 1:1:3:5）配制吸声砂浆，或在石灰、石膏砂浆中掺入玻璃纤维、矿棉等松软纤维材料，也能获得一定的吸声效果。吸声砂浆用于室内墙壁、顶棚的吸声处理。

## 本　章　小　结

本章介绍了砂浆的种类、用途，以及常用原材料的品种及质量要求，同时简要介绍了普通抹面砂浆和特种砂浆的常用品种和特点，要掌握砂浆和易性的概念及评定方法、砌筑砂浆的强度及配合比确定，了解普通抹面砂浆的品种和作用。

## 复　习　题

**一、填空题**

1．影响砂浆强度的因素主要有（　　）、（　　）、（　　）、（　　）和（　　）。

2．为了改善砂浆的和易性和节约水泥，常常在砂浆中掺入适量的（　　）、（　　）、（　　）而制成混合砂浆。

3．砂浆的和易性包括（　　）、（　　），分别用指标（　　）和（　　）表示。

4．测定砂浆强度的标准试件是（　　）mm 的立方体试件，在（　　）条件下养护（　　）天，测定其（　　）强度，据此确定砂浆的（　　）。

5．砂浆流动性的选择，是根据（　　）和（　　）等条件来决定。夏天砌筑红砖墙体时，砂浆的流动性应选得（　　）些；砌筑毛石时，砂浆的流动性要选得（　　）些。

**二、选择题**

1．凡涂在建筑物或构件表面的砂浆，可统称为（　　）。

A．砌筑砂浆　　B．抹面砂浆　　C．混合砂浆　　D．防水砂浆

2．用于烧结普通砖砌体的砌筑砂浆强度主要取决于（　　）。

A．水灰比及水泥强度　　B．水泥用量

C．水泥及砂用量　　D．水泥强度及水泥用量

3．在抹面砂浆中掺入纤维材料可以改变砂浆的（　　）性质。

A．强度　　B．抗拉强度　　C．保水性　　D．分层度

4．砌筑砂浆中掺石灰是为了（　　）。

A．提高砂浆的强度　　B．提高砂浆的黏结力
C．提高砂浆的抗裂性　　D．改善砂浆的和易性

5．确定砂浆强度等级所用的标准试件尺寸为（　　）。
A．150mm×150mm×150mm　　B．70.7mm×70.7mm×70.7mm
C．100mm×100mm×100mm　　D．40mm×40mm×160mm

**三、判断题**（正确的在括号内打“√”，错误的打“×”）

1．建筑砂浆的组成材料与混凝土一样，都是由胶凝材料、骨料和水组成。（　　）
2．砂浆的沉入度越小，说明砂浆的流动性越好。（　　）
3．砌筑砂浆的无论底面是否吸水，其强度都主要取决于水泥强度及水灰比。（　　）
4．砂浆的和易性包括流动性、黏聚性、保水性三方面的含义。（　　）
5．当原材料一定，胶凝材料与砂子的比例一定时，砂浆的流动性主要取决于单位用水量。（　　）
6．砂浆的和易性内容与混凝土的完全相同。（　　）

# 第六章　墙　体　材　料

## 学 习 目 标

掌握烧结普通砖的技术要求以及烧结普通砖强度等级的检测和评定方法；掌握砌墙砖、墙用砌块和典型墙用板材的主要特点和应用，了解墙体材料的发展趋势和产业政策。

墙体材料一般由黏土、页岩、工业废渣或其他原料，以一定工艺制成。此外，天然石材经加工也可作为墙体材料。在建筑工程中用于砌筑墙体的材料称为墙体材料。墙体材料具有承重、围护和分隔作用，其质量占建筑物总质量的50%以上，合理选用墙体材料对建筑物的结构形式、高度、跨度、安全性、使用功能及工程造价等均有重要意义。墙体材料的品种很多，根据外形和尺寸大小分为砌墙砖、砌块和板材三大类，每一类中又分成实心和空心两种形式，砌墙砖还有烧结砖和非烧结（免烧）砖之分。

## 第一节　砌　墙　砖

凡是以黏土、工业废料或地方性材料为主要原料，通过不同的生产工艺制成的在建筑中用于砌筑承重或非承重墙体的砖，统称为砌墙砖。

砌墙砖按孔洞率和孔洞特征，分为普通砖、多孔砖和空心砖。普通砖是没有孔洞或孔洞率（砖面上孔洞总面积占砖总面积的百分率）小于 15%的砖；而多孔砖是孔洞率不小于 15%，其孔的尺寸小而数量多的砖，一般用在承重部位；空心砖是空洞率不小于35%的砖，常用在非承重部位。

根据生产工艺的不同，砌墙砖又分为烧结砖和非烧结砖两大类。

### 一、烧结砖

凡以黏土、页岩、煤矸石、粉煤灰等为原料，经成型及焙烧所得的用于砌筑承重或非承重墙体的砖统称为烧结砖。

按孔洞率的大小，烧结砖分为烧结普通砖、烧结多孔砖以及烧结空心砖三种。

#### （一）烧结普通砖

烧结普通砖是以黏土、页岩、煤矸石（采煤和洗煤过程中的废渣）或粉煤灰（以火力发电厂排出的粉煤灰）为主要原料制成的砖。

根据制作原料不同，烧结普通砖分为烧结普通黏土砖（N）、烧结页岩砖（Y）、烧结煤矸石砖（M）及烧结粉煤灰（F）。以上烧结普通砖中，烧结普通黏土砖较为常用，其生产工艺为配料、制坯、干燥、焙烧，最后制成烧结普通砖制品。

焙烧是生产工艺的关键阶段，在焙烧过程中应严格控制窑内温度及温度分布的均匀性，一般在 950～1000℃范围内最为适宜。当焙烧的温度过低时，会产生欠火砖；温度过高则会产生过火砖。欠火砖的特点是坯体孔隙率大、强度低、耐久性差、颜色浅、敲击声不清脆；过火砖的特点是坯体孔隙率小、密实度大、强度与耐久性较高、颜色深、敲击声清脆，但导热系数大，多有变形。欠火砖和过火砖都不符合国家标准对砖的质量要求。

在生产黏土砖时，焙烧窑中为氧化气氛，会生成红色的高价氧化物（$Fe_2O_3$），砖呈红色，制得红砖；若焙烧窑内为还原气氛，则高价氧化铁还原为青灰色的低价氧化铁（$Fe_3O_4$ 或 FeO），制得青砖。青砖较红砖强度高，耐久性强，但其燃料消耗多，价格较贵。

1. 烧结普通砖的技术性能指标

烧结普通砖的技术性能指标应满足《烧结普通砖》（GB 5101—2003）的规定。根据《烧结普通砖》的规定，强度和抗风化性能合格的砖，根据砖的尺寸偏差、外观质量、泛霜和石灰爆裂的程度，将其分为优等品（A）、一等品（B）和合格品（C）。

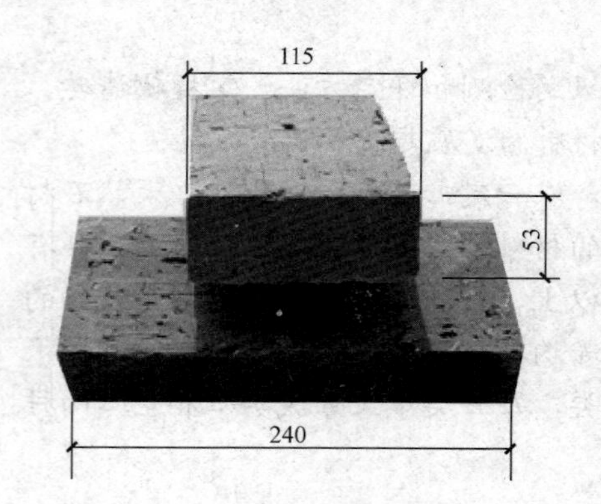

图 6-1 烧结普通砖的规格（单位：mm）

（1）外形尺寸。砖的外形为直角六面体，其尺寸规格为 240mm×115mm×53mm，通常将 240mm×115mm 的面称为大面，240mm×53mm 的面称为条面，115mm×53mm 的面称为顶面，如图 6-1 所示。4 块砖长、8 块砖宽、16 块砖厚，再加上砌筑灰缝（一般灰缝宽度为 8～12mm，平均取 10mm），其长度均为 1m，$1m^3$ 的砌体需要 512 块砖。

（2）外观质量。根据《烧结普通砖》的规定，外观指标包括尺寸偏差、弯曲、裂纹、颜色、完整面、棱角及表面突出高度等，见表 6-1 和表 6-2。

**表 6-1 尺寸允许偏差（GB 5101—2003）** （mm）

| 公称尺寸 | 优等品 | | 一等品 | | 合格品 | |
|---|---|---|---|---|---|---|
| | 样本平均偏差 | 样本极差≤ | 样本平均偏差 | 样本极差≤ | 样本平均偏差 | 样本极差≤ |
| 240 | ±2.0 | 6 | ±2.5 | 7 | ±3.0 | 8 |
| 115 | ±1.5 | 5 | ±2.0 | 6 | ±2.5 | 7 |
| 53 | ±1.5 | 4 | ±1.6 | 5 | ±2.0 | 6 |

**表 6-2 外观质量（GB 5101—2003）** （mm）

| 项目 | | 优等品 | 一等品 | 合格品 |
|---|---|---|---|---|
| 两条面高度差 | ≤ | 2 | 3 | 4 |
| 弯曲 | ≤ | 2 | 3 | 4 |
| 杂质凸出高度 | ≤ | 2 | 3 | 4 |
| 缺棱掉角的三个破坏尺寸（不得同时大于） | | 5 | 20 | 30 |
| 裂纹长度≤ | 大面上宽度方向及其延伸至条面的长度 | 30 | 60 | 80 |
| | 大面上长度方向及其延伸至顶面的长度或条顶面上水平裂纹的长度 | 50 | 80 | 100 |
| 完整面（不得少于） | | 二条面和二顶面 | 一条面和一顶面 | — |
| 颜色 | | 基本一致 | — | — |

注 凡有下列缺陷之一者，不得称为完整面。

1. 缺损在条面或顶面上造成的破坏面尺寸同时大于 10mm×10mm。
2. 条面或顶面上裂纹宽度大于 1mm，其长度超过 30mm。
3. 压陷、粘底、焦花在条面或顶面上的凹陷或凸出超过 2mm，区域尺寸同时大于 10mm×10mm。

（3）强度等级。烧结普通砖根据抗压强度分为 MU30、MU25、MU20、MU15、MU10 五个强度等级，各强度等级必须满足表 6-3 的规定。

表 6-3　烧结普通砖的强度等级（GB 5101—2003）　（MPa）

| 强度等级 | 抗压强度平均值 | 变异系数 $\delta \leqslant 0.21$ | 变异系数 $\delta > 0.21$ |
|---|---|---|---|
| | | 强度标准值 $f_k \geqslant$ | 单块最小抗压强度值 $f_{min} \geqslant$ |
| MU30 | 30.0 | 22.0 | 25.0 |
| MU25 | 25.0 | 18.0 | 22.0 |
| MU20 | 20.0 | 14.0 | 16.0 |
| MU15 | 15.0 | 10.0 | 12.0 |
| MU10 | 10.0 | 6.5 | 7.5 |

烧结普通砖的各项指标公式为

$$f_k = \overline{f} - 1.8S$$

$$S = \sqrt{\frac{1}{9}\sum_{i}^{10}(f_i - \overline{f})^2}$$

$$\delta = \frac{S}{\overline{f}}$$

式中　$f_k$——强度标准值，MPa；

$\overline{f}$——10 块砖试样的抗压强度平均值，MPa；

$f_i$——单块砖试样的抗压强度测定值，MPa；

$S$——10 块砖试样的抗压强度标准差，MPa；

$\delta$——砖强度的变异系数。

（4）抗风化性能。抗风化性能是指材料在干湿变化、温度变化、冻融变化等物理因素作用下不破坏，并保持原有性质的能力，是砖的耐久性评定的综合性指标。

常用抗冻性、吸水率及饱和系数来评定砖的抗风化性能的大小，除了与砖本身性质有关外，与所处环境的风化指数也有关。地域不同，风化作用程度也不同。风化指数大于 12700 为严重风化区，如我国的东北、华北、西北地区；风化指数小于 12700 为非严重风化区，如华东、华南、华中、西南地区以及西藏自治区和台湾省等地区。根据 GB 5101—2003 的规定，风化区的划分见表 6-4。

表 6-4　风化区的划分（GB 5101—2003）

| 严 重 风 化 区 | 非 严 重 风 化 区 |
|---|---|
| 1. 黑龙江；2. 吉林；3. 辽宁；4. 内蒙古；5. 新疆；6. 宁夏；7. 甘肃；8. 青海；9. 陕西；10. 山西；11. 河北；12. 北京；13. 天津 | 1. 山东；2. 河南；3. 安徽；4. 江苏；5. 湖北；6. 江西；7. 浙江；8. 四川；9. 贵州；10. 湖南；11. 福建；12. 台湾；13. 广东；14. 广西；15. 海南；16. 云南；17. 西藏；18. 上海；19. 重庆 |

严重风化区的黑龙江省、吉林省、辽宁省、内蒙古自治区、新疆维吾尔自治区使用的砖，其冻融试验必须合格，其他地区砖的抗风化性能符合表 6-5 规定时，可评定为抗风化性合格，不需要进行冻融试验。

（5）泛霜。泛霜是指黏土原料中的可溶性盐类（如硫酸钠等）在砖或砌块使用过程中砖表面的盐析现象，出现一层白霜。泛霜不仅影响建筑物的美观，还会造成砖表面粉化与脱落，同时破坏砖与砂浆之间的黏结，使建筑物的墙体抹灰层剥落。国家标准严格规定烧结制品中优等产品不允许出现泛霜，一等产品不允许出现中等泛霜，合格产品不允许出现严重泛霜。

**表 6-5　　抗风化性能（GB 5101—2003）**

<table>
<tr><th rowspan="3">砖种类</th><th colspan="4">严重风化区</th><th colspan="4">非严重风化区</th></tr>
<tr><th colspan="2">5h 沸煮吸水率（%）</th><th colspan="2">饱和系数</th><th colspan="2">5h 沸煮吸水率（%）</th><th colspan="2">饱和系数</th></tr>
<tr><th>平均值≤</th><th>单块最大值</th><th>平均值≤</th><th>单块最大值</th><th>平均值≤</th><th>单块最大值</th><th>平均值≤</th><th>单块最大值</th></tr>
<tr><td>黏土砖</td><td>18</td><td>20</td><td rowspan="2">0.85</td><td rowspan="2">0.87</td><td>19</td><td>20</td><td rowspan="2">0.88</td><td rowspan="2">0.90</td></tr>
<tr><td>粉煤灰砖</td><td>21</td><td>23</td><td>23</td><td>25</td></tr>
<tr><td>页岩砖</td><td rowspan="2">16</td><td rowspan="2">18</td><td rowspan="2">0.74</td><td rowspan="2">0.77</td><td rowspan="2">18</td><td rowspan="2">20</td><td rowspan="2">0.78</td><td rowspan="2">0.80</td></tr>
<tr><td>煤矸石砖</td></tr>
</table>

注　粉煤灰掺入量（体积比）小于 30%时，按黏土砖规定判定。

（6）石灰爆裂。石灰爆裂是烧结砖的原料中夹杂着石灰石，焙烧时石灰石被烧成生石灰块，在使用过程中生石灰吸水熟化转变为熟石灰，固相体积增大近一倍造成制品爆裂的现象，这种现象对墙体的危害很大，轻者影响外观，缩短使用寿命；严重者使砖砌体强度下降，危及建筑物的安全。

根据 GB 5101—2003，经试验后砖面出现的爆裂区域不应超过表 6-6 中的规定。

**表 6-6　　烧结普通砖对石灰爆裂的要求**

| 砖质量等级 | 指标要求 |
|---|---|
| 优等品 | 不允许出现最大破坏尺寸大于 2mm 的爆裂区域 |
| 一等品 | （1）最大破坏尺寸大于 2mm 且不大于 10mm 的爆裂区域，每组砖样不得多于 15 处。<br>（2）不允许出现最大破坏尺寸大于 10mm 的爆裂区域 |
| 合格品 | （1）最大破坏尺寸大于 2mm 且不大于 15mm 的爆裂区域，每组砖样不得多于 15 处，其中大于 10mm 的不得多于 7 处。<br>（2）不允许出现最大破坏尺寸大于 15mm 的爆裂区域 |

注　不允许有欠火砖、酥砖和螺旋纹砖。

根据砖块的尺寸偏差、外观质量、泛霜和石灰爆裂程度，分为优等品（A）、一等品（B）和合格品（C）。

2. 产品标记

烧结普通砖的产品标记按产品名称、规格、品种、强度等级、质量等级和标准编号的顺序编写。例如，规格 240mm×115mm×53mm、强度等级 MU15、一等品的烧结粉煤灰砖，其标记为“烧结粉煤灰砖 F MU15 B GB 5101”。

3. 烧结普通砖的优缺点及应用

烧结普通砖具有较高的强度、较好的耐久性，且保温、隔热、隔声、价格低廉，加之原料广泛、工艺简单，所以是应用历史最久、应用范围最为广泛的墙体材料，也可砌筑柱、拱、烟囱、沟道及基础等，优等品适用于清水墙和墙体装饰，在砌筑中适当配置钢筋或钢丝网，可代替钢筋混凝土柱、过梁等。

黏土砖生产时需大量毁田取土，加上砖的自重大、烧砖能耗高、成品尺寸小、施工效率低、抗震性能差等，所以近年来，我国已大力推广墙体材料改革，以粉煤灰、煤矸石等工业废料蒸压砖代替黏土砖。

（二）烧结多孔砖、多孔砌块、烧结空心砖和空心砌块

用多孔砖或空心砖代替实心砖可使建筑物自重减轻 1/3 左右，节约原料 20%～30%，节省燃料 10%～20%，且烧成率高，造价降低 20%，施工效率提高 40%，并能改善砖的保温和隔声性能，在相同的热工性能要求下，用空心砖砌筑的墙体厚度可减薄半砖左右。

一些较发达国家多孔砖占砖总产量的 70%～90%，我国目前也正在大力推广，而且发展很快。

1. 烧结多孔砖和多孔砌块

烧结多孔砖和多孔砌块是以黏土、页岩、煤矸石、粉煤灰、淤泥（江河湖淤泥）及其他固体废弃物等为主要原料，经焙烧制成主要用于建筑物承重部位的烧结多孔砖和多孔砌块。根据《烧结多孔砖和多孔砌块》（GB 13544—2011）的规定，按主要原料分为黏土砖和黏土砌块（N）、页岩砖和页岩砌块（Y）、煤矸石砖和煤矸石砌块（M）、粉煤灰砖和粉煤灰砌块（F）、淤泥砖和淤泥砌块（U）、固体废弃物砖和固体废弃物砌块（G）。

烧结多孔砖和多孔砌块的长度、宽度、高度尺寸应符合下列要求：

烧结多孔砖的规格尺寸（mm）：290、240、190、180、140、115、90。

烧结多孔砌块的规格尺寸（mm）：490、440、390、340、290、240、190、180、140、115、90。如图 6-2 所示。

烧结多孔砖和多孔砌块强度以大面（有孔面）抗压强度结果表示，其中试样数量为 10 块，分成 MU30、MU25、MU20、MU15、MU10 五个强度等级，各强度等级必须满足表 6-7 的规定。

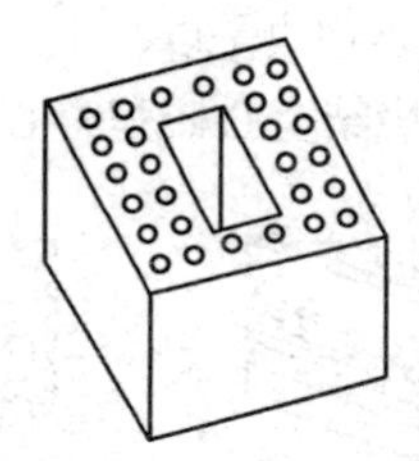
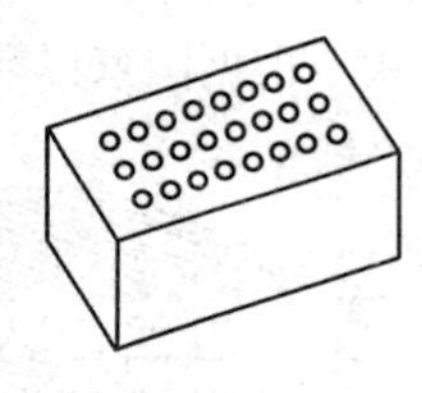

图 6-2 烧结多孔砖和多孔砌块示意图

**表 6-7 烧结多孔砖和多孔砌块的强度等级（GB 13544—2011）** （MPa）

| 强度等级 | 抗压强度平均值 $\overline{f}$ ≥ | 强度标准值 $f_k$≥ |
| --- | --- | --- |
| MU30 | 30.0 | 22.0 |
| MU25 | 25.0 | 18.0 |
| MU20 | 20.0 | 14.0 |
| MU15 | 15.0 | 10.0 |
| MU10 | 10.0 | 6.5 |

烧结多孔砖和多孔砌块的各项指标公式如下：

$$f_k = \overline{f} - 1.83S$$

$$S = \sqrt{\frac{1}{9}\sum_{i=1}^{10}(f_i - \overline{f})^2}$$

式中 $f_k$——强度标准值，MPa；

$\overline{f}$——10 块砖试样的抗压强度平均值，MPa；

$f_i$——单块砖试样的抗压强度测定值，MPa；

$S$——10 块砖试样的抗压强度标准差，MPa。

密度等级分别分成四个等级：多孔砖的密度等级分为 1000、1100、1200、1300，多孔砌块的密度等级分为 900、1000、1100、1200。

密度等级应符合表 6-8 的规定。

表 6-8 密度等级 (kg/m³)

| 密度等级 | | 3 块砖或砌块干燥表观密度平均值 |
|---|---|---|
| 砖 | 砌块 | |
| — | 900 | ≤900 |
| 砖 | 砌块 | |
| 1000 | 1000 | 900～1000 |
| 1100 | 1100 | 1000～1100 |
| 1200 | 1200 | 1100～1200 |
| 1300 | — | 1200～1300 |

烧结多孔砖和多孔砌块的产品标记按产品名称、品种、规格、强度等级、密度等级和标准编号的顺序编写。例如：规格尺寸 290mm×140mm×90mm、强度等级 MU25、密度 1200 级的黏土烧结多孔砖，其标记为：烧结多孔砖 N290×140×90 MU25 1200 GB 13544-2011。

烧结多孔砖和多孔砌块的技术要求还包括泛霜、石灰爆裂和抗风化性能，同普通烧结砖。

2. 烧结空心砖和空心砌块

烧结空心砖和空心砌块是以黏土、页岩、煤矸石和粉煤灰为主要原料，经焙烧而成的砖和砌块。根据国家标准《烧结空心砖和空心砌块》（GB 13545—2014）规定：烧结空心砖和砌块为直角六面体，且孔洞率不小于 35%。其长度、宽度、高度尺寸应符合下列要求：①长度规格尺寸（mm）：390、290、240、190、180（175）、140；②宽度规格尺寸（mm）：190、180（175）、140、115；③高度规格尺寸（mm）：180（175）、140、115、90，如图 6-3 所示。

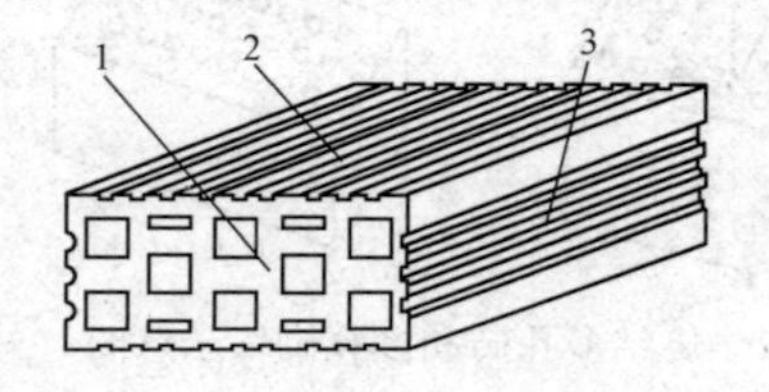


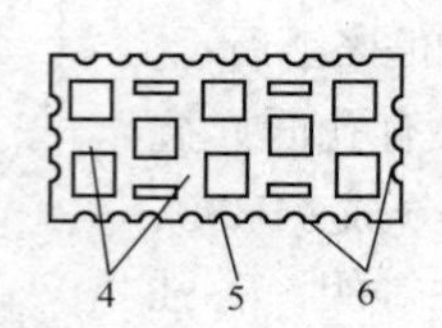


图 6-3 烧结空心砖和空心砌块示意图

1—顶面；2—大面；3—条面；4—肋；5—凹槽面；6—外壁

抗压强度分为 MU10.0、MU7.5、MU5.0、MU3.5 四个强度等级，见表 6-9；砖的表观密度分为 800、900、1000、1100 四个密度等级。密度等级应符合表 6-10 的规定。

表 6-9 烧结空心砖的强度等级（GB 13545—2014）

| 强度等级 | 抗压强度（MPa） | | |
|---|---|---|---|
| | 抗压强度平均值 $\overline{f}$ ≥ | 变异系数 $\delta$≤0.21 | 变异系数 $\delta$>0.21 |
| | | 强度标准差 $f_k$≥ | 单块最小抗压强度值 $f_{min}$≥ |
| MU10.0 | 10.0 | 7.0 | 8.0 |
| MU7.5 | 7.5 | 5.0 | 5.8 |
| MU5.0 | 5.0 | 3.5 | 4.0 |
| MU3.5 | 3.5 | 2.5 | 2.8 |

表 6-10 烧结空心砖的密度等级（GB 13545—2014） (kg/m³)

| 密度等级 | 5 块密度平均值 | 密度等级 | 5 块密度平均值 |
|---|---|---|---|
| 800 | ≤800 | 1000 | 901～1000 |
| 900 | 801～900 | 1100 | 1001～1100 |

## 二、非烧结砖

不经焙烧而制成的砖为非烧结砖，如碳化砖、免烧免蒸砖、蒸压砖等。目前应用较广的是蒸压砖，主要品种有蒸压灰砂砖、蒸压粉煤灰砖、蒸压炉渣砖等。

### （一）蒸压灰砂砖

蒸压灰砂砖是用磨细的生石灰和天然砂，经混合搅拌、陈伏（使生石灰充分熟化）、轮碾、加压成型、蒸压养护（175～191℃、0.8～1.2MPa 的饱和蒸汽）而制成的实心砖，简称灰砂砖，代号为 LSB。灰砂砖的外形尺寸与烧结普通砖相同，颜色有彩色（Co）和本色（N）两类。

灰砂砖根据尺寸偏差和外观质量、强度及抗冻性分为优等品（A）、一等品（B）和合格品（C）三个质量等级。

根据灰砂砖的强度等级（GB 11945—1999）规定，按抗压强度及抗折强度，分为 MU25、MU20、MU15、MU10 四个强度等级，见表 6-11。

**表 6-11　灰砂砖的强度等级（GB 11945—1999）**

| 强度等级 | 抗压强度≥ | | 抗折强度≥ | |
|---|---|---|---|---|
| | 平均值 | 单块值 | 平均值 | 单块值 |
| MU25 | 25.0 | 20.0 | 5.0 | 4.0 |
| MU20 | 20.0 | 16.0 | 4.0 | 3.2 |
| MU15 | 15.0 | 12.0 | 3.3 | 2.6 |
| MU10 | 10.0 | 8.0 | 2.5 | 2.0 |

灰砂砖主要用于工业与民用建筑的墙体和基础等承重部位。其中，MU15、MU20、MU25 的灰砂砖可用于基础及其他部位，MU10 的砖可用于防潮层以上的建筑部位。灰砂砖不得用于长期受热 200℃以上、受急冷急热或有酸性介质侵蚀的建筑部位，也不宜用于受流水冲刷的部位。

### （二）蒸压粉煤灰砖

蒸压粉煤灰砖是以粉煤灰、石灰和水泥为主要原料，掺入适量的石膏、外加剂、颜料和骨料，经坯料制备、压制成型、高压或常压蒸汽养护而制成的实心砖，简称粉煤灰砖。砖的公称尺寸与烧结普通砖相同。根据《粉煤灰砖》（JC/T 239—2014）规定：按抗压强度和抗折强度划分为 MU30、MU25、MU20、MU15、MU10 五个强度等级，见表 6-12。

**表 6-12　粉煤灰砖的强度等级（JC/T 239—2014）　（MPa）**

| 强度等级 | 抗压强度≥ | | 抗折强度≥ | |
|---|---|---|---|---|
| | 平均值 | 单块最小值 | 平均值 | 单块最小值 |
| MU30 | 30.0 | 24.0 | 4.8 | 3.8 |
| MU25 | 25.0 | 20.0 | 4.5 | 3.6 |
| MU20 | 20.0 | 16.0 | 4.0 | 3.2 |
| MU15 | 15.0 | 12.0 | 3.7 | 3.0 |
| MU10 | 10.0 | 8.0 | 2.5 | 2.0 |

蒸压粉煤灰砖可用于工业与民用建筑的基础、墙体。一般用于基础和干湿交替作用的建筑部

位时，必须用MU15以上强度等级的砖才可以。粉煤灰砖不得用于长期受热高于200℃、受急冷急热交替作用或有酸性介质侵蚀的建筑部位，为了减少收缩裂缝，应适当增设圈梁和伸缩缝。

（三）蒸压炉渣砖

蒸压炉渣砖是以炉（煤）渣为主要原料，加入适量石灰、石膏等材料，经混合、压制成型、蒸汽或蒸压养护而制成的实心砖，颜色呈黑灰色，简称炉渣砖。炉渣砖的公称尺寸为240mm×115mm×53mm，按其抗压强度分为MU25、MU20、MU15三个强度级别，见表6-13。

**表6-13 炉渣砖的强度等级（JC/T 525—2007）** （MPa）

| 强度等级 | 抗压强度平均 $\bar{f}$ | 变异系数 $\delta \leq 0.21$ | 变异系数 $\delta > 0.21$ |
|---|---|---|---|
| | | 强度标准值 $f_k \geq$ | 单块最小抗压强度值 $f_{min} \geq$ |
| MU25 | 25.0 | 19.0 | 20.0 |
| MU20 | 20.0 | 14.0 | 16.0 |
| MU15 | 15.0 | 10.0 | 12.0 |

炉渣砖可用于一般工程的内墙和非承重外墙，炉渣砖不得用于长期受热在200℃以上、受急冷急热或有侵蚀性介质的部位。

## 第二节 墙 用 砌 块

用于砌筑的、体积大于砌墙砖的人造块材为砌块，其外形多为直角六面体，按尺寸规格可分为小型、中型、大型三种。砌块系列中主规格的长度、宽度或高度应有一项或一项以上分别大于365、240或115mm。砌块按用途分为承重砌块和非承重砌块；按孔洞率大小分为空心砌块和实心砌块：按材质分为普通混凝土砌块、硅酸盐混凝土砌块、轻集料混凝土砌块、石膏砌块、蒸压蒸氧砌块等。

砌块是一种新型墙体材料，生产工艺简单，可充分利用地方材料和工业废料，其尺寸比砖大，可提高功效，并可改善墙体功能。目前，常用的砌块有混凝土空心砌块、蒸压加气混凝土砌块和粉煤灰砌块等。

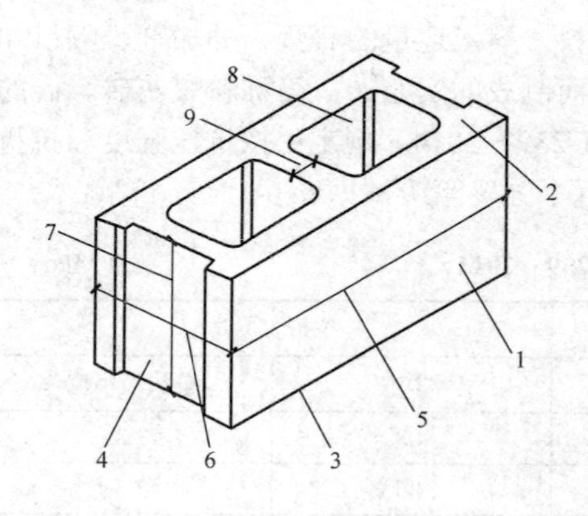


图6-4 混凝土小型空心砌块

1—条面；2—坐浆面（肋厚较小的面）；3—铺浆面（肋厚较大的面）；4—顶面；5—长；6—宽；7—高；8—壁；9—肋

### 一、普通混凝土小型空心砌块（代号NHB）

以水泥为胶凝材料，以普通砂石或重矿渣为粗细集料，经加水搅拌、成型、养护而成的空心率不小于25%的小型空心砌块。砌块的外形为直角六面体，规格尺寸为：长度，390mm；宽度，90、120、140、190、240、290mm；高度，90、140、190mm，如图6-4所示。

按砌块的抗压强度分为MU5.0、MU7.5、MU10、MU15.0、MU20.0、MU25、MU30、MU35和MU40 9个强度等级，见表6-14。

表 6-14　普通混凝土小型空心砌块抗压强度（GB/T 8239—2014）　（MPa）

| 强度等级 | 砌块抗压强度≥ | |
|---|---|---|
| | 5 块平均值 | 单块最小值 |
| MU5.0 | 5.0 | 4.0 |
| MU7.5 | 7.5 | 6.0 |
| MU10 | 10.0 | 8.0 |
| MU15 | 15.0 | 12.0 |
| MU20 | 20.0 | 16.0 |
| MU25 | 25.0 | 20.0 |
| MU30 | 30.0 | 24.0 |
| MU35 | 35.0 | 28.0 |
| MU40 | 40.0 | 32.0 |

这种小型空心砌块适用于地震 8 度和 8 度以下地区的工业与民用建筑物的墙体结构。对用于承重和外墙的砌块，要求其干缩率小于 0.5mm/m；对于非承重或内墙用砌块，其干缩率应小于 0.6mm/m。在施工现场堆放时，必须采用防雨措施；砌筑前小砌块不允许浇水预湿；为防止墙体开裂，应根据建筑的情况设置伸缩缝，在必要的部位增加构造钢筋。

## 二、中型混凝土空心砌块

以水泥或煤矸石无熟料水泥，配以一定比例骨料制成的中型混凝土空心砌块，其空心率不小于 25%。砌块规格尺寸：长度为 500、600、800、1000mm；宽度为 200、240mm；高度为 400、450、800、900mm。中型混凝土空心砌块的壁、肋厚度不应小于 25mm，见图 6-5。

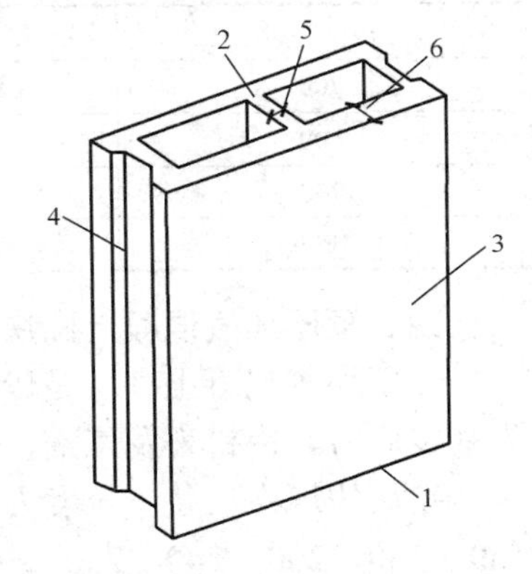

图 6-5　砌块的构造形式

1—铺浆面；2—坐浆面；3—侧面；4—端面；5—壁面；6—肋

中型混凝土空心砌块按抗压强度分为 MU3.5、MU5.0、MU7.5、MU10.0、MU15.0 五个强度等级，主要应用于工业与民用一般建筑的墙体。

## 三、轻集料混凝土小型空心砌块（代号 LHB）

以陶粒、膨胀珍珠岩、浮石、火山渣、煤渣、自燃煤矸石等各种轻粗、细集料和水泥按一定比例配制，经搅拌、成型、养护而成的空心率大于 25%、体积密度不大于 1400kg/m$^3$ 的轻质混凝土小砌块。

根据《轻集料混凝土小型空心砌块》（GB/T 15229—2011）规定，主规格尺寸为 390mm×190mm×190mm。强度等级为 MU2.5、MU3.5、MU5.0、MU7.5、MU10.0 五个强度等级，见表 6-15。密度等级为 700、800、900、1000、1100、1200、1300、1400 八个等级，见表 6-16。

主要用于非承重结构的围护和框架结构的填充墙，也可用于既承重又保温或专门保温的墙体。

表 6-15　轻集料混凝土小型空心砌块强度等级（GB/T 15229—2011）

| 强度等级 | 抗压强度（MPa） | | 密度等级范围（kg/m$^3$） |
|---|---|---|---|
| | 平均值 | 最小值 | |
| Mu2.5 | ≥2.5 | ≥2.0 | ≤800 |

续表

| 强度等级 | 抗压强度（MPa） | | 密度等级范围（kg/m³） |
|---|---|---|---|
| | 平均值 | 最小值 | |
| Mu3.5 | ≥3.5 | ≥2.8 | ≤1000 |
| Mu5.0 | ≥5.0 | ≥4.0 | ≤1200 |
| Mu7.5 | ≥7.5 | ≥6.0 | ≤1200a<br>≤1300b |
| Mu10.0 | ≥10.0 | ≥8.0 | ≤1200a<br>≤1400b |

注 1．当砌块的抗压强度同时满足 2 个强度等级或 2 个以上强度等级要求时，应以满足要求的最高强度等级为准。

2．a 为除自燃煤矸石掺量不小于砌块质量 35%以外的其他砌块。

3．b 为自燃煤矸石掺量不小于砌块质量 35%的砌块。

**表 6-16　轻集料混凝土小型空心砌块密度等级（GB/T 15229—2011）**　（kg/m³）

| 密度等级 | 干表观密度范围 | 密度等级 | 干表观密度范围 |
|---|---|---|---|
| 700 | ≥610，≤700 | 1100 | ≥1010，≤1100 |
| 800 | ≥710，≤800 | 1200 | ≥1110，≤1200 |
| 900 | ≥810，≤900 | 1300 | ≥1210，≤1300 |
| 1000 | ≥910，≤1000 | 1400 | ≥1310，≤1400 |

## 四、蒸压加气混凝土砌块（代号 ACB）

蒸压加气混凝土砌块是以钙质材料（石灰、水泥）和硅质材料（矿渣、粉煤灰、砂等）为基本原料，铝粉为发气剂，经过蒸压养护等工艺制成的一种多孔轻质块体材料。

砌块的规格尺寸：长度为 600mm；高度为 200、240、250、300mm；宽度为 100、125、150、180、200、240、250、300mm。

加气混凝土砌块按抗压强度分为 A1.0、A2.0、A2.5、A3.5、A5.0、A7.5、A10.0 七个强度等级；按干体积密度分为 B03、B04、B05、B06、B07、B08 六个等级；按外观质量、尺寸偏差、体积密度、抗压强度和抗冻性分为优等品（A）、合格品（B）两个级别。

按《蒸压加气混凝土砌块》（GB 11968—2006）规定，加气混凝土砌块的尺寸偏差和外观要求、抗压强度、干密度和强度级别分别见表 6-17～表 6-19。

**表 6-17　加气混凝土砌块尺寸偏差和外观（GB 11968—2006）**

| 项目 | | | 优等品（A） | 合格品（B） |
|---|---|---|---|---|
| 尺寸允许偏差（mm） | 长度 $L$ | | ±3 | ±4 |
| | 宽度 $B$ | | ±1 | ±2 |
| | 高度 $H$ | | ±1 | ±2 |
| 缺棱掉角 | 最小尺寸（mm） | ≥ | 0 | 30 |
| | 最大尺寸（mm） | ≤ | 0 | 70 |
| | 大于以上尺寸缺棱掉角个数 | ≤ | 0 | 2 |
| 裂纹长度 | 贯穿一棱两面的裂纹长度不得大于裂纹所在面的裂纹方向尺寸总和的 | | 0 | 1/3 |
| | 任一面上的裂纹长度不得大于裂纹方向尺寸的 | | 0 | 1/2 |
| | 大于以上尺寸的裂纹条数 | ≤ | 0 | 2 |

续表

| 项目 | | 优等品（A） | 合格品（B） |
|---|---|---|---|
| 爆裂、黏膜和损坏深度（mm） | ≤ | 10 | 30 |
| 平面弯曲 | | 不允许 | |
| 表面疏松、层裂 | | 不允许 | |
| 表面油污 | | 不允许 | |

**表 6-18** 加气混凝土砌块的抗压强度（GB 11968—2006） （MPa）

| 强度等级 | 立方体抗压强度≥ | |
|---|---|---|
| | 平均值 | 单组最小值 |
| A1.0 | 1.0 | 0.8 |
| A2.0 | 2.0 | 1.6 |
| A2.5 | 2.5 | 2.0 |
| A3.5 | 3.5 | 2.8 |
| A5.0 | 5.0 | 4.0 |
| A7.5 | 7.5 | 6.0 |
| A10.0 | 10.0 | 8.0 |

**表 6-19** 加气混凝土砌块的干密度和强度级别（GB 11968—2006） （$kg/m^3$）

| 干密度等级 | | B03 | B04 | B05 | B06 | B07 | B08 |
|---|---|---|---|---|---|---|---|
| 干密度 | 优等品（A）≤ | 300 | 400 | 500 | 600 | 700 | 800 |
| | 合格品（B）≤ | 325 | 425 | 525 | 625 | 725 | 825 |
| 强度级别 | 优等品（A）≤ | A1.0 | A2.0 | A3.5 | A5.0 | A7.5 | A10.0 |
| | 合格品（B）≤ | | | A2.5 | A3.5 | A5.0 | A7.5 |

该类砌块具有表观密度小、保温及耐火性能好、抗震性能强、易于加工、施工方便等优点，适用于低层建筑的承重墙、多层建筑的隔墙和高层建筑的间隔墙，也可用于复合墙板和屋面结构中；在无可靠的防护措施时，不得用于风中或高湿度和有侵蚀性介质的环境中，也不得用于建筑物的基础和温度长期高于 80℃的建筑部位。

## 五、蒸养粉煤灰砌块（代号 FB）

粉煤灰砌块（代号 FB）是硅酸盐砌块中常用的品种之一，是以粉煤灰、石灰、石膏、骨料为原料，经配料、加水搅拌、振动成型、蒸汽养护而制成的密实砌块。

砌块主规格外形尺寸有 880mm×380mm×240mm 和 880mm×430mm×240mm 两种。砌块端面应加灌浆槽，座浆面宜设抗剪槽。按砌块外观质量、尺寸偏差和干缩性能分为一等品（B）和合格品（C）两种形状见图 6-6。

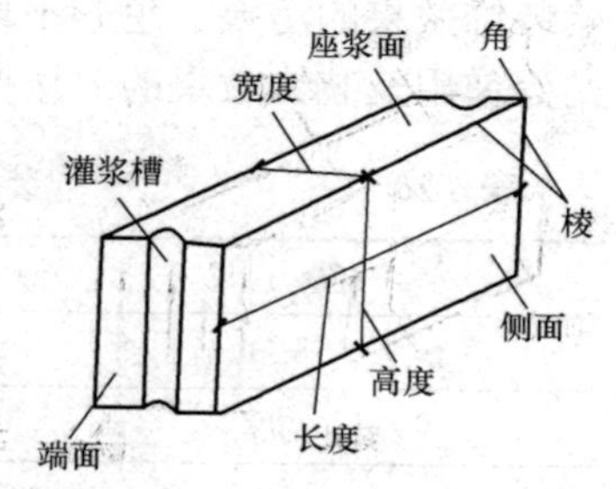

图 6-6 蒸养粉煤灰砌块示意图

粉煤灰砌块的干缩值比水泥混凝土大，弹性模量低于同强度的水泥混凝土制品，可用于耐久性要求不高的一般工业和民用建筑的围护结构和基础，但不适用于有酸性介质侵蚀、长期受高温影响和经受较大振动影响的建筑物。

### 六、石膏砌块

石膏砌块的主要原料是天然石膏或化工副产品及废渣（化工石膏）。石膏砌块有实心、空心和夹心三种形式。其中空心石膏砌块的石膏用量少，绝热性能好，故应用较多。采用聚苯乙烯泡沫塑料为芯层可制成夹心石膏砌块。由于泡沫塑料的热导率小，因此达到相同绝热效果的砌块厚度可以减小，从而增加了建筑物的使用面积。石膏砌块轻质、绝热吸声、不燃、可锯可钉、生产工艺简单、成本低，多用于砌筑非承重内隔墙。

## 第三节　墙　用　板　材

随着建筑工业化和建筑结构体系的改革，轻质复合强用板材也迅速兴起。以板材为围护墙体的建筑结构体系具有质量轻、保温效果好、隔声、防火、装饰效果好等优点。墙用板材分为内墙板材和外墙板材。内墙板材大多数为各类石膏板、石棉水泥板、加气混凝土板；外墙板材大多数采用加气混凝土板、各类复合板、玻璃钢板。本节主要介绍几种常用的具有代表性的板材。

### 一、石膏类墙用板材

石膏板主要有纸面石膏板、纤维石膏板和石膏空心板三类。

#### （一）纸面石膏板

纸面石膏板是以建筑石膏为主要原料，并掺入某些纤维和外加剂所构成的芯板，上、下两面附以特制的护面纸牢固结合在一起制成的建筑板材，其主要包括普通纸面石膏板、装饰纸面石膏板、耐水纸面石膏板和耐火纸面石膏板等。

纸面石膏板具有表面平整、尺寸稳定、质量轻、高强、保温、隔热、隔声、易于加工、施工方便、劳动强度低等优点。纸面石膏板的体积密度为 800～1000kg/m$^3$，导热系数为 0.19～0.21W/（m·K）。

纸面石膏板常用规格如下：

（1）长度：1800、2100、2400、2700、3000、3300、3600mm。

（2）宽度：900、1200mm。

（3）厚度：普通纸面石膏板为 9、12、15、18mm；耐水纸面石膏板为 9、12、15mm；耐火纸面石膏板为 9、12、15、18、21、25mm。

普通纸面石膏板适用于干燥环境中的室围护墙、内隔墙，天花板，复合外墙板的内壁板等，在厨房、卫生间以及空气相对湿度经常大于 70%的场所使用时，必须采用相应的防潮措施。

装饰石膏板主要用于室内装饰。根据《装饰纸面石膏板》的要求，产品的正面不应有影响装饰效果的污痕、色彩不均、图案不完整等缺陷，不得有裂纹、翘曲、扭曲现象，不得有妨碍使用及装饰效果的缺棱掉角。产品尺寸允许偏差应符合表 6-20 的规定。

表 6-20　装饰纸面石膏板允许偏差（JC/T 997—2006）　（mm）

| 项　目 | 长度≤600 | 长度＞600 |
|---|---|---|
| 长度 | ±2 | |
| 宽度 | ±2 | |
| 厚度 | ±0.5 | |
| 对角线长度线 | ≤2.0 | ≤4.0 |

耐水纸面石膏板可用于厨房、卫生间等空气相对湿度较大的场所，如表面再做防水处理则效果更好。耐火纸面石膏板主要用于对防火要求较高的建筑工程。

（二）纤维石膏板

纤维石膏板是以建筑石膏为主要原料，再加入适量的玻璃纤维或纸筋等增强材料，经打浆、铺浆、脱水、成型以及干燥等工序加工而成的一种板材。纤维石膏板的规格尺寸为长2700～3000mm、宽800mm、厚12mm，表观密度为1100～1230kg/m$^3$，导热系数为0.18～0.19 W/（m•K），隔声指数为36～40dB。纤维石膏板具有质轻、高强、隔声等特点，可锯、钉、刨、粘，施工简便。纤维石膏板的抗弯强度和弹性模量均高于纸面石膏板，主要用于非承重隔墙、天花板、内墙贴面等。

（三）石膏空心板

石膏空心板是以石膏为胶凝材料，再加入适量轻质材料和改性材料，经搅拌、成型、抽芯干燥等工序制成的空心条板。石膏空心板的尺寸规格为长2500～3000mm、宽500～600mm、厚60～90mm，表观密度为600～900kg/m$^3$，导热系数为0.22 W/（m•K），隔声指数大于30dB，抗折强度为2～3MPa，耐火极限为1～2.5h。石膏空心板加工性好，质量轻，颜色洁白，表面平整、光滑，可在板面喷刷或粘贴各种饰面材料，空心部位可预埋电线和管件，施工安装时不用龙骨，施工简单。主要用于非承重内隔墙。如用于较潮湿环境中，表面必须做防水处理。

二、水泥类墙用板材

水泥类墙用板材具有较好的力学性能和耐久性，产品质量可靠，主要用于承重墙、外墙和复合外墙的外层面，但其表观密度大，抗拉强度低，体型较大的板材在施工中易受损。根据使用功能要求，生产时可制成空心板材以减轻自重和增强保温隔热性，也可加入一些纤维材料制成增强型板材，还可以在水泥板材上制作具有装饰效果的表面层。

（一）预应力混凝土空心板

预应力混凝土空心板是以高强度的预应力钢绞线用先张法制成的混凝土墙板。该板材可根据需要增设保温层、防水层、外饰层等。根据《预应力混凝土空心板》（GB/T 14040—2007）的规定，其规格尺寸如下：高度宜为120、180、240、300、360mm，宽度宜为900、1200mm，长度不宜大于高度的40倍。板材所用混凝土强度等级不应低于C30；若用轻骨料混凝土浇筑，其强度等级不应低于LC30。

（二）GRC空心轻质墙板

GRC空心轻质墙板是以低碱性水泥为胶结材料，以膨胀珍珠岩、炉渣等为骨料，以抗碱玻璃纤维为增强材料，再加入适量发泡剂和防水剂，经搅拌、成型、脱水、养护制成的一种轻质墙板。其规格尺寸为：长3000mm，宽600mm，厚60、90、120mm。GRC空心轻质墙板具有质量轻、强度高、隔热、隔声、不燃、加工方便等优点，可用于一般建筑物的内隔墙和复合墙体的外墙面。

（三）蒸压加气混凝土板

蒸压加气混凝土板是以钙质材料（水泥、石灰等），硅质材料（砂、粉煤灰、粒化高炉矿渣等）和水按一定比例配合，加入少量发气剂和外加剂，经搅拌、浇筑、成型、蒸汽养护等工序制成的一种轻质板材。

按照用途，蒸压加气混凝土板可分为加气混凝土外墙板，隔墙板和屋面板。外墙板的规格尺寸为长1500～6000mm，宽500、600mm，厚150、170、180、200、240、250mm；隔墙板的规格尺寸为长度按设计要求，宽500、600mm，厚75、100、120mm；屋面板的尺寸规格为长1800～6000mm，宽500、600mm，厚150、170、180、200、240、250mm。

由于蒸压加气混凝土板材中含有大量微小的非连通气孔，孔隙率达 70%～80%，因此具有自重轻、绝热性好、隔声、吸音等优点，并具有较好的耐火性与一定的承载能力，被广泛应用于工业与民用建筑的各种非承重隔墙。该板材，施工时不需要吊装，人工即可安装，且施工效率高，是我国目前应用广泛，并且具有广阔前景的新型建筑材料。

（四）水泥刨花板

水泥刨花板是以水泥和刨花作为主要原料，再加入填充料和外加剂，经拌和、压实和保养等工艺生产的板材。水泥刨花板的规格尺寸为：长 1000～2000mm，宽 500～700mm，厚 30～100mm。

水泥刨花板自重小，表观密度为 400～1300kg/m$^3$，仅为水泥混凝土的 1/2；具有良好的保温性能和较高的抗压、抗折强度；加工性好，便于施工。水泥刨花板可应用于建筑物的外墙板和内墙板，也可与其他材料的板材复合制成各种复合板材。

## 三、复合墙板

复合墙板是由两种以上不同功能的材料分层并结合在一起的墙板。复合墙板可以根据功能要求组合各个层次，如结构层、保温层、饰面层等，能使各类材料的功能都得到合理利用。目前，建筑工程中大量使用各种复合材料板材，并取得了良好效果。

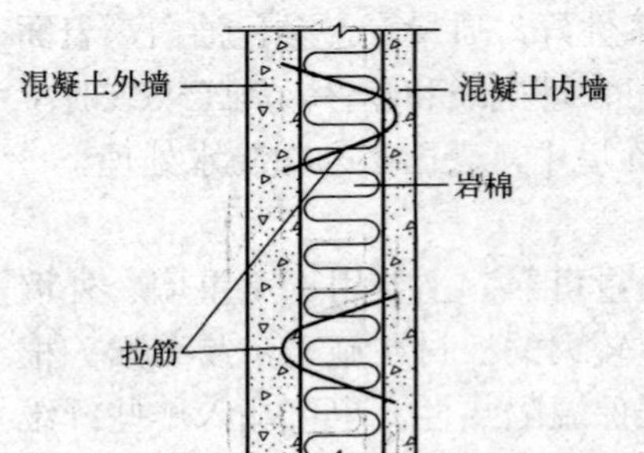

图 6-7 混凝土夹心板结构示意图

（一）混凝土夹心板

混凝土夹心板的内外表面采用 20～30mm 厚的钢筋混凝土，中间填以矿渣棉、岩棉、泡沫混凝土等保温材料，内外两层板用钢筋连接，见图 6-7。混凝土夹心板可用于建筑物的内外墙，其加层厚度应根据热工计算确定。

（二）钢丝网水泥夹心复合板材

钢丝网水泥夹心复合板材是将泡沫塑料、岩棉、玻璃棉等轻质芯材夹在中间，两片钢丝之间采用“之”字形钢丝相互连接，形成稳定的三维网架结构，然后用水泥砂浆在两侧抹面，或进行其他饰面装饰。

常用的钢丝网水泥夹心复合板材名称较多，有泰柏板、钢丝网架夹心板、CY 板、舒乐合板、3D 板和万力板等。虽然板的名称不同，但基本结构相近。

钢丝网水泥夹心复合板材自重轻，约为 90kg/m$^3$，其热阻为 240mm 厚普通砖墙的两倍，具有良好的隔热性，另外还具有隔声性好、抗冻性好以及抗震能力强等特点；适当加钢筋后具有一定的承载能力。

该类板材轻质高强、防火、防潮、防震、隔热、隔声、耐久性好、施工方便，在建筑物中可用作墙板、屋面板和各种保温板。

（三）彩钢夹心板材

彩钢夹心板材是以硬质泡沫塑料或结构岩棉为芯材，在两侧粘上彩色压型镀锌板材，又称 EPS 轻型板，见图 6-8。外露的彩色钢板表面一般涂以高级彩色塑料涂层，使其

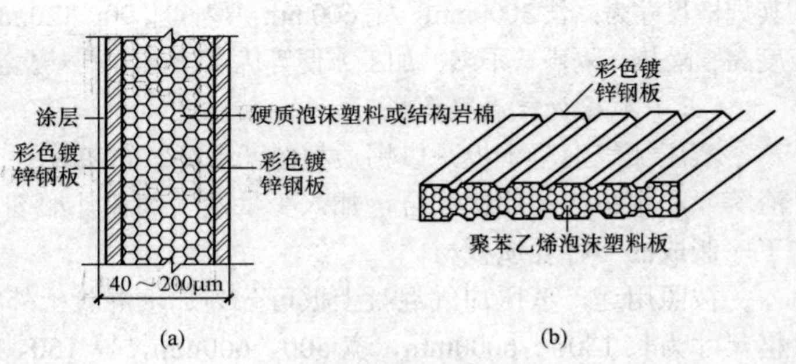

图 6-8 彩钢夹心板结构示意图

（a）彩钢夹心平复合板；（b）彩钢夹心压型复合板

具有良好的抗腐蚀性和耐气候性。

彩钢夹心板材质量轻，导热系数约为 0.31W/（m・K），具有较好的抗弯、抗剪等力学性能，安装灵活、快捷，经久耐用，可多次拆装和重复使用，适用于各种建筑物的墙体和屋面。

## 本 章 小 结

本章主要讲述了各类墙砖、砌块以及板材的规格、性能及应用，并介绍了新型节能的墙体材料。砌墙砖分为烧结砖和非烧结砖两大类，本章重点介绍了烧结普通砖的主要内容。通过本章的学习，要求了解墙用砌块和墙用板材的常用类型。

## 复 习 题

**一、填空题**

1．用于墙体的材料主要有（　　）、（　　）和（　　）三类。

2．烧结普通砖的标准尺寸为（　　）mm×（　　）mm×（　　）mm。（　　）块砖长、（　　）块砖宽、（　　）块砖厚，再分别加上灰缝（每个按 10mm 计），其长度均为 1m，则理论上 $1m^3$ 砖砌体大约需要（　　）块砖。

3．砌块按用途分为（　　）和（　　）；按有无孔洞可分为（　　）和（　　）。

4．常用的墙用板材分为（　　）、（　　）、（　　）三类。

**二、选择题**

1．下面哪些不是加气混凝土砌块的特点（　　）。

A．轻质　　B．保温隔热　　C．加工性能好　　D．韧性好

2．利用煤矸石和粉煤灰等工业废渣烧砖，可以（　　）。

A．减少环境污染　　B．节约大片良田黏土

C．节省大量燃料煤　　D．大幅提高产量

3．普通黏土砖评定强度等级的依据是（　　）。

A．抗压强度的平均值　　B．抗折强度的平均值

C．抗压强度的单块最小值　　D．抗折强度的单块最小值

**三、简述题**

1．砌墙砖分为哪几类？是怎样划分的？

2．烧结普通砖、多孔砖的强度等级是怎样确定的？

**四、计算题**

有一批烧结普通砖经抽样 10 块作抗压强度试验（每块砖的受压面积以 120mm×115mm 计），结果如下表所示，试确定该砖的强度等级。

| 砖 编 号 | 1 | 2 | 3 | 4 | 5 | 6 | 7 | 8 | 9 | 10 |
|---|---|---|---|---|---|---|---|---|---|---|
| 破坏荷载（kN） | 254 | 270 | 218 | 183 | 238 | 259 | 225 | 280 | 220 | 250 |

# 第七章 建 筑 钢 材

## 学 习 目 标

通过本章的学习，使学生掌握建筑钢材的主要技术性质、工艺性能，掌握建筑钢材的种类特性及应用，理解钢材的化学成分对建筑钢材性能的影响，能根据工程特点、环境条件等合理选用钢材。

建筑钢材是指用于工程建设的各种钢材，包括钢结构用的各种型钢（圆钢、角钢、槽钢和工字钢）；钢板；钢筋混凝土用的各种钢筋、钢丝和钢绞线。除此之外，还用作门窗和建筑五金等钢材。

建筑钢材强度高、品质均匀，具有一定的弹性和塑性变形能力，能承受冲击振动荷载。钢材还具有很好的加工性能，可以铸造、锻压、焊接、铆接和切割，装配施工方便。建筑钢材广泛应用于大跨度结构、多层及高层建筑、受动力荷载结构和重型工业厂房结构，是极其重要的建筑结构材料之一。钢材的缺点是容易生锈、维护费用大、耐火性差。

## 第一节 钢材冶炼与分类

### 一、钢材的冶炼

钢和铁的主要成分都是铁和碳，区别在于含碳量的多少，生铁含碳量为2.06%～6.67%，含碳量小于 2.06%的铁碳合金为钢，钢是由生铁冶炼而成。生铁是由铁矿石、燃料（焦炭）和熔剂（石灰石）在高温炉中进行还原反应和造渣反应而得到的一种铁碳合金，主要成分是铁，但比钢中含有更多的碳以及硫、磷、硅、锰等杂质，其性质硬而脆，没有塑性，不能进行焊接、锻造、轧制等加工，使用受到很大的限制。

炼钢的目的是通过冶炼使生铁的含碳量降至 2.06%以下，同时除去其他有害成分，使含量降至一定范围内，改善其技术性能，提高质量。

钢的冶炼方法主要有氧气转炉炼钢法、电炉炼钢法和平炉炼钢法 3 种，冶炼方法不同钢材质量也不同，见表 7-1。目前，氧气转炉炼钢法已成为现代炼钢的主要方法，而平炉炼钢法由于生产效率低已基本被淘汰。

**表 7-1　　炼钢方法的特点和应用**

| 炉种 | 原料 | 特　点 | 生产钢种 |
|---|---|---|---|
| 氧气转炉 | 铁水、废钢 | 冶炼速度快，生产效率高，钢质较好 | 碳素钢、低合金钢 |
| 电炉 | 废钢 | 容积小，耗电大，控制严格，钢质好，但成本高 | 合金钢、优质碳素钢 |
| 平炉 | 生铁、废钢 | 容量大，冶炼时间长，钢质较好且稳定，成本较高 | 碳素钢、低合金钢 |

### 二、钢的分类

钢的分类方法很多，其基本分类方法见表 7-2。

表 7-2 钢 的 分 类

| 分类方法 | 类别 | | 特性 | 应用 |
|---|---|---|---|---|
| 按化学成分分类 | 碳素钢 | 低碳钢 | 含碳量<0.25% | 在建筑工程中主要用的是低碳钢和中碳钢 |
| | | 中碳钢 | 含碳量为 0.25%~0.60% | |
| | | 高碳钢 | 含碳量>0.60% | |
| | 合金钢 | 低合金钢 | 合金元素总含量<5% | 建筑上常用低合金钢 |
| | | 中合金钢 | 合金元素总含量为 5%~10% | |
| | | 高合金钢 | 合金元素总含量>10% | |
| 按脱氧程度分类 | 沸腾钢 | | 脱氧不完全，硫、磷等杂质偏析较严重，代号为 F | 但其生产成本低、产量高、可广泛用于一般的建筑工程 |
| | 镇静钢 | | 脱氧完全，同时去硫，代号为 Z | 适用于承受冲击荷载、预应力混凝土等重要结构工程 |
| | 半镇静钢 | | 脱氧程度介于沸腾钢和镇静钢之间，代号为 B | 为质量较好的钢 |
| | 特殊镇静钢 | | 比镇静钢脱氧程度还要充分彻底，代号为 TZ | 适用于特别重要的结构工程 |
| 按质量分类 | 普通钢 | | 含硫量为 0.055%~0.065%，含磷量为 0.045%~0.085% | 建筑中常用普通钢，有时也用优质钢 |
| | 优质钢 | | 含硫量为 0.03%~0.045%，含磷量为 0.035%~0.045% | |
| | 高级优质钢 | | 含硫量为 0.02%~0.03%，含磷量为 0.027%~0.035% | |
| | 特殊镇静钢 | | 硫含量为 0.025%，磷含量为 0.015% | |
| 按用途分类 | 结构钢 | | 工程结构构件用钢、机械制造用钢 | 建筑上常用的是结构钢 |
| | 工具钢 | | 主要用作各种量具、刀具及模具的钢 | |
| | 特殊钢 | | 具有特殊物理、化学或机械性能的钢，如不锈钢、耐酸钢和耐热钢等 | |

## 第二节 建筑钢材的主要技术性能

建筑钢材的技术性能主要包括力学性能、工艺性能。建筑钢材的这些技术性能是选用钢材和检验钢材质量的重要依据。

### 一、力学性能

#### （一）拉伸性能

拉伸性能是钢材最主要的技术性能，包括屈服强度、抗拉强度和伸长率等钢材的重要技术指标。

建筑钢材的拉伸性能可用低碳钢受拉时的应力—应变图（见图 7-1）来阐明。从图中可以看出，低碳钢受拉至断裂，经历了 4 个阶段，即弹性阶段（*O-A*）、屈服阶段（*A-B*）、强化阶段（*B-C*）和缩颈阶段（*C-D*）。

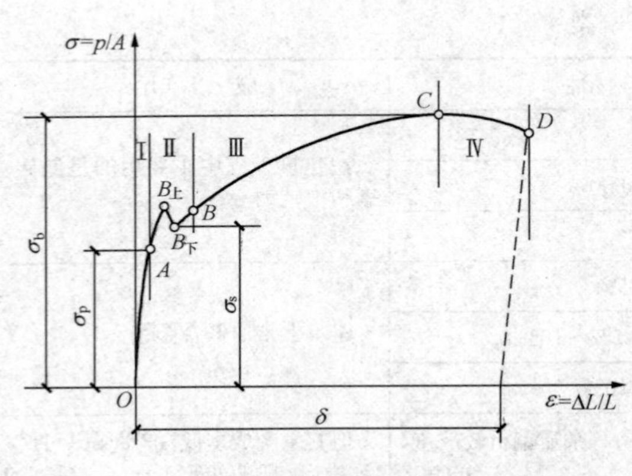

图 7-1　低碳钢受拉的应力—应变图

1. 弹性阶段（*O-A*）

在 *O-A* 段应力与应变成正比，应力增加，应变也增加。如卸去外力，试件能恢复原来的形状，这种能恢复原状的性质即为弹性，此阶段为弹性变形阶段，其变形为弹性变形。弹性阶段的最高点 *A* 对应的应力称为弹性极限，用 $\sigma_p$ 表示。在弹性受力范围内，应力与应变的比值为常数，即弹性模量 $E=\sigma/\varepsilon$，单位为 MPa，例如 Q235 钢的 $E=0.21\times10^6$MPa。弹性模量反映了钢材抵抗弹性变形的能力，是钢材在受力条件下计算结构变形的重要指标。

2. 屈服阶段（*A-B*）

应力超过 *A* 点后，应力与应变不再成正比关系，钢材在荷载作用下，开始丧失对变形的抵抗能力，产生明显的塑性变形。应力的增长滞后于应变的增长，当应力达到 $B_{上}$点后（屈服上限），瞬时下降至 $B_{下}$点（屈服下限），变形迅速增加，而此时外力则大致在恒定的位置上波动，直到 *B* 点，这就是所谓的“屈服现象”，所以 *A-B* 段称为屈服阶段。$B_{下}$点对应的应力称为屈服点（屈服强度），用 $\sigma_s$ 表示。常用碳素结构钢 Q235 的屈服极限 $\sigma_s$ 不应低于 235MPa。屈服强度是确定结构容许应力的主要依据，钢材受力达屈服点后，变形即迅速发展，尽管尚未破坏，但已不能满足使用要求，故设计中一般以屈服点作为强度取值的依据。

中碳钢和高碳钢（硬钢）的拉伸曲线与低碳钢不同，屈服现象不明显，难以测定屈服点，则规定产生残余变形为原标距长度的 0.2%时所对应的应力值作为硬钢的屈服强度，也称条件屈服强度，用 $\sigma_{0.2}$ 表示，如图 7-2 所示。

3. 强化阶段（*B-C*）

应力超过屈服强度后，由于钢材内部组织中的晶格发生了畸变，阻止了晶格进一步滑移，钢材得到强化，所以钢材抵抗塑性变形的能力重新提高，*B-C* 段呈上升曲线，称为强化阶段。最高点 *C* 对应的应力值（$\sigma_b$）称为极限抗拉强度，简称抗拉强度。显然，$\sigma_b$ 是钢材受拉时所能承受的最大应力值，Q235 钢约为 380MPa。

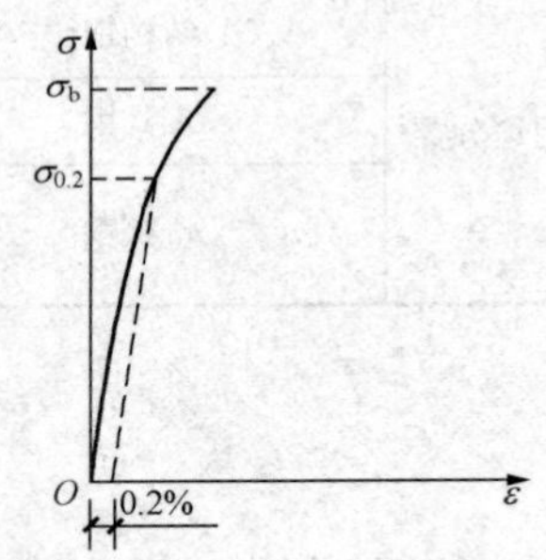

图 7-2　中、高碳钢的应力—应变图

抗拉强度不能直接利用，但屈服点与抗拉强度的比值（即屈强比 $\sigma_s/\sigma_b$）能反映钢材的安全可靠程度和利用率。屈强比越小，其结构的安全可靠程度越高，但屈强比过小，又说明钢材强度的利用率偏低，会造成钢材浪费。建筑结构钢合理的屈强比一般为 0.60～0.75。

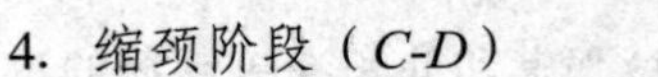

4. 缩颈阶段（*C-D*）

试件受力达到最高点 *C* 后，其抵抗变形的能力明显降低，变形迅速发展，应力逐渐下降，试件被拉长，在有杂质或缺陷处，断面急剧缩小直到断裂，故 *C-D* 段称为缩颈阶段。

通过拉伸试验，除能检测钢材的屈服强度和抗拉强度等强度指标外，还能检测出钢材的塑性。塑性表示钢材在外力作用下发生塑性变形而不破坏的能力，是钢材的一个重要性能。钢材塑性用伸长率或断面收缩率表示。

将拉断后的试件拼合起来，如图 7-3 所示。试件拉断后标距的伸长量与原始标距（$L_0$）的百分比称为伸长率（$\delta$）；试件断面处的面积收缩量与原面积之比称为断面收缩率（$\psi$）。伸长率（$\delta$）、收缩率（$\psi$）的计算公式为

$$\delta=\frac{L_1-L_0}{L_0}\times100\% \tag{7-1}$$

$$\psi=\frac{A_0-A_1}{A_0}\times100\% \tag{7-2}$$

式中 $L_1$——试件断裂后标距的长度，mm；

$L_0$——试件原标距，mm；

$\delta$——断后伸长率；

$\psi$——断面收缩率；

$A_1$——试件拉断处的截面积，$mm^2$；

$A_0$——试件原截面积，$mm^2$。

断后伸长率和断面收缩率都反映了钢材断裂前经受塑性变形的能力。断后伸长率是衡量钢材塑性的一个重要指标，$\delta$ 越大说明钢材的塑性越好，而一定的塑性变形能力可保证应力重新分布，避免应力集中，从而使钢材用于结构的安全性越大。塑性变形在试件标距内的分布是不均匀的，缩颈处的变形最大，离缩颈部位越远其变形越小，所以原标距与直径之比越小，则缩颈处伸长值在整个伸长值中所占的比重越大，计算出来的 $\delta$ 值就越大。通常以 $\delta_5$ 和 $\delta_{10}$ 分别表示 $L_0=5d_0$ 和 $L_0=10d_0$ 时的伸长率。对于同一种钢材，其 $\delta_5>\delta_{10}$。$\delta$ 和 $\psi$ 都是表示钢材塑性大小的指标。

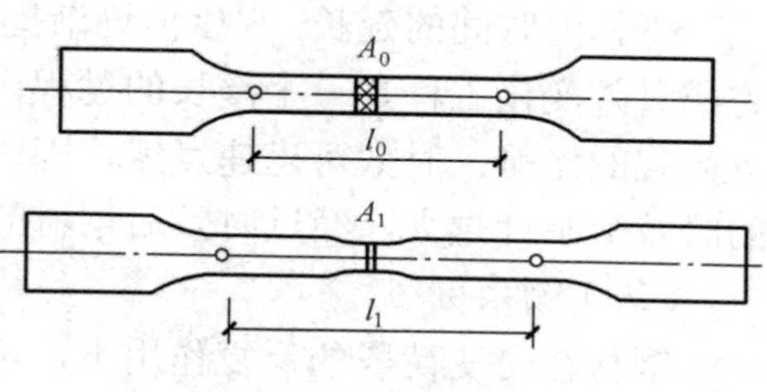


图 7-3 钢材的伸长率

（二）冲击韧性

冲击韧性是指钢材抵抗冲击荷载而不破坏的能力。韧性是钢材断裂时吸收机械能能力的量度，以试件冲断时缺口处单位面积上所消耗的功（$J/cm^2$）来表示，其符号为 $\alpha_k$。试验时将标准试件（10mm×10mm×55mm，并带有 V 形缺口）放置在固定支座上，然后以摆锤冲击试件刻槽的背面，使试件承受冲击弯曲而断裂，如图 7-4 所示。

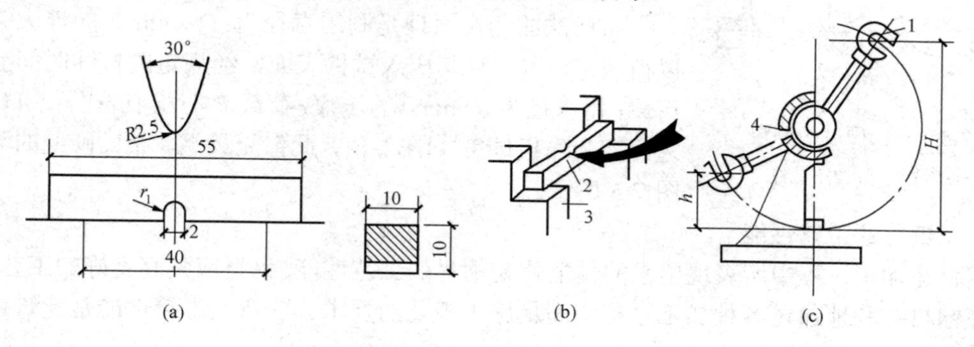


图 7-4 冲击韧性试验图（单位：mm）

（a）试件尺寸；（b）试验装置；（c）试验机

1—摆锤；2—试件；3—试验台；4—刻度盘

当冲击摆从一定高度自由落下将试件冲断时，试件吸收的能量等于冲击摆所做的功，以缺口底部处单位面积上所消耗的功作为冲击韧性指标。冲击韧性计算公式为

$$\alpha_k = \frac{mg(H-h)}{A} \tag{7-3}$$

式中 $\alpha_k$——冲击韧性，J/cm$^2$；

$m$——摆锤质量，9.81m/s$^2$；

$A$——试件槽口处断面积，cm$^2$。

$\alpha_k$ 值越大，冲击韧性越好，即其抵抗冲击作用的能力越强，脆性破坏的危险性越小。

影响钢材冲击韧性的因素很多，如化学成分组织状态、冶炼质量、冷加工及时效、环境温度等。钢材内硫、磷的含量较高，存在偏析，非金属夹杂物及焊接形成的微裂纹等都会使冲击韧性显著降低。另外，环境温度对钢材的冲击功影响也很大。试验表明，冲击韧性随温度的降低而下降，开始时下降缓和，当达到一定温度范围时，突然下降很多而呈脆性，这种性质称为钢材的冷脆性。这时的温度称为脆性临界温度，其数值越低，钢材的低温冲击性能越好。

钢材随时间的延长，强度值逐渐提高，塑性冲击韧性逐渐下降的现象称为钢材的“时效”。完成时效变化工程是一个漫长的过程，需要数十年。钢材经冷加工以及使用中受到振动和反复荷载的影响，时效可迅速发展，因时效而导致钢材性能改变的现象称为时效敏感性，钢材的时效敏感性越大，经过时效后钢材的冲击韧性降低得越显著。

（三）耐疲劳性

钢材在交变荷载的反复作用下，可在远小于其抗拉强度的情况下突然发生脆性断裂破坏的现象，称为疲劳破坏。钢材的疲劳破坏指标用疲劳强度来表示，是指试件在交变应力的作用下，作用 $10^7$ 次时，不发生疲劳破坏的最大应力值。

在一定条件下，钢材疲劳破坏的应力值随应力循环次数的增加而降低。钢材的疲劳强度与很多因素有关，如组织结构、表面状态、合金成分、夹杂物和应力集中等。一般来说，钢材的抗拉强度高，其疲劳极限也高。

（四）硬度

钢材的硬度是指其表面抵抗硬物压入而产生局部变形的能力。测定钢材硬度的方法有布氏法、洛氏法和维氏法等。建筑钢材常用布氏硬度表示，其代号为 HB。

布氏法的测定原理是利用直径为 $D$（mm）的淬火钢球，以荷载 $P$（N）将其压入试件表面，经规定的持续时间后卸去荷载，得直径为 $d$（mm）的压痕，荷载 $P$ 与压痕表面积 $A$（mm$^2$）之比即为布氏硬度（HB）值，此值无量纲。布氏硬度的测定如图 7-5 所示。

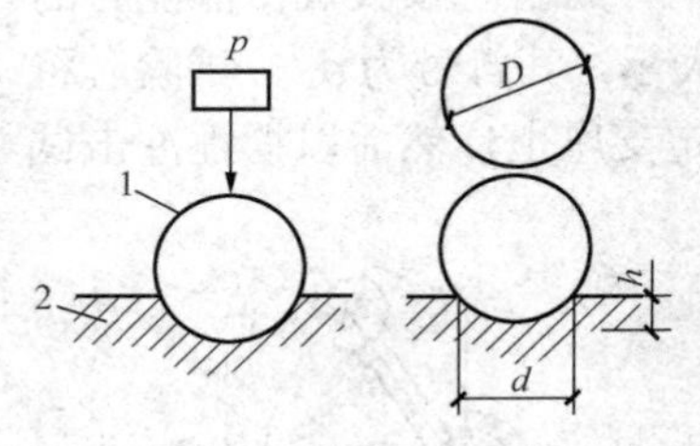

图 7-5 布氏硬度的测定
1—淬火钢球；2—试件

## 二、钢材的工艺性能

钢材在加工过程中所表现出来的性能称为钢材的工艺性能。钢材应具有良好的工艺性能，以保证钢材顺利地通过各种加工过程，满足施工工艺的要求。冷弯及焊接性能是建筑钢材的重要工艺性能。

（一）冷弯性能

冷弯性能是指钢材在常温下承受弯曲变形的能力，其测试方法如图 7-6 所示。一般用弯

曲角度以及弯心直径与钢材的厚度或直径的比值来表示冷弯性能的大小。弯曲角度 $\alpha$ 越大，而弯心直径 $d$ 与钢材的厚度或直径的比值越小，则表明钢材的冷弯性能越好。

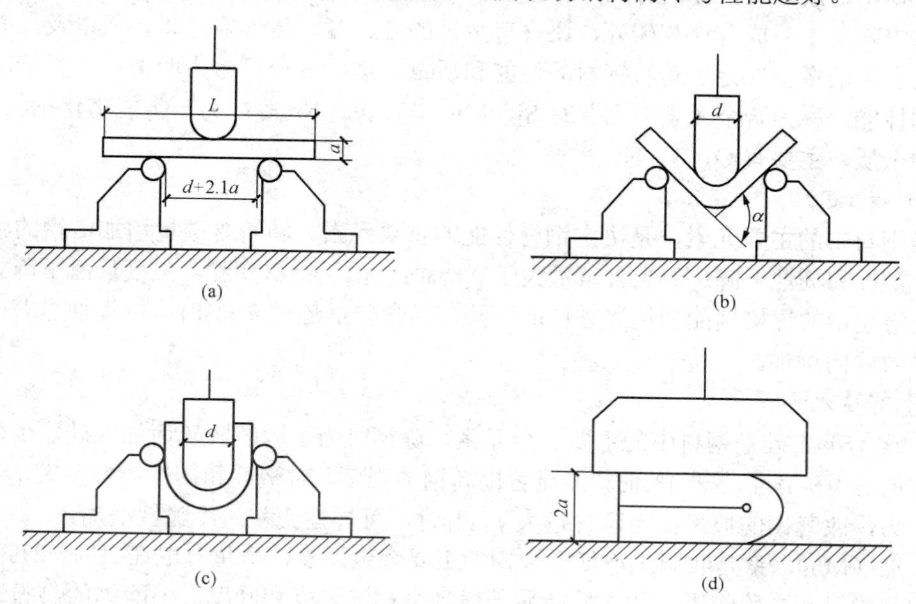


图 7-6　钢筋冷弯

（a）试样安装；（b）弯曲 90°；（c）弯曲 180°；（d）弯曲至两面重合

钢材冷弯试验时，用直径（或厚度）为 $a$ 的试件，选用弯心直径 $d=na$ 的弯头（$n$ 为自然数，其大小由试验标准来规定），弯曲到规定的角度（90°或 180°）后，弯曲处若无裂纹、断裂及起层等现象，即认为冷弯性能合格。

冷弯也是检验钢材塑性的一种方法，相对于伸长率而言，冷弯是对钢材塑性更严格的检验，能揭示钢材内部是否存在组织不均匀、内应力和夹杂物等缺陷。伸长率大的钢材，其冷弯性能必然好，但冷弯检验对钢材塑性的评定比拉伸试验更严格、更敏感。钢材的冷弯不仅是评定塑性、加工性能的要求，而且也是评定焊接质量的重要指标之一。对于重要结构和弯曲成型的钢材，冷弯必须严格。

（二）可焊性

焊接是各种型钢、钢板、钢筋的重要连接方式。焊接的质量取决于焊接工艺、焊接材料及钢材的可焊性。

可焊性是指在一定的焊接工艺条件下，在焊缝及附近过热区是否产生裂缝及硬脆倾向，焊接后的力学性能，特别是强度是否与原钢材相近的性能。

钢的可焊性主要与钢的化学成分及其含量有关。当含碳量超过 0.3%，硫和杂质含量高以及合金元素含量较高时，钢的可焊性变差。采取焊前预热以及焊后热处理的方法，可使可焊性较差钢材的焊接质量有所提高。施工中正确选用焊条及正确地操作均能防止夹入焊渣、气孔、裂纹等缺陷，提高其焊接质量。

钢材焊接后必须取样进行焊接质量检验，一般包括拉伸试验，有些焊接种类还包括了弯曲试验，要求试验时试件的断裂不能发生在焊接处，同时还要检查焊缝处有无裂纹、砂眼、咬肉和焊件变形等缺陷。

## 三、钢材的成分对性能的影响

钢材中除了主要成分铁和碳外，还含有少量的硅、锰、硫、磷、氧、氮以及一些合金元素等，其含量的多少决定了建筑钢材的性能和质量。这些成分可分为两类：一类能改善、优化钢材的性能，称为合金元素，主要有Si、Mn、Ti、V、Nb等；另一类能劣化钢材的性能，属钢材的杂质，主要有O、S、N、P等。

### （一）碳（C）

碳是钢材中的主要元素，是决定钢材性能的重要元素。随着含碳量增加，钢的强度和硬度提高，塑性和韧性下降；但当含碳量大于0.8%时，由于钢材变脆，强度反而下降。含碳量增大，也将使钢的焊接性能和抗腐蚀性能下降，当含碳量超过0.3%时，可焊性显著降低，冷脆性和时效倾向增加。

### （二）有益元素

（1）硅（Si）。硅是钢材中的主要合金元素，炼钢时为了脱氧降硫而加入硅，少量的硅对钢是有益的。当硅含量小于1%时，能显著提高钢的强度，对塑性和韧性影响不大，还可提高抗腐蚀能力，改善钢的质量；当硅含量大于1%时，可焊性变差，冷脆性增加。

（2）锰（Mn）。锰是我国生产低合金钢的主要合金元素，掺量一般在1%～2%范围内。锰在钢中起脱氧和去硫作用，加入后能显著提高钢材的强度和硬度，消除钢的热脆性，改善热加工性，几乎不降低塑性和韧性。但含锰大于1.0%时，将降低钢的塑性、韧性和可焊性；当含锰量达11%～14%时，称为高锰钢，具有较强的耐磨性。

（3）钒（V）、铌（Nb）、钛（Ti）。钒（V）、铌（Nb）、钛（Ti）都是炼钢时的强脱氧剂，也是合金钢常用的合金元素，适量加入钢中可改善钢材的组织结构，使晶体细化，显著提高钢的强度，改善钢的韧性。

### （三）有害元素

（1）硫（S）。硫引起钢材的“热脆性”，使钢材在热加工过程中发生断裂，形成热脆性现象。硫将大大降低钢的热加工性、可焊性、冲击韧性、疲劳强度和抗腐蚀性，是极有害的杂质，一般不得超过0.045%。

（2）磷（P）。磷引起钢材的“冷脆性”。磷含量提高，钢材的强度、硬度、耐磨性和耐蚀性提高，塑性、韧性、可焊性显著降低。特别在低温下会增大钢的冷脆性。一般不得超过0.045%。

（3）氧（O）。含氧量增加，使钢材的机械强度降低、塑性和韧性降低，促进时效，焊接性能变差。氧的存在会造成钢材的热脆性，建筑钢材的含氧量应尽可能减少，一般要求含氧量小于0.03%。

（4）氮（N）。氮对钢材的影响与碳、磷相似，随着氮含量的增加，可使钢材的强度提高，塑性特别是韧性显著降低，可焊性变差。氮会加剧钢材的时效敏感性和冷脆性，氮含量要小于0.008%。

总体来说化学元素对钢材性能的影响，见表7-3。

表7-3　　化学元素对钢材性能的影响

| 化学元素 | 强度 | 硬度 | 塑性 | 韧性 | 可焊性 | 其他 |
|---|---|---|---|---|---|---|
| 碳（C）<0.8%↑ | ↑ | ↑ | ↓ | ↓ | ↓ | 冷脆性↑ |
| 硅（Si）>1%↑ | — | — | ↓ | ↓↓ | ↓ | 冷脆性↑ |

续表

| 化 学 元 素 | 强度 | 硬度 | 塑性 | 韧性 | 可焊性 | 其他 |
|---|---|---|---|---|---|---|
| 锰（Mn）↑ | ↑ | ↑ | — | ↑ | — | 脱氧、硫剂 |
| 钛（Ti）↑ | ↑↑ | — | — | ↑ | — | 强脱氧剂 |
| 钒（V）↑ | ↑ | — | — | — | — | 时效↓ |
| 磷（P）↑ | ↑ | — | ↓ | ↓ | ↓ | 偏析、冷脆↑↑ |
| 氮（N）↑ | ↑ | — | ↓ | ↓↓ | ↓ | 冷脆性↑ |
| 硫（S）↑ | ↓ | — | — | — | ↓ | 热脆性↑ |
| 氧（O）↑ | ↓ | — | — | — | ↓ | 热脆性↑ |

注 符号“↑”表示上升；“↓”表示下降。

## 第三节 钢材的加工

### 一、钢材的冷加工

将钢材于常温下进行冷拉、冷拔、冷轧，使钢材产生塑性变形，从而提高屈服强度，降低塑性和韧性，这个过程称为冷加工强化，即钢材的冷加工。

（一）常见冷加工方法

1. 冷拉

冷拉是指将热轧钢筋用冷拉设备进行张拉，拉伸至产生一定的塑性变形后卸去荷载。通过冷拉，其屈服强度可提高 20%～30%，可节约钢材 10%～20%，而抗拉强度基本不变，塑性和韧性则相应降低。钢材经冷拉后，屈服阶段缩短，伸长率降低，材质变硬。

2. 冷拔

冷拔是指将外形光圆的盘条钢筋从硬质合金拔丝模孔中进行强行拉拔（见图 7-7），由于模孔直径小于钢筋直径，钢筋在拔制过程中既受拉力，又受挤压力，使强度大幅度提高，但塑性显著降低。其屈服点可提高 40%～60%，但会失去软钢的塑性和韧性，因而具有硬质钢材的特点。

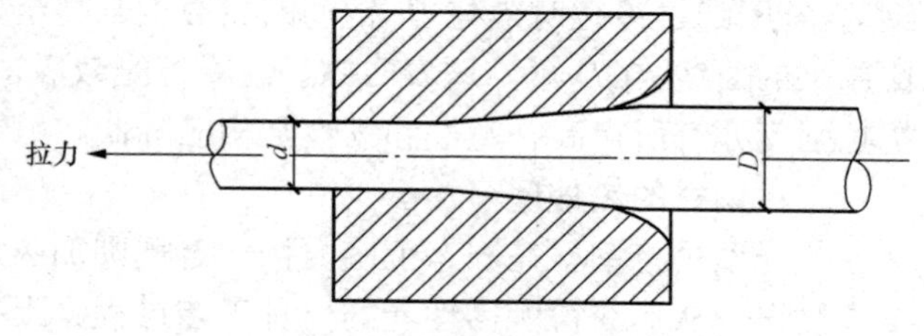

图 7-7 冷拔膜孔

3. 冷轧

冷轧是指将圆钢在轧钢机上轧成断面形状规则的钢筋，可以提高其强度及与混凝土的黏结力。钢筋在冷轧时，纵向与横向同时产生变形，因而能较好地保持其塑性和内部结构的均匀性。

建筑工程中大量使用的钢筋采用冷加工强化，具有明显的经济效益。冷拔钢丝的屈服点可提高 40%～60%，由此可适当减小钢筋混凝土结构设计截面，或减少混凝土中的配筋数量，从而达到节约钢材的目的。

（二）冷加工时效

将钢材于常温下进行冷拉、冷拔或冷轧，使之产生塑性变形，从而提高强度，但钢材的塑性和韧性会降低，这个过程称为冷加工强化处理。钢材经冷加工后，随着时间的延长，钢的屈服强度和抗拉强度逐渐提高，而塑性和韧性逐渐降低的现象，称为应变时效，简称时效。

钢材冷加工后，由于产生塑性变形，使时效大大加快。时效是一个十分缓慢的过程，有些钢材即使未经过冷加工，长期搁置后也会出现时效，但不如冷加工后表现明显。

钢材冷加工的时效处理有以下两种方法：

（1）自然时效。将经过冷拉的钢筋在常温下存放 15～20d，称为自然时效，适用于强度较低的钢材。

（2）人工时效。对强度较高的钢材，自然时效效果不明显，可将经冷加工的钢材加热到 100～200℃，并保持 2～3h，则钢筋强度将进一步提高，这个过程称为人工时效，适用于强度较高的钢筋。

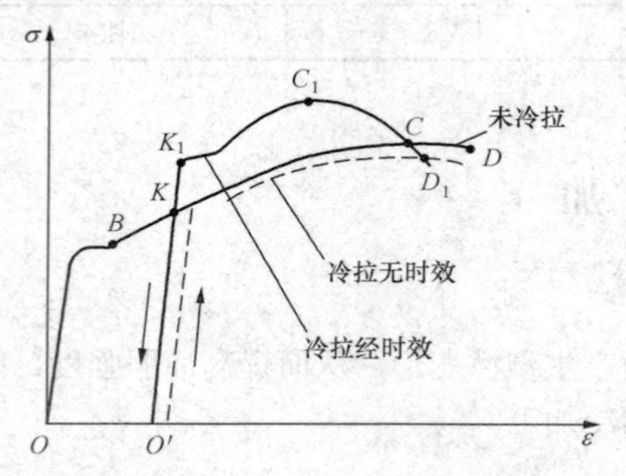


图 7-8　钢筋经冷拉时效后应力—应变图的变化

钢筋经时效处理后，其应力与应变关系如图 7-8 所示。

（1）图中曲线 $OBCD$ 为未冷拉，其含义是将钢筋原材一次性拉断，而不是指不拉伸。此时，钢筋的屈服点为 $B$ 点。

（2）图中曲线 $O'KCD$ 为冷拉无时效，其含义是将钢筋原材拉伸至超过屈服点但不超过抗拉强度（使之产生塑性变形）的某一点 $K$，然后卸去荷载，再立即将钢筋拉断。卸去荷载后，钢筋的应力—应变曲线沿 $KO'$ 恢复部分变形（弹性变形部分），保留 $OO'$ 残余变形。通过冷拉无时效处理，钢筋的屈服点升高至 $K$ 点，以后的应力—应变关系与原来的曲线 $KCD$ 相似。这表明钢筋经冷拉后，屈服强度得到提高，抗拉强度和塑性与钢筋原材基本相同。

（3）图中曲线 $O'K_1C_1D_1$ 为冷拉时效，其含义是将钢筋原材拉伸至超过屈服点但不超过抗拉强度（使之产生塑性变形）的某一点 $K$，然后卸去荷载，进行自然时效或人工时效，再将钢筋拉断。通过冷拉时效处理，钢筋的屈服点升高至 $K_1$ 点，以后的应力—应变关系曲线 $K_1C_1D_1$ 比原来的曲线 $KCD$ 短。这表明钢筋经冷拉时效后，屈服强度进一步提高，与钢筋原材相比，抗拉强度亦有所提高，塑性和韧性则相应降低。

## 二、钢材的热处理

热处理是将钢材在固态范围内按一定规则加热、保温和冷却，以改变其晶体组织和显微结构组织，从而获得所需性能的一种工艺过程。土木工程所用钢材一般在生产厂家进行热处理，并以热处理状态供应。在施工现场，有时需对焊接件进行热处理。

钢材热处理的方法有以下几种：

（1）退火：是将钢材加热至基本组织转变温度以上（30～50℃），保温后缓慢冷却的处理过程。有低温退火和完全退火之分。退火可降低钢材原有的硬度，改善其塑性及韧性。

（2）正火：是退火的一种特例。它是将钢材加热至基本组织转变温度以上 30～50℃，保温后在空气中冷却的处理过程，两者仅冷却速度不同。与退火相比，正火后钢材的硬度、强度较高，而塑性减小。

（3）淬火：是将钢材加热到基本组织转变温度以上（一般为 900℃以上），保温使组织完全转变，即放入水或油等冷却介质中快速冷却，使之转变为不稳定组织的一种热处理操作。其目的是得到高强度、高硬度的组织。淬火会使钢材的塑性和韧性显著降低。

（4）回火：是将钢材加热到基本组织转变温度以下（150～650℃范围内选定），保温后在空气中冷却的一种热处理工艺，通常和淬火是两个相连的热处理过程。其目的是促进不稳定组织转变为需要的组织、消除淬火产生的内应力，以及改善机械性能等。

## 第四节 建筑钢材的标准与选用

### 一、建筑常用钢种

在建筑工程中应用最广泛的钢品种主要有普通碳素结构钢、优质碳素结构钢和低合金高强度结构钢。

（一）普通碳素结构钢

普通碳素结构钢简称碳素钢，包括一般结构钢和工程用热轧型钢、钢板、钢带，在各类钢中产量最大，用途广泛。

1. 牌号表示方法

根据《碳素结构钢》（GB/T 700—2006）的规定，普通碳素结构钢的牌号由代表屈服点的字母（Q）、屈服强度数值（MPa）、质量等级符号（A、B、C、D）、脱氧程度符号（F、Z、TZ）这四个部分按顺序组成。

屈服强度用符号“Q”表示，普通碳素结构钢按屈服点的大小分为Q195、Q215、Q235、Q275四种不同强度级别的牌号；质量等级是按钢中硫、磷含量由多至少，分为A、B、C、D四个不同的质量等级；按脱氧程度不同分为沸腾钢（F）、镇静钢（Z）和特殊镇静钢（TZ），“Z”与“TZ”在钢的牌号中可予以省略。例如Q235-A·F表示屈服点为235MPa的A级沸腾碳素结构钢。

特别提示：普通碳素结构钢质量等级中，D级品质最佳，A级最差。

2. 普通碳素结构钢的技术要求

碳素结构钢的技术要求包括化学成分、力学性能、冶炼方法、交货状态及表面质量5个方面，应符合表7-4～表7-6的要求。

表7-4 碳素钢结构的牌号、等级和化学成分（GB/T 700—2006）

| 牌号 | 统一数字代号① | 等级 | 厚度（或直径，mm） | 脱氧方法 | 化学成分（质量分数，%）≤ | | | | |
|---|---|---|---|---|---|---|---|---|---|
| | | | | | C | Si | Mn | P | S |
| Q195 | U11952 | — | — | F、Z | 0.12 | 0.30 | 0.50 | 0.035 | 0.040 |
| Q215 | U12152 | A | — | F、Z | 0.15 | 0.35 | 1.20 | 0.045 | 0.050 |
| | U12155 | B | | | | | | | 0.045 |
| Q235 | U12352 | A | — | F、Z | 0.22 | 0.35 | 1.40 | 0.045 | 0.050 |
| | U11952 | B | | | 0.20* | | | | 0.045 |
| | U12358 | C | | Z | 0.17 | | | 0.040 | 0.040 |
| | U12359 | D | | TZ | | | | 0.035 | 0.035 |
| Q275 | U12752 | A | — | F、Z | 0.24 | 0.35 | 1.50 | 0.045 | 0.050 |
| | U12755 | B | ≤40 | Z | 0.21 | | | 0.045 | 0.045 |
| | | | >40 | | 0.22 | | | | |

续表

| 牌号 | 统一数字代号[1] | 等级 | 厚度（或直径，mm） | 脱氧方法 | 化学成分（质量分数，%）≤ | | | | |
|---|---|---|---|---|---|---|---|---|---|
| | | | | | C | Si | Mn | P | S |
| Q275 | U12758 | C | — | Z | 0.20 | 0.35 | 1.50 | 0.040 | 0.040 |
| | U12759 | D | | TZ | | | | 0.035 | 0.035 |

① 表中为镇静钢、特殊镇静钢牌号的统一数字代号；沸腾钢牌号的统一数字代号为 Q195F-U11950、Q215AF-U12150、Q215BF-U12153、Q235AF-U12350、Q235BF-U12353、Q275AF-U12353。

* 经双方同意，Q235B 的碳含量可不大于 0.22%。

**表 7-5　碳素结构钢的拉伸和冲击力学性能（GB/T 700—2006）**

| 牌号 | 等级 | 拉伸试验 | | | | | | | | | | | | 冲击试验（V 形缺口） | |
|---|---|---|---|---|---|---|---|---|---|---|---|---|---|---|---|
| | | 屈服强度[1] $R_{eH}$（N/mm$^2$）≥ | | | | | | 抗拉强度[2] $R_m$（N/mm$^2$） | 断后伸长率（%）≥ | | | | | 温度（℃） | 冲击吸收功（纵向）（J）≥ |
| | | 厚度（或直径，mm） | | | | | | | 厚度（直径，mm） | | | | | | |
| | | ≤16 | 16～40 | 40～60 | 60～100 | 100～150 | 150～200 | | ≤40 | 40～60 | 60～100 | 100～150 | 150～200 | | |
| Q195 | — | 195 | 185 | — | — | — | — | 315～430 | 33 | — | — | — | — | — | — |
| Q215 | A | 215 | 205 | 195 | 185 | 175 | 165 | 335～450 | 31 | 30 | 29 | 27 | 26 | — | — |
| | B | | | | | | | | | | | | | 20 | 27 |
| Q235 | A | 235 | 225 | 215 | 215 | 195 | 185 | 370～500 | 26 | 25 | 24 | 22 | 21 | — | — |
| | B | | | | | | | | | | | | | 20 | 27* |
| | C | | | | | | | | | | | | | 0 | |
| | D | | | | | | | | | | | | | −20 | |
| Q275 | A | 275 | 265 | 255 | 245 | 225 | 215 | 410～540 | 22 | 21 | 20 | 18 | 17 | — | — |
| | B | | | | | | | | | | | | | 20 | 27 |
| | C | | | | | | | | | | | | | 0 | |
| | D | | | | | | | | | | | | | −20 | |

① Q195 的屈服强度值仅供参考，不作交货条件。

② 厚度大于 100mm 的钢材，其抗拉强度下限允许降低 20N/mm。宽带钢（包括剪切钢板）的抗拉强度上限不作交货条件。

* 厚度小于 25mm 的 Q235B 级钢材，如供方能保证吸收功值合格，经需方同意，可不作检验。

**表 7-6　碳素结构钢的冷弯性能指标（GB/T 700—2006）**

| 牌　号 | 试样方向 | 冷弯试验 180°，$B=2a$ | |
|---|---|---|---|
| | | 钢材厚度（或直径，mm） | |
| | | ≤60 | ＞60～100 |
| | | 弯心直径 $d$ | |
| Q195 | 纵 | 0 | |
| | 横 | 0.5$a$ | |
| Q215 | 纵 | 0.5$a$ | 1.5$a$ |
| | 横 | $a$ | 2$a$ |

续表

| 牌　号 | 试样方向 | 冷弯试验 180°，$B=2a$ | |
|---|---|---|---|
| | | 钢材厚度（或直径，mm） | |
| | | ≤60 | ＞60～100 |
| | | 弯心直径 $d$ | |
| Q235 | 纵 | $a$ | $2a$ |
| | 横 | $1.5a$ | $2.5a$ |
| Q275 | 纵 | $1.5a$ | $2.5a$ |
| | 横 | $2a$ | $3a$ |

注　1．表中 $B$ 为试样宽度，$a$ 为钢材厚度（或直径）。

2．钢材厚度（或直径）大于 100mm 时，弯曲试验由双方协商确定。

3．普通碳素结构钢的性能和用途

普通碳素结构钢随牌号的增大，含碳量增加，强度和硬度相应提高，伸长率和冷弯性能则不断下降。碳素结构钢内有害元素硫（S）和磷（P）的含量越低，钢的质量越好，其可焊性和低温抗冲击性能越强。

（1）Q195 钢：强度低，塑性、韧性、加工性能与焊接性能好，主要用于轧制薄板和盘条等。

（2）Q215 钢：强度略高，用途与 Q195 钢基本相同，还可大量用作管坯、螺栓。

（3）Q235 钢：属于低碳钢，碳含量介于 0.17%～0.22%之间；强度适中，有良好的承载性，以及较好的塑性和韧性，可焊性和可加工性也较好，是钢结构常用的牌号，广泛用于钢结构和钢筋混凝土结构中。

（4）Q275 钢：强度、硬度都高，耐磨性好，但塑性和韧性、加工性能及可焊性差，不宜在结构中使用，一般用于制造农具、零件等。

（二）优质碳素结构钢

按国家标准《优质碳素结构钢》（GB/T 699—2015）的规定，根据钢中含锰量不同可分为普通含锰量钢（含锰量小于 0.8%，共 20 个钢号）和较高含锰量钢（共 11 个钢号）两组，优质碳素结构钢的冶炼程度大部分为镇静钢状态，对硫、磷有害杂质控制较严，质量较稳定。优质碳素钢的性能主要取决于含碳量，含碳量高，则强度高，但塑性和韧性降低。

优质碳素结构钢共有 28 个钢号，牌号分别为 08、10、15、20、25、30、35、40、45、50、55、60、65、70、75、80、85、15Mn、20Mn、25Mn、30Mn、35Mn、40Mn、45Mn、50Mn、60Mn、65Mn、70Mn。钢号的表示方法由平均含碳量（以 0.01%为单位）、锰含量标注组合而成。如 45 号钢表示钢种平均含碳量为 0.45%，数字后若有“锰”字或“Mn”，则表示属较高锰含量的钢，否则为普通锰含量的钢。如 35Mn 表示平均含碳量为 0.35%、较高锰含量的镇静钢。

在建筑工程中，08 钢、10 钢主要用于制造受力不大但要求高韧度的冷冲压零件、焊接件、加固件；15 钢、25 钢主要用于焊接容器、制造螺母、螺钉等。30～45 号钢主要用于重要结构的钢铸件和高强度螺栓等；45 号钢用于预应力混凝土锚具；65～80 号钢用于生产预应力混凝土用的钢丝和钢绞线。

（三）低合金高强度结构钢

低合金高强度结构钢是在碳素钢的基础上添加总量小于 5%合金元素的钢材，具有强度高、塑性和低温冲击韧性好、耐锈蚀等特点。常用的合金元素有锰、硅、钒、钛、铌、铬、镍等。

1. 牌号表示方法

低合金高强度结构钢的牌号表示方法为：屈服强度—质量等级。

低合金高强度结构钢以屈服强度划分成 8 个等级，即 Q345、Q390、Q420、Q460、Q500、Q550、Q620、Q690；质量分为 A、B、C、D、E5 个等级，质量按顺序逐级提高。

2. 技术标准

《低合金高强度结构钢》（GB/T 1591—2008）规定了各牌号低合金高强度结构钢的化学成分，见表 7-7，拉伸性能见表 7-8。

表 7-7 低合金高强度结构钢的化学成分（GB/T 1591—2008） （%）

| 序号 | 质量等级 | 化学成分（质量分数） | | | | | | | | | | | | | | |
|---|---|---|---|---|---|---|---|---|---|---|---|---|---|---|---|---|
| | | C | Si | Mn | P | S | Nb | V | Ti | Cr | Ni | Cu | N | Mo | B | Als |
| | | ≤ | | | | | | | | | | | | | | ≥ |
| Q345 | A | 0.20 | 0.50 | 1.70 | 0.035 | 0.035 | 0.07 | 0.15 | 0.20 | 0.30 | 0.50 | 0.30 | 0.012 | 0.10 | — | — |
| | B | | | | 0.035 | 0.035 | | | | | | | | | | |
| | C | | | | 0.030 | 0.030 | | | | | | | | | | 0.015 |
| | D | 0.18 | | | 0.030 | 0.025 | | | | | | | | | | |
| | E | | | | 0.025 | 0.020 | | | | | | | | | | |
| Q390 | A | 0.20 | 0.50 | 1.70 | 0.035 | 0.035 | 0.07 | 0.20 | 0.20 | 0.30 | 0.50 | 0.30 | 0.015 | 0.10 | — | — |
| | B | | | | 0.035 | 0.035 | | | | | | | | | | |
| | C | | | | 0.030 | 0.030 | | | | | | | | | | 0.015 |
| | D | | | | 0.030 | 0.025 | | | | | | | | | | |
| | E | | | | 0.025 | 0.020 | | | | | | | | | | |
| Q420 | A | 0.20 | 0.50 | 1.70 | 0.035 | 0.035 | 0.07 | 0.20 | 0.20 | 0.30 | 0.80 | 0.30 | 0.015 | 0.20 | — | — |
| | B | | | | 0.035 | 0.035 | | | | | | | | | | |
| | C | | | | 0.030 | 0.030 | | | | | | | | | | 0.015 |
| | D | | | | 0.030 | 0.025 | | | | | | | | | | |
| | E | | | | 0.025 | 0.020 | | | | | | | | | | |
| Q460 | C | 0.20 | 0.60 | 1.80 | 0.030 | 0.030 | 0.11 | 0.20 | 0.20 | 0.30 | 0.80 | 0.55 | 0.015 | 0.20 | 0.004 | 0.015 |
| | D | | | | 0.030 | 0.025 | | | | | | | | | | |
| | E | | | | 0.025 | 0.020 | | | | | | | | | | |
| Q500 | C | 0.18 | 0.60 | 1.80 | 0.030 | 0.030 | 0.11 | 0.12 | 0.20 | 0.60 | 0.80 | 0.55 | 0.015 | 0.20 | 0.004 | 0.015 |
| | D | | | | 0.030 | 0.025 | | | | | | | | | | |
| | E | | | | 0.025 | 0.020 | | | | | | | | | | |
| Q550 | C | 0.18 | 0.60 | 2.00 | 0.030 | 0.030 | 0.11 | 0.12 | 0.20 | 0.80 | 0.80 | 0.80 | 0.015 | 0.30 | 0.004 | 0.015 |
| | D | | | | 0.030 | 0.025 | | | | | | | | | | |
| | E | | | | 0.025 | 0.020 | | | | | | | | | | |
| Q620 | C | 0.18 | 0.60 | 2.00 | 0.030 | 0.030 | 0.11 | 0.12 | 0.20 | 1.00 | 0.80 | 0.80 | 0.015 | 0.30 | 0.004 | 0.015 |
| | D | | | | 0.030 | 0.025 | | | | | | | | | | |
| | E | | | | 0.025 | 0.020 | | | | | | | | | | |
| Q690 | C | 0.18 | 0.60 | 2.00 | 0.030 | 0.030 | 0.11 | 0.12 | 0.20 | 1.00 | 0.80 | 0.80 | 0.015 | 0.30 | 0.004 | 0.015 |
| | D | | | | 0.030 | 0.025 | | | | | | | | | | |
| | E | | | | 0.025 | 0.020 | | | | | | | | | | |

表 7-8　　低合金高强度结构钢的拉伸性能（GB/T1591—2008）　　（MPa）

| 牌号 | 质量等级 | 拉伸试验 | | | | | | | | | | | | | | | | | | | | | |
|---|---|---|---|---|---|---|---|---|---|---|---|---|---|---|---|---|---|---|---|---|---|---|---|
| | | 以下公称厚度（直径、边长）下屈服强度 | | | | | | | | | 以下公称厚度（直径、边长）下抗拉强度 | | | | | | | 断后伸长率 $A$（%）公称厚度（直径、边长） | | | | | |
| | | ≤16mm | 16~40mm | 40~63mm | 63~80mm | 80~100mm | 100~150mm | 150~200mm | 200~250mm | 250~400mm | ≤40mm | 40~63mm | 63~80mm | 80~100mm | 100~150mm | 150~250mm | 250~400mm | ≤40mm | 40~63mm | 63~100mm | 100~150mm | 150~250mm | 250~400mm |
| Q345 | A | ≥345 | ≥335 | ≥325 | ≥315 | ≥305 | ≥285 | ≥275 | ≥265 | — | 470~630 | 470~630 | 470~630 | 470~630 | 450~600 | 450~600 | — | ≥20 | ≥19 | ≥19 | ≥18 | ≥17 | — |
| | B | | | | | | | | | | | | | | | | | | | | | | |
| | C | | | | | | | | | | | | | | | | | | | | | | |
| | D | | | | | | | | | ≥265 | | | | | | | 450~600 | ≥21 | ≥20 | ≥20 | ≥19 | ≥18 | ≥17 |
| | E | | | | | | | | | | | | | | | | | | | | | | |
| Q390 | A | ≥390 | ≥370 | ≥350 | ≥330 | ≥330 | ≥310 | — | — | — | 490~650 | 490~650 | 490~650 | 490~650 | 470~620 | — | — | ≥20 | ≥19 | ≥19 | ≥18 | — | — |
| | B | | | | | | | | | | | | | | | | | | | | | | |
| | C | | | | | | | | | | | | | | | | | | | | | | |
| | D | | | | | | | | | | | | | | | | | | | | | | |
| | E | | | | | | | | | | | | | | | | | | | | | | |
| Q420 | A | ≥420 | ≥400 | ≥380 | ≥360 | ≥360 | ≥340 | — | — | — | 520~680 | 520~680 | 520~680 | 520~680 | 500~650 | — | — | ≥19 | ≥18 | ≥18 | ≥18 | — | — |
| | B | | | | | | | | | | | | | | | | | | | | | | |
| | C | | | | | | | | | | | | | | | | | | | | | | |
| | D | | | | | | | | | | | | | | | | | | | | | | |
| | E | | | | | | | | | | | | | | | | | | | | | | |
| Q460 | C | ≥460 | ≥440 | ≥420 | ≥400 | ≥400 | ≥380 | — | — | — | 550~720 | 550~720 | 550~720 | 550~720 | 530~700 | — | — | ≥17 | ≥16 | ≥16 | ≥16 | — | — |
| | D | | | | | | | | | | | | | | | | | | | | | | |
| | E | | | | | | | | | | | | | | | | | | | | | | |

续表

| 牌号 | 质量等级 | 拉伸试验 | | | | | | | | | | | | | | | | | | | | | | |
|---|---|---|---|---|---|---|---|---|---|---|---|---|---|---|---|---|---|---|---|---|---|---|---|---|
| | | 以下公称厚度（直径、边长）下屈服强度 | | | | | | | | | 以下公称厚度（直径、边长）下抗拉强度 | | | | | | | | 断后伸长率 $A$（%）<br>公称厚度（直径、边长） | | | | | |
| | | ≤16mm | 16～40mm | 40～63mm | 63～80mm | 80～100mm | 100～150mm | 150～200mm | 200～250mm | 250～400mm | ≤40mm | 40～63mm | 63～80mm | 80～100mm | 100～150mm | 150～250mm | 250～400mm | ≤40mm | 40～63mm | 63～100mm | 100～150mm | 150～250mm | 250～400mm |
| Q500 | C | | | | | | | | | | | | | | | | | | | | | | |
| | D | ≥500 | ≥480 | ≥470 | ≥450 | ≥440 | — | — | — | — | 610～770 | 600～760 | 590～750 | 540～730 | — | — | — | ≥17 | ≥17 | ≥17 | — | — | — |
| | E | | | | | | | | | | | | | | | | | | | | | | |
| Q550 | C | | | | | | | | | | | | | | | | | | | | | | |
| | D | ≥550 | ≥530 | ≥520 | ≥500 | ≥490 | — | — | — | — | 670～830 | 620～810 | 600～790 | 590～780 | — | — | — | ≥16 | ≥16 | ≥16 | — | — | — |
| | E | | | | | | | | | | | | | | | | | | | | | | |
| Q620 | C | | | | | | | | | | | | | | | | | | | | | | |
| | D | ≥620 | ≥600 | ≥590 | ≥570 | — | — | — | — | — | 710～880 | 690～880 | 670～860 | — | — | — | — | ≥15 | ≥15 | ≥15 | — | — | — |
| | E | | | | | | | | | | | | | | | | | | | | | | |
| Q690 | C | | | | | | | | | | | | | | | | | | | | | | |
| | D | ≥690 | ≥670 | ≥660 | ≥640 | — | — | — | — | — | 770～940 | 750～920 | 730～900 | — | — | — | — | ≥14 | ≥14 | ≥14 | — | — | — |
| | E | | | | | | | | | | | | | | | | | | | | | | |

3. 性能及应用

由于合金元素的强化作用，使低合金结构钢不但具有较高的强度，且具有较好的塑性、韧性和可焊性。低合金高强度结构钢广泛应用于钢结构和钢筋混凝土结构中，特别是大型结构、重型结构、大跨度结构、高层结构、桥梁结构、承受动力荷载和冲击荷载的结构。

## 二、钢结构用钢

钢结构构件一般宜直接选用型钢，可以减少制造工作量，降低造价。钢构件之间的连接方式有铆接、螺栓连接或焊接。钢材所用的母材主要是普通碳素结构钢和低合金高强度结构钢。

### （一）热轧型钢

钢结构常用的型钢有工字钢、H 型钢、T 型钢、槽钢、等边角钢、不等边型钢等。型钢由于截面形式合理，材料在截面上分布对受力最为有利，且构件间连接方便，因此是钢结构中采用的主要钢种。型钢的规格通常以反映其断面形状的主要轮廓尺寸来表示。

在建筑工程中，热轧型钢主要采用碳素结构钢 Q235-A（含碳量为 0.14%～0.22%），其强度能满足需要，况且塑性及可焊性较好，适合建筑工程使用。在钢结构设计规范中，常使用的低合金钢主要有 Q345（16Mn）和 Q390（15MnV）两种，一般可用于大跨度、承受动荷载的钢结构中。

### （二）冷弯薄壁钢板

工程中一般用 2～6mm 薄钢板冷弯或模压制成冷弯薄壁钢板，其分为结构用冷弯空心型钢和通用冷弯开口型钢两大类，主要用于轻型钢结构。薄壁钢板能充分利用钢材的强度，节约钢材，在我国得到广泛应用。

### （三）钢板和压型钢板

用光面轧辊轧制而成的扁平钢材，以平板状态供货的称为钢板，以卷状供货的称为钢带，按轧制温度分为热轧和冷轧两种。建筑用钢板和钢带主要是碳素结构钢，一些重型结构、大跨度桥梁及高压容器等也采用低合金钢板。

按厚度来分，热轧钢板分为厚板（厚度大于 4mm）和薄板（厚度小于 4mm）两种；冷轧钢板只有薄板（厚度为 0.2～4mm）一种。

薄钢板经冷压或冷轧成波形、双曲形、V 形等形状，称为压型钢板。制作压型钢板的板材采用有机涂层、镀锌薄钢板、防腐薄钢板或其他薄钢板。压型钢板具有单位质量轻、强度高、抗震性能好、施工快、外形美观等特点，主要用于围护结构、楼板、屋面等。

## 三、混凝土结构用钢筋

混凝土都有较高的抗压强度，但抗拉强度较低。用钢筋增强混凝土可大大扩大混凝土的使用范围，同时混凝土又对钢筋起保护作用。钢筋混凝土结构的钢筋主要由碳素结构钢和低合金高强度结构钢加工而成。一般把直径为 3～5mm 的钢筋称为钢丝；直径为 6～12mm 的称为细钢筋；直径大于 12mm 的称为粗钢筋。其主要品种有热轧钢筋、热处理钢筋、冷拉钢筋、冷轧带肋钢筋、冷轧扭钢筋、冷拔低碳钢丝及钢绞线等。

### （一）热轧钢筋

热轧钢筋按轧制外形分为热轧光圆钢筋和热轧带肋钢筋。

1. 热轧光圆钢筋

热轧光圆钢筋是经热轧成型，横截面通常为圆形，表面光滑的成品钢筋。《钢筋混凝土

用钢　第 1 部分：热轧光圆钢筋》（GB/T 1499.1—2008/XG1—2012）规定，钢筋直径宜为 6、8、10、12、16、20mm 六种。热轧光圆钢筋按屈服强度特征值分为 235、300 级。钢筋牌号的构成和含义见表 7-9。

**表 7-9　　热轧光圆钢筋牌号的构成和含义**

| 牌号 | 牌号组成 | 英文字母含义 | 光圆钢筋的截面形状 |
|---|---|---|---|
| HPB235 | 由 HPB+屈服强度特征值构成 | HPB——热轧光圆钢筋（Hot Rolled Plain Bars） | d |
| HPB300 | | | |

注　$d$ 为钢筋直径。

热轧光圆钢筋的化学成分（熔炼分析）、力学性能及工艺性能见表 7-10。

**表 7-10　　热轧光圆钢筋的化学成分、力学性能及工艺性能**
**（GB/T 1499.1—2008/XG1—2012）**

| 牌号 | 化学成分（质量分数，%）≥ | | | | | $R_{eL}$（MPa） | $R_m$（MPa） | $A_L$（%） | $A_{gt}$（%） | 冷弯实验 180° |
|---|---|---|---|---|---|---|---|---|---|---|
| | C | Si | Mn | P | S | ≥ | | | | |
| HPB235 | 0.22 | 0.30 | 0.65 | 0.045 | 0.050 | 235 | 370 | 25.0 | 10.0 | $d=a$ |
| HPB300 | 0.25 | 0.55 | 1.50 | | | 300 | 420 | | | |

注　$d$ 为弯心直径，$a$ 为钢筋公称直径。

2. 热轧带肋钢筋

根据《钢筋混凝土用钢　第 2 部分：带肋钢筋》（GB/T 1499.2—2007/XG1—2009）的规定，热轧钢筋分为普通热轧钢筋和热轧后带有控制冷却并自回火处理带肋钢筋。钢筋按屈服强度特征值分为 335、400、500 级，其力学性能特征值见表 7-11。

**表 7-11　　钢筋的力学性能特征值（GB/T 1499.2—2007/XG1—2009）**

| 牌号 | $R_{eL}$（MPa） | $R_m$（MPa） | $A_L$（%） | $A_{gt}$（%） |
|---|---|---|---|---|
| | ≥ | | | |
| HRB335<br>HRBF335 | 335 | 455 | 17 | 7.5 |
| HRB400<br>HRBF400 | 400 | 540 | 16 | |
| HRB500<br>HRBF500 | 500 | 630 | 15 | |

注　$R_{eL}$ 是钢筋的屈服强度特片值；$R_m$ 是钢筋的抗拉强度特征值；$A_L$ 是钢筋的伸长率；$A_{gt}$ 是钢筋的最大力下总伸长率。

钢筋的弯曲性能指标要求见表 7-12。

**表 7-12 钢筋的弯曲性能（GB/T 1499.2—2007/XG1—2009）** （mm）

| 牌号 | 公称直径 $d$ | 弯心直径 |
|---|---|---|
| HRB335<br>HRBF335 | 6～25 | $3d$ |
| | 28～40 | $4d$ |
| | 40～50 | $5d$ |
| HRB400<br>HRBF400 | 6～25 | $4d$ |
| | 28～40 | $5d$ |
| | 40～50 | $6d$ |
| HRB500<br>HRBF500 | 6～25 | $6d$ |
| | 28～40 | $7d$ |
| | 40～50 | $8d$ |

注　按表中规定的弯心直径弯曲 180°后，钢筋受弯曲部位不得产生裂纹。

HRB335 和 HRB400 钢筋的强度较高，塑性和焊接性能较好，广泛用作大、中型钢筋混凝土结构的受力钢筋；HRB500 钢筋的强度高，但塑性和焊接性能较差，可用作预应力钢筋。

按照 GB/T 1499.2 规定，热轧带肋钢筋在进行交货检验时的检验项目包括：①尺寸、外形、质量及允许偏差检验；②表面质量检验；③拉伸性能检验；④冷弯性能检验；⑤反复弯曲性能检验；⑥化学成分检验；⑦疲劳试验（供需双方经协议）。

热轧带肋钢筋进行进场检验时的常规检验项目主要包括以上①～④项的检验内容。

热轧带肋抗震钢筋（标记符号为在热轧带肋牌号后加 E，如 HRB400E）的力学指标除满足表 7-12 规定外，还应满足：实测抗拉强度与实测屈服强度之比不小于 1.25；实测屈服强度与表 7-12 规定的屈服强度特征值之比不大于 1.3；钢筋最大力下总伸长率不小于 9%。

### （二）冷轧带肋钢筋

冷轧带肋钢筋是用低碳钢热轧圆盘条经冷轧后，在其表面带有沿长度方向均匀分布的横肋的钢筋。《冷轧带肋钢筋》（GB/T 13788—2017）规定，冷轧带肋钢筋分为 CRB550、CRB650、CRB800、CRB600H、CRB680H、CRB800H 六个牌号，其代号由 CRB 和钢筋抗拉强度的最小值构成。冷轧带肋钢筋的公称直径范围为 4～12mm，其牌号、力学性能和工艺性能见表 7-13。

**表 7-13 冷轧带肋钢筋牌号、力学性能和工艺性能（GB/T 13788—2017）**

| 分类 | 牌号 | 规定塑性延伸强度 $R_{p0.2}$ 不小于（MPa） | 抗拉强度 $R_m$ 不小于（MPa） | $R_m/R_{p0.2}$ 不小于 | 断后伸长率不小于（%） | | 最大力总延伸率不小于（%） | 180°弯曲试验 | 反复弯曲次数 | 应力松弛初始应力应相当于公称抗拉强度的 70% |
|---|---|---|---|---|---|---|---|---|---|---|
| | | | | | $A$ | $A_{100\,mm}$ | $A_{gt}$ | | | 1000h，不大于（%） |
| 普通钢筋混凝土用 | CRB550 | 500 | 550 | 1.05 | 11.0 | — | 2.5 | $D=3d$ | — | — |
| | CRB600H | 540 | 600 | 1.05 | 14.0 | — | 5.0 | $D=3d$ | — | — |
| | CRB680H | 600 | 680 | 1.05 | 14.0 | — | 5.0 | $D=3d$ | 4 | 5 |

续表

| 分类 | 牌号 | 规定塑性延伸强度 $R_{p0.2}$ 不小于（MPa） | 抗拉强度 $R_m$ 不小于（MPa） | $R_m/R_{p0.2}$ 不小于 | 断后伸长率不小于（%） | | 最大力总延伸率不小于（%） | 180°弯曲试验 | 反复弯曲次数 | 应力松弛初始应力应相当于公称抗拉强度的 70% |
|---|---|---|---|---|---|---|---|---|---|---|
| | | | | | $A$ | $A_{100\,mm}$ | $A_{gt}$ | | | 1000h，不大于（%） |
| 预应力混凝土用 | CRB650 | 585 | 650 | 1.05 | — | 4.0 | 2.5 | — | 3 | 8 |
| | CRB800 | 720 | 800 | 1.05 | — | 4.0 | 2.5 | — | 3 | 8 |
| | CRB800H | 720 | 800 | 1.05 | — | 7.0 | 4.0 | — | 4 | 5 |

注　$D$ 为弯心直径，$d$ 为钢筋公称直径。

当该牌号钢筋作为普通钢筋混凝土用钢筋使用时，对反复弯曲和应力松弛不做要求；当该牌号钢筋作为预应力混凝土用钢筋使用时应进行反复弯曲试验代替 180°弯曲试验，并检测松弛率。

与冷拔低碳钢丝相比，冷轧带肋钢筋具有强度高、塑性好、质量稳定、与混凝土黏结牢固等优点。冷轧带肋钢筋克服了冷拉、冷拔钢筋握裹力低的缺点，而且具有和冷拉、冷拔相近的强度，在中、小型预应力混凝土结构构件和普通混凝土结构构件中得到广泛的应用。CRB550 宜用于钢筋混凝土结构，其他牌号用于预应力混凝土中。

### （三）冷拔低碳钢丝

冷拔低碳钢丝是用低碳钢热轧圆盘或热轧光圆钢筋经一次或多次冷拔制成的光圆钢丝。冷拔低碳钢丝宜作为构造钢筋使用，不得作预应力钢筋使用，强度等级为 CDW550，钢丝直径可为：3mm、4mm、5mm、6mm、7mm 和 8mm，直径小于 5mm 的钢丝焊接网不应作为混凝土结构中的受力钢筋使用，除钢筋混凝土排水管、环形混凝土电杆外，不应使用直径 3mm 的冷拔低碳钢丝；除大直径的预应力混凝土桩外，不宜使用直径 8mm 的冷拔低碳钢丝。。

采用冷拔低碳钢丝的混凝土构件，混凝土强度等级不应低于 C20，混凝土构件冷拔低碳钢丝构造钢筋的混凝土保护层厚度（指钢丝外边缘至混凝土表面的距离）不应小于 15mm。混凝土制品内外表面的冷拔低碳钢丝混凝土保护层厚度应符合下列规定：

（1）预应力混凝土桩（包括管桩、方桩）的混凝土保护层厚度不应小于 25mm。外径或边长为 300mm 时，混凝土保护层厚度要求可适当降低，但不应小于 20mm。

（2）钢筋混凝土排水管的混凝土保护层厚度：管壁为 40～100mm 时不应小于 15mm，管壁大于 100mm 时不应小于 20mm；管壁小于 40mm 时，混凝土保护层厚度要求适当降低，但不应小于 10mm。

（3）环形混凝土电杆的混凝土保护层厚度不应小于 15mm。

（4）除以上规定之外的其他混凝土制品，可根据使用功能参考本条内容规定混凝土保护层厚度。

冷拔低碳钢丝的力学性能应符合表 7-14 的规定。

**表 7-14　　冷拔低碳钢丝的力学性能（JGJ 19—2010）**

| 冷拔低碳钢丝直径（mm） | 抗拉强度不小于（MPa） | 伸长率 $A$ 不小于（%） | 180°反复弯曲次数不小于 | 弯曲半径（mm） |
|---|---|---|---|---|
| 3 | 550 | 2.0 | 4 | 7.5 |
| 4 | | 2.5 | | 10 |

续表

| 冷拔低碳钢丝直径（mm） | 抗拉强度不小于（MPa） | 伸长率 $A$ 不小于（%） | 180°反复弯曲次数不小于 | 弯曲半径（mm） |
|---|---|---|---|---|
| 5 | 550 | 3.0 | 4 | 15 |
| 6 | | | | 15 |
| 7 | | | | 20 |
| 8 | | | | 20 |

注 1. 抗拉强度试样应取未经机械调直的冷拔低碳钢丝；
2. 冷拔低碳钢丝伸长率测量标据对直径 3～6mm 的钢丝为 100mm，对直径 7mm、8mm 的钢丝为 150mm。

（四）预应力钢丝及钢绞线

预应力钢丝及钢绞线是用优质高碳钢盘条经等温淬火拔制而成，直径为 2.5～5mm，抗拉强度为 1470～1770MPa，分为消除应力光圆钢丝（代号 P）、消除应力刻痕钢丝（代号 I）、消除应力螺旋肋钢丝（代号 H）三种。刻痕钢丝和螺旋肋钢丝与混凝土的黏结力好，消除应力钢丝的塑性比冷拉钢丝好。

预应力钢丝和钢绞线强度高，柔韧性好，质量稳定，施工简便，使用时可根据要求的长度切断，主要适用于大荷载、大跨度、曲线配筋的预应力钢筋混凝土结构。

## 第五节 钢材的防锈与防火

### 一、建筑钢材的锈蚀与防护

（一）钢材的锈蚀

钢材表面与周围介质接触时，可产生化学或电化学作用，从而使钢材的表面遭受侵蚀。腐蚀不仅会使钢材的受力截面减小、表面不平整，从而导致所受应力集中，使钢材的承载能力降低，还会大大降低钢材的疲劳强度，尤其是钢材的冲击韧性降低非常明显，从而造成钢材脆断。根据钢材与环境介质作用的机理，锈蚀可分为化学锈蚀和电化学锈蚀。

（1）化学锈蚀。化学锈蚀是由非电解质溶液或周围介质（如氧气、二氧化碳、二氧化硫和水等）发生的一种纯化学性质的腐蚀，且这种反应无电流产生。这种腐蚀多数是氧化作用，会使钢材表面形成疏松的铁氧化物。在常温下，钢材表面能形成 FeO 保护膜，可以防止钢材进一步锈蚀。在干燥环境中化学锈蚀速度缓慢，但当温度和湿度较大时，这种锈蚀速度加快。

（2）电化学锈蚀。电化学锈蚀是指钢材与电解溶液接触而产生电流，在金属表面形成原电池而引起的锈蚀。钢材本身含有铁、碳等多种成分，由于这些成分的电极电位不同，会形成许多微电池，在潮湿空气中，钢材表面将覆盖一层薄的水膜，因而形成许多“微电池”。电化学锈蚀是建筑钢材在存放和使用中发生锈蚀的主要形式，且危害最大。

（二）钢筋混凝土中的钢筋锈蚀

普通混凝土为强碱性环境，pH 值在 12.5 左右，对其中的钢筋起到碱性保护作用。一般情况下，用普通混凝土制作的钢筋混凝土，只要混凝土表面不存在缺陷，里面的钢筋就不会锈蚀。如果混凝土构件不密实，环境中的水和空气得以进入混凝土内部，或者混凝土保护层厚度较小，或者发生严重的碳化反应，使混凝土的碱性保护作用失去，特别是在混凝土内部氯离子含量过大，使钢筋表面的保护膜被氧化，也会发生钢筋锈蚀现象。

（三）钢材锈蚀的防止

钢材的锈蚀既有内因，又有外因（环境介质作用），因此要防止或减少钢材的锈蚀，就必须从钢本身的易腐蚀性，以及隔离侵蚀性介质或改变钢材表面状况等方面入手进行钢材的防锈。

（1）表面刷漆。表面刷漆是钢结构防止锈蚀的常用方法。刷漆一般有底漆、中间漆和面漆三道。底漆要求有较好的附着力和防锈能力，常用的有红丹、环氧富锌漆、云母氧化铁和铁红环氧底漆等；中间漆为防锈漆，常用的有红丹、铁红等；面漆要求有较好的牢度和耐候性能，以保护底漆不受损伤或风化，常用的有灰铅、醇酸磁漆等。

（2）表面镀金属。表面镀金属是指用耐蚀性好的金属，如锌（如白铁皮）、锡（如马口铁）、铬、铜等，以电镀或喷镀的方法覆盖在钢材的表面，以提高钢材的耐腐蚀能力。

（3）耐候钢。耐候钢即耐大气腐蚀性钢，是在碳素钢和低合金钢中加入少量的铜、铬、镍、钼等合金元素而制成的。耐候钢在大气作用下，能在表面形成致密的防腐蚀保护层，从而起到耐腐蚀作用。

**二、钢材的防火**

钢材是不燃性材料，但这并不表明钢材能够抵抗火灾。试验表明，以失去支撑能力为标准，在没有保护时，钢屋架和钢柱的耐火极限为 0.25h，而裸露 Q235 钢梁的耐火极限仅为 27min。钢结构建筑的耐火性能较砖石结构和钢筋混凝土结构差。钢材的机械强度随温度的升高而降低，在 500℃左右，钢材的强度下降到 40%～50%，钢材的力学性能，如屈服点、弹性模量、抗压强度以及荷载能力等迅速下降，会很快失去支撑能力，导致建筑物垮塌。

钢结构防火结构的基本原理是采用绝热或吸热材料，阻隔火焰和热量，推迟钢结构的升温速率。防火方法以包覆法为主，即以防火涂料、不燃性板材或混凝土和砂浆将钢构件包裹起来。

（1）防火涂料包裹法。此方法是采用防火涂料，紧贴钢结构的外露表面，将钢构件包裹起来，是目前最为流行的做法。

（2）不燃性板材包裹法。常用的不燃性板材有防火板、石膏板、硅酸钙板、蛭石板、珍珠岩板和矿棉板等，可通过黏结剂或钢钉、钢箍等固定在钢构件上，将其包裹起来。

（3）实心包裹法。一般做法是将钢结构浇筑在混凝土中。

## 第六节　建筑钢材的验收和储运

**一、钢材的验收**

建筑钢材从钢厂到施工现场经过了商品流通的多道环节，其验收是质量管理中必不可少的环节。钢材要按批次检查验收，其主要内容如下：

（1）钢材的数量和品种是否与订货单符合。

（2）钢材表面质量的检验。钢材表面不允许有结疤、裂纹、折叠和分层、油污等缺陷。

（3）钢材的质量保证书是否与钢材上打印的记号相符合。每批钢材必须具备生产厂家提供的材质证明书，写明钢材的炉号、钢号、化学成分和机械性能等，根据国家技术标准核对钢材的各项指标。根据国家标准按批次抽取试样检测钢材的力学性能；同一级别、种类，同一规格、批号、批次不大于60t为一检验批（不足60t也为一检验批），取样方法应符合国家标准规定。

## 二、钢材的储运

### （一）运输

钢材在运输中要求不同钢号、炉号、规格的钢材分别装卸，以免混乱。装卸中钢材不允许摔掷，以免破坏。在运输过程中，其一端不能悬空及伸出车身的外边。另外，装车时要注意荷重限制，不允许超过规定，并需注意装载负荷的均衡。

### （二）堆放

钢材的堆放要减少钢材的变形和锈蚀，节约用地，且便于提取钢材。

（1）钢材应按不同的钢号、炉号、规格、长度等分别堆放。

（2）堆放在有顶棚的仓库时，可直接堆放在草坪上（下垫楞木），对小钢材也可放在架子上，堆与堆之间应留出走道；堆放时每隔5～6层放置楞木，其间距以不引起钢材明显的弯曲变形为宜；楞木要上下对齐，并在同一垂直平面内。

（3）露天堆放时，应加上简易的篷盖，或选择较高的堆放场地，并且四周有排水沟。堆放时尽量使钢材截面的背面向上或向外，以免积雪、积水。

（4）为增加堆放钢材的稳定性，可使钢材互相勾连，或采用其他措施。标牌应标明钢材的规格、钢号、数量和材质验收证明书号，并在钢材端部根据其钢号涂以不同颜色的油漆。

（5）钢材的标牌应定期检查。选用钢材时，要按顺序寻找，禁止乱翻。

（6）完整的钢材与已有锈蚀的钢材应分别堆放。凡是已经锈蚀的钢材，应捡出另放，并进行适当的处理。

# 本　章　小　结

建筑钢材作为建筑工程中十分重要的金属材料之一得到了广泛的应用。本章介绍了建筑钢材的基本知识、主要技术性质，钢材的加工，建筑钢材的标准与选用等内容。通过本章的学习，应掌握钢材的成分、组织结构、加工、冶炼方法等对技术性质的影响，以及各品种钢材的牌号、技术要求、特性及应用。

# 复　习　题

## 一、填空题

1．钢结构设计时，（　　）是确定结构容许应力的主要依据，是工程结构计算中非常重要的一个参数。

2．牌号为Q235-B·b的钢，其性能（　　）于牌号为Q235-A·F钢。

3．钢中磷的主要危害是（　　），硫的主要危害是（　　）。

4．建筑工地和混凝土构件厂，常利用冷拉、冷拔及时效处理的方法，达到提高钢材的（　　），降低（　　）和（　　）和（　　）钢材的目的。

5．含硫的钢材在焊接时易产生（　　）。

6．与 Q235-A·Z 比较，Q235-C·Z 的杂质含量（　　）。

7．低碳钢的受拉破坏过程可分为（　　）、（　　）、（　　）和（　　）4 个阶段。

8．建筑工程中常用的钢种是（　　）、（　　）和（　　）。

9．普通碳素钢分为（　　）个牌号，随着牌号的增大，其（　　）和（　　）提高，（　　）、（　　）降低。

## 二、选择题

1．普通碳素钢按屈服点、质量等级及脱氧方法划分为若干个牌号。随牌号提高，钢材（　　）。

A．强度提高，伸长率提高　　B．强度降低，伸长率降低

C．强度提高，伸长率降低　　D．强度降低，伸长率提高

2．热轧钢筋的级别提高，则其（　　）。

A．$\sigma_s$、$\sigma_b$ 提高　　B．$\sigma_s$ 与 $\sigma_b$ 提高，$\delta$ 下降

C．$\delta$ 提高，$\sigma_b$ 下降　　D．$\sigma_s$ 与 $\sigma_b$ 及冷弯性能提高

3．提高含（　　）量的钢材，产生热脆性。

A．硫　　B．磷　　C．氧　　D．氮

4．建筑中主要应用的是（　　）。

A．Q195　　B．Q215　　C．Q235　　D．Q275

5．钢材随时间延长而表现出强度提高，塑性和冲击韧性下降，这种现象称为（　　）。

A．钢的强化　　B．时效　　C．时效敏感性　　D．钢的冷脆

## 三、判断题（正确的在括号内打“√”，错误的打“×”）

1．在结构设计时，屈服点是确定钢材许用应力的主要依据。（　　）

2．钢材的品种相同时，其伸长率 $\delta_5 > \delta_{10}$。（　　）

3．钢材的屈强比越大，表示使用时的安全度越高。（　　）

4．碳素钢的牌号越大，其强度越高，塑性越好。（　　）

5．钢含磷较多时呈热脆性，含硫较多时呈冷脆性。（　　）

6．对钢材进行冷拉处理是为提高其强度和塑性。（　　）

7．随着含碳量的增加，钢材的硬度和韧性相应提高。（　　）

8．钢材进行冷拉处理是为了提高其加工性能。（　　）

## 四、简述题

1．钢号为 15MnV 和 45Si2MnTi 的钢属何种钢？钢号的含义是什么？

2．钢材的冷加工强化有何作用和意义？

3．简述钢材的化学成分对钢材性能的影响。

4．为什么屈服强度、抗拉强度和断后伸长率是建筑用钢材的重要技术性能指标？

5．说明下列钢材牌号的含义：Q235-A·F、Q235-B、Q215-B·b、Q345（16Mn）。

# 第八章　合成高分子材料

学习目标

本章主要包括建筑塑料、建筑涂料和胶粘剂三部分内容，通过学习让学生掌握建筑塑料、建筑涂料以及胶粘剂的组成、品种及特性，了解这些合成高分子材料的工程应用。

高分子建筑材料是以高分子化合物为基础组成的材料，土木工程中涉及的高分子建筑材料主要有塑料、粘合剂、涂料、橡胶和化学纤维等。高分子建筑材料质量轻、韧性高、耐腐蚀性好、功能多、易加工成型，且具有一定的装饰性，因此成为现代建筑领域广泛采用的新材料。

高分子材料是现代工程中不可缺少的材料之一，其来源广、化学结合效率高，在建筑中应用非常广泛，可作保温、装饰、吸声等材料使用。

## 第一节　建筑塑料

建筑塑料是以合成树脂或天然树脂为基础原料，加入（或不加）部分塑料助剂、增强材料和填料，经加工塑化成型后的产品总称。

塑料是以天然或合成高聚物为基本成分，配以一定量的辅助剂，如填料、增塑剂、稳定剂、着色剂等，经加工塑化而成，在常温下可保持形状不变。

### 一、塑料的组成

塑料由合成树脂及添加剂两类物质组成。

#### （一）合成树脂

合成树脂是塑料的基本组成材料，是塑料中的主要成分，在塑料中起胶结作用，不仅能自身胶结，还能将其他材料牢固地胶结在一起。塑料的工艺性能和使用性能主要是由合成树脂的性能决定的，质量占塑料的40%以上，决定了塑料的类型、性能、用途和成本等。

根据受热时变化特性的不同，合成树脂分为热塑性树脂和热固性树脂。热塑性树脂可反复加热软化，冷却硬化；热固性树脂仅在第一次加热时软化；并且分子间产生化学交联而固化，以后再加热也不会软化。根据所用合成树脂品种的不同，塑料分为热塑性塑料和热固性塑料两类。

#### （二）添加剂

塑料中除合成树脂外，往往还要添加填充剂、增塑剂、稳定剂、润滑剂、着色剂等添加剂。加入这些添加剂的目的是为了改变塑料的性质以及塑料的加工和使用性能。常用填充剂有滑石粉、石墨粉、石棉、云母及玻璃纤维等；常用的增塑剂有邻苯二甲酸酯类、磷酸酯类等；常用稳定剂有多种铅盐、硬脂酸盐、炭黑和环氧化物等。

### 二、塑料的主要特性

塑料品种繁多、性能各异，与传统的建筑材料相比，塑料的主要特性表现为：

（1）表观密度小。塑料的密度一般为 900～2200kg/m$^2$，约为钢材的 1/5、混凝土的 1/3。

（2）比强度高。其比强度远远超过水泥、混凝土，接近或超过钢材，是一种轻质高强的材料。

（3）保温隔热、吸声性好。密实塑料的热导率一般为 0.12～0.80W/（m·K）。泡沫塑料的热导率接近于空气，是良好的隔热、保温材料。

（4）耐腐蚀性好。一般塑料可耐酸、碱、盐等腐蚀性物质的作用，具有较高的稳定性。

（5）电绝缘性好。塑料的导电性低，是电的不良导体。

（6）装饰性好。塑料具有良好的装饰性能，能制成线条清晰、色彩鲜艳、光泽动人的塑料制品。

（7）加工性好。塑料可采用多种方法加工成各种类型和形状的产品。

（8）耐老化性差。在外界环境作用下，易老化脆裂。

（9）刚性小。塑料的刚性比钢等其他材料要小得多。

（10）耐热性差。塑料受热易变形，甚至分解。

（11）易燃。一般塑料都易燃。

## 三、建筑中常用塑料及制品

### （一）塑料品种

（1）聚氯乙烯（PVC）。PVC 是建筑中应用广泛的塑料之一，是一种多功能的材料，分为硬质塑料和软质塑料。PVC 含氯量为 56.8%。聚氯乙烯由于含有氯，因此具有自熄性，这对于其用作建材是十分有利的。

（2）聚乙烯（PE）。PE 按密度大小可分为两大类，即高密度聚乙烯（HDPE）和低密度聚乙烯（LDPE），主要用作建筑防水材料、给排水管、卫生洁具等。

（3）聚丙烯（PP）。以聚丙烯树脂为主要成分的塑料，其机械性能和耐热性都优于聚乙烯，刚性、延性，耐蚀性好，无毒，但不耐磨、易燃，且有一定的脆性，一般用于生产管材、卫生洁具、耐腐衬板等。

（4）聚苯乙烯（PS）。PS 为无色、透明，类似玻璃的塑料，机械强度较高，但抗冲击性较差，即有脆性，敲击时会有金属的清脆声音，耐溶剂性较差，能溶于苯、甲苯、乙苯等芳香族溶剂；最主要的制品是聚苯乙烯泡沫塑料，可做复合板材，用于隔热材料。

（5）ABS 塑料。ABS 是由丙烯腈、丁二烯和苯乙烯三种单体共聚而成的，具有优良的综合性能，即 ABS 中的三个组分各显其能，丙烯腈使 ABS 具有良好的耐化学性及表面硬度，丁二烯使其坚韧，苯乙烯使其具有良好的加工性能。ABS 的性能取决于这三种单体在 ABS 中的比例。

### （二）塑料制品

（1）塑料门窗。生产塑料门窗的能耗只有钢窗的 26%，塑料门窗的外观平整、色泽鲜艳、经久不褪、装饰性好，其保温、隔热、隔声、耐潮湿、耐腐蚀等性能均优于木门窗、金属门窗，外表面不需涂装。塑料门窗是理想的代钢、代木材料，也是国家积极推广发展的新型建筑材料。

塑料门窗分为全塑门窗和复合塑料门窗。塑料门按其结构形式分为镶嵌门、框板门和折叠门；塑料窗按其结构形式分为平开窗、上旋窗、下旋窗、垂直滑动窗、垂直旋转窗、垂直推拉窗、水平推拉窗和百叶窗等。

（2）塑料管材。塑料管材和传统金属管相比，具有质量轻、水流阻力小、不结垢、安装使用方便、耐腐蚀性好、使用寿命长等优点，所以塑料管的应用被列为国家重点推广项目之一。

塑料管材分为硬管和软管。常用的塑料管按主要原料分为聚氯乙烯、聚乙烯、聚丙烯等通用热塑性塑料及酚醛、环氧、聚酯等类热固性树脂玻璃钢和石棉酚醛塑料、氟塑料等，通常用于房屋建筑的自来水供水系统配管，排水、排气和排污卫生管，地下排水管、雨水管以及电线安装配套用的电线电缆等。

（3）塑料楼梯扶手、塑料装饰扣（条）板。这些塑料制品都是以聚氯乙烯树脂为主要原料，再加入适量助剂，挤压成型的，产品色彩鲜艳、耐老化、手感好，适用于各种民用建筑。

（4）塑料卷材地板。塑料卷材地板是以聚氯乙烯树脂为主要原料，再加入适当助剂，在片状连续基材上经涂敷工艺生产的地面和楼面覆盖材料，简称卷材地板。

该地板具有耐磨、耐水、耐污、隔声、防潮、色彩丰富、纹饰美观、行走舒适、铺设方便、清洗容易、质量轻及价格低廉等特点。塑料卷材地板适用于宾馆、饭店、商店、会客室、办公室及家庭厅堂、居室等地面装饰。

（5）塑料地板砖。塑料地板砖称为半硬质聚氯乙烯块状塑料地板，简称塑料地板，是以聚氯乙烯及其共聚树脂为主要原料，再加入填料、增塑剂、稳定剂、着色剂等辅料，经压延、挤出或热压工艺所生产的单层和同质复合的半硬质块状塑料地板，是发展最早的塑料类装修材料。

塑料地板砖具有质轻、美观、有弹性、隔声、保温、耐腐蚀、耐灼烧、抗静电、易清洗、耐磨损的特点，并有一定的电绝缘性。其色彩丰富、图案多样、价格较廉、施工简便，常用于家庭、宾馆、写字楼、幼儿园、商场等建筑物室内和车船等地面装修与装饰。

塑料地板砖分为单层和同质复合地板，从颜色分为单色与复色；依据使用的树脂分为聚氯乙烯树脂型、氯乙烯—醋酸乙烯型、聚乙烯树脂型、聚丙烯树脂型等；商业上通常又分为彩色地板砖、印花地板砖和石英地板砖。

（6）玻璃钢卫生洁具。玻璃钢是以玻璃纤维及其制品为增强材料，采用合成树脂（常用不饱和聚酯树脂）为胶粘剂，经一定的成型工艺制作而成的轻质高强型复合材料。

玻璃钢的性能取决于合成树脂和玻璃纤维的性能、相对含量以及它们之间的黏结力。其制品特点是壁薄、质轻、强度高、耐水、耐高温、化学稳定性好、经久耐用，适用于旅馆、住宅、车、船的卫生间。

（7）泡沫塑料。以各种树脂为基料，加入一定的发泡剂、催化剂、稳定剂等，经发泡、固化或冷却等工序而制成的多孔塑料制品，泡沫塑料的孔隙率高达95%～98%，且孔隙尺寸小于1.0mm，具有轻质、保温、隔热、吸声隔音、防震等优点。

建筑上常用的有聚苯乙烯泡沫塑料、聚氯乙烯泡沫塑料、聚氨酯泡沫塑料、脲醛泡沫塑料等。泡沫塑料目前逐步成为墙体保温的主要材料。

## 第二节 建 筑 涂 料

涂料是涂刷在物体表面能形成牢固附着的连续薄膜的功能材料的总称。建筑涂料是使用于建筑物表面并起着装饰、保护、防水等作用的一类涂料。涂料是最简单的一种饰面材料，具有工期短、工效高、自重轻、价格低、维修更新方便等特点，而且色彩丰富、质感逼真，因此在建筑工程中得到广泛应用。

## 一、涂料的组成

涂料一般由主要成膜物质、次要成膜物质、辅助成膜物质和水（或溶剂）四种主要成分组成。

（1）主要成膜物质。主要成膜物质是涂料的基础物质，包括基料、胶粘剂或固化剂。具有独立成膜的能力，可以黏结次要成膜物质，使涂料在干燥或固化后能共同形成连续的涂膜。主要成膜物质决定了涂膜的技术性质（硬度、耐水性以及耐腐蚀性）以及涂料的施工性质和使用范围。常用的基料有聚乙烯醇及其改性物、苯丙乳液（苯乙烯—丙烯酸酯共聚乳液）、丙烯酸乳液等。

（2）次要成膜物质。次要成膜物质是指涂料中的颜料和填料，不具有单独成膜能力，必须与主要成膜物质配合使用才能构成涂膜。

颜料可以使涂料呈现出丰富的颜色，使涂料具有一定的遮盖力，并且能增强涂膜的机械性能和耐久性。

填料的主要作用是在着色颜料使涂膜具有一定的遮盖力和色彩以后补充所需要的颜料，并对涂膜起“填充作用”，以增大涂膜厚度，同时还能起到提高涂膜的耐久性、耐热性和表面硬度、减少涂膜的收缩以及降低成本的作用。

（3）辅助成膜物质。辅助成膜物质是涂料的辅助材料，是为了进一步改善或增强涂膜的性能而加入的，掺量很少，但能明显改善涂料的性能，尤其是对基料形成涂膜的过程与耐久性起着十分重要的作用。常用的辅助材料有增塑剂、抗老化剂、pH 值调节剂、防锈剂、难燃剂、消光剂等。

（4）水和溶剂。水和溶剂是分散介质，主要起到溶解或分散基料、改善涂料施工性能等作用。另外，涂料在成膜过程中，依靠水或溶剂的蒸发，使涂料逐渐干燥、硬化，最后形成连续、均匀的涂膜。水或溶剂都不存留在涂膜之中，因此有些研究者也将水或溶剂称为辅助成膜物质。

## 二、建筑涂料的功能

一般来说，建筑涂料是一种以装饰功能为主，并兼具保护功能、调节建筑物的使用功能以及多种特种功能的饰面材料。

（1）装饰功能。装饰功能是指涂料通过其色彩、质感和光泽等特性对建筑物进行美化而提高建筑外观价值的功能。例如，居室内采用内墙涂料装饰后，可显得舒适、典雅、明快、舒畅；室外墙面经外墙涂料涂饰后，可获得各种质感的花纹图案，并起到协调环境的作用。装饰功能的要素主要包括色彩、色泽、图案、光泽、立体感。室内与室外装饰的要素基本相同，但性能要求不同。

（2）保护功能。保护功能是指不同类型的涂料保护建筑物不受环境影响和破坏的功能。例如，水是造成建筑物破坏的主要原因之一，拒水的涂料就能对建筑物起到保护作用。建筑涂料还可以对一部分材料的性能起到增强和改善作用。

（3）调节建筑物的使用功能。不同类型的建筑涂料并伴以适当的施工工艺，可以使涂料具有不同的性能。例如，顶棚涂料要具有吸声的效果，地面涂料要具有一定的色彩、弹性以及防潮、防滑的特性等，为使用者创造一个优美、舒适的工作或生活环境，更加符合使用功能要求，从而使建筑物的使用功能得到增强，或者在一定程度上调整建筑物的使用功能。

（4）特种功能。建筑涂料除了以上三种基本功能以外，还有许多特种功能，即涂料经特殊配制而适应建筑特殊要求的功能，如遮盖裂缝、阻燃、保温等功能。

### 三、建筑涂料的分类

#### （一）建筑涂料的分类方法

（1）按基料的类别分为有机类、无机类和有机无机复合类三大类。

（2）按成膜后的厚度和质地分为平面涂料、彩砂涂料（或称之为真石漆）和复层涂料。

（3）按在建筑物上的使用部位分为内墙涂料、外墙涂料、地面涂料和顶棚涂料四类。

（4）按特种功能分为防水涂料、防火涂料、防霉涂料、防虫涂料、防锈涂料、防腐涂料、吸声涂料、道路标识涂料、防结露涂料、防尘涂料、避光涂料以及防辐射、防电波干扰涂料等新产品。

#### （二）建筑中常用的涂料品种

（1）内墙涂料。内墙涂料也可作顶棚涂料，其主要功能是装饰和保护室内墙面及顶棚，使其美观、整洁，让人们处于舒适的居住环境中。为了获得良好的装饰效果，内墙涂料应具有色彩丰富、细腻、柔和，耐碱性、耐水性、耐粉化性良好，透气性好，吸湿、排湿性好，施工容易，价格低廉等特点。

（2）外墙涂料。外墙涂料的主要功能是装饰和保护建筑物的外墙面，使建筑物外貌整洁、美观、从而达到美化城市环境的目的。同时能够起到保护建筑物外墙的作用，延长其使用时间。为了获得良好的装饰与保护效果，外墙涂料一般应具有装饰性、耐水性、耐沾污性，与基层黏结牢固，耐候性、耐久性好等特点。

（3）特种功能建筑涂料。特种功能建筑涂料不仅具有保护和装饰作用，还具有某些特殊功能，如防霉、防腐、防锈、防氡、灭蚊、杀虫、耐高温、防火、防静电等。这类涂料的发展历史较短，品种和数量也不多，一般有防霉涂料和防火涂料。

## 第三节 建筑胶结材料

随着建筑技术和建筑工业化水平的不断提高，现代建筑的设计标准化、施工机械化、构件预制化，以及建筑材料质轻、高强、隔音和保温等性能的结合，使黏结剂成为现代建筑材料的重要组成部分。

凡是具有良好的黏结性能，能在两个物体表面间形成薄膜，把两个相同或不同的固体材料牢固地连接在一起的物质，统称为胶粘剂或粘合剂。

### 一、胶粘剂的组成和分类

#### （一）胶粘剂的组成

胶粘剂通常由黏结物质、固化剂、增塑剂、稀释剂、填料和改性剂等组分配制而成。组分的不同决定了胶粘剂的强度和适应条件也不同。

（1）基料：也称粘料或胶料，是胶粘剂中的基本组分，一般是具有较强粘合性能的材料，如合成树脂、合成橡胶等。基料起黏结作用，其性质决定了胶粘剂的性能、用途和使用条件，赋予了胶粘剂黏结强度、耐久性及其他物理力学性能。

（2）固化剂及促进剂：也是胶粘剂的主要成分，使基料的分子链交联成体型结构，以增加胶粘剂分子间的作用力和内聚强度，以及胶粘剂与被粘物间的黏结力，促进剂可以促进固化反应或降低固化反应的温度。

（3）增塑剂和增韧剂：能改善黏结剂的塑性和韧性，提高胶结接头的抗剥离、抗冲击能力以及耐寒性等。常用的有邻苯二甲酸二丁酯和邻苯二甲酸二辛酯等。

（4）稀释剂：又称为溶剂，主要是起降低胶粘剂黏度的作用，改善工艺性及延长使用期，以便于操作，提高胶粘剂的湿润性和流动性。常用的有机溶剂有丙酮、苯、甲苯等。

（5）填料：一般在胶粘剂中不发生化学反应，加入后可改善胶粘剂的性能，如使胶粘剂的稠度增加，降低热膨胀系数，减少收缩性，提高胶粘剂的抗冲击韧性和机械强度。常用的有滑石粉、石棉粉、铝粉等。

（6）其他的添加剂：为了改善胶粘剂的某一方面性能，以满足特殊要求而加入的一些组分，如防腐剂、防霉剂、阻燃剂、稳定剂等。

### （二）胶粘剂的分类

胶粘剂品种繁多，用途不同，组成各异，可以从不同角度进行分类。常见的是按胶粘剂的化学成分作以下分类：

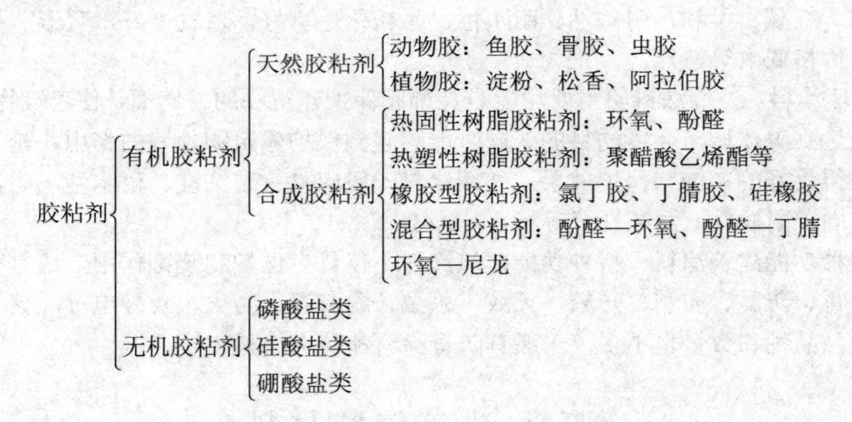


## 二、常用胶粘剂

建筑上常用胶粘剂的性能及应用见表 8-1。

**表 8-1　　建筑上常用胶粘剂的性能**

| 种类 | | 性能 | 主要用途 |
|---|---|---|---|
| 热塑性合成树脂胶粘剂 | 聚乙烯醇缩甲醛类胶粘剂 | 黏结强度较高，耐水、耐油、耐磨及抗老化性较好 | 贴壁纸、墙布、瓷砖等，可用于涂料的主要成膜物质，或用于拌制水泥砂浆 |
| | 聚醋酸乙烯酯类胶粘剂 | 常温固化快，黏结强度高，黏结层的韧性和耐久性好，不易老化，无毒、无味，不易燃爆，价格低，但耐水性差 | 广泛用于粘贴壁纸、玻璃、陶瓷、塑料、纤维织物、石材、混凝土、石膏等各种非金属材料，也可作为水泥增强剂 |
| | 聚乙烯醇胶粘剂（胶水） | 水溶性胶粘剂，无毒、使用方便，但黏结强度不高 | 可用于胶合板、壁纸、纸张等的黏结 |

续表

| 种类 | | 性能 | 主要用途 |
|---|---|---|---|
| 热固性合成树脂胶粘剂 | 环氧树脂类胶粘剂 | 黏结强度高，收缩率小，耐腐蚀，电绝缘性好，耐水、耐油 | 用于黏结金属制品、玻璃、陶瓷、木材、塑料、皮革、水泥制品、纤维制品等 |
| | 酚醛树脂类胶粘剂 | 黏结强度高，耐疲劳、耐热、耐气候老化 | 用于黏结金属、陶瓷、玻璃、塑料和其他非金属材料制品 |
| | 聚氨酯类胶粘剂 | 黏附性好，耐疲劳，耐油、耐水、耐酸，韧性好，耐低温性能优异，可室温固化，但耐热性差 | 适于黏结塑料、木材、皮革等，特别适用于防水、耐酸、耐碱等工程 |
| 合成橡胶胶粘剂 | 丁腈橡胶胶粘剂 | 弹性及耐候性良好，耐疲劳，耐油、耐溶剂性好，耐热，有良好的混溶性，但黏附性差，成膜缓慢 | 适用于耐油部件中橡胶与橡胶、橡胶与金属及织物等的黏结，尤其适用于黏结软质聚氯乙烯材料 |
| | 氯丁橡胶胶粘剂 | 黏附力、内聚强度高，耐燃、耐油、耐溶剂性好，但储存稳定性差 | 用于结构黏结，如橡胶、木材、陶瓷、石棉等不同材料的黏结 |
| | 聚硫橡胶胶粘剂 | 弹性、黏附性好，耐油、耐候性好，对气体和蒸汽不渗透，防老化性好 | 作密封胶及用于路面、地坪、混凝土的修补、表面密封和防滑，以及海港、码头及水下建筑物的密封 |
| | 硅橡胶胶粘剂 | 良好的耐紫外线、耐老化、耐热、耐腐蚀性，黏附性好，防水、防震 | 用于金属、陶瓷、混凝土、部分塑料的黏结，尤其适用于门窗、玻璃的安装以及隧道、地铁等地下建筑中瓷砖、掩饰接缝间的密封 |

选择胶粘剂的基本原则有以下几方面：

（1）环境条件对胶粘剂的要求，即黏结部位的受力情况、使用温度和耐介质、耐老化及耐酸碱性等。

（2）所黏结材料的品种和特性。根据被粘材料的物理性质和化学性质选择合适的胶粘剂。

（3）被黏结材料对粘合剂的特殊要求，如强度、韧性、颜色等。

## 本章小结

本章主要介绍了建筑塑料、建筑涂料以及胶粘剂三种合成高分子材料，通过对材料组成的学习，进而理解此类材料的特性以及常用的合成高分子材料的产品。

## 复习题

1. 建筑塑料的组成有哪些？
2. 简述建筑塑料的特点。
3. 建筑涂料的组成和功能有哪些？
4. 建筑工程中常用的胶粘剂有哪几种？
5. 选用建筑胶粘剂的原则是什么？

# 第九章　防　水　材　料

## 学习目标

本章主要介绍了沥青、防水卷材、防水涂料及防水油膏的主要内容，通过学习使学生掌握沥青的组分和特点，以及石油沥青的技术性质和改性方法与技术，熟悉防水卷材、防水涂料及防水油膏的常用品种、特性及应用。

防水材料是指在房屋建筑中能够防止雨水、地下水及其他水分渗透的建筑材料，是建筑工程中必不可少的建筑材料之一。防水材料的好坏直接影响建筑物的使用功能和使用寿命，防水工程的质量问题又涉及防水材料、设计、施工及管理等问题，一直备受人们关注，所以根据工程特点及防水要求，合理选择与正确使用防水材料是非常重要的。

按照材料的状态，防水材料分为防水涂料、建筑密封防水材料、防水黏结材料及防水卷材等；按照组成分为沥青材料、沥青基制品材料、改性沥青防水材料和合成高分子防水材料。其具体分类如下：

- 建筑防水材料外形
  - 卷材
    - 沥青防水卷材
    - 高聚物改性沥青防水卷材
    - 合成高分子防水卷材
  - 涂料
    - 沥青基防水涂料
    - 高聚物改性沥青防水涂料
    - 合成高分子防水涂料
    - 水泥基防水涂料
    - 高聚物水泥基防水涂料
  - 油膏
    - 沥青嵌缝油膏
    - 高聚物密封膏
    - 定形密封条
  - 刚性材料
    - 防水混凝土
    - 防水砂浆
    - 瓦材
  - 防渗剂
    - 有机硅防水剂
    - 氯化铁防水剂
    - 金属皂类避水浆

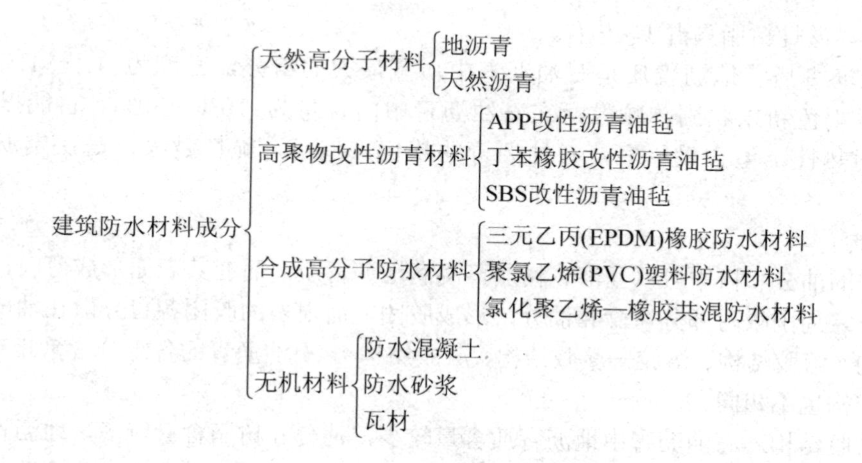


## 第一节 沥 青

沥青是由多种碳氢化合物及其非金属衍生物组成的复杂混合物，是一种憎水性的有机胶凝材料，在常温下一般为黑褐色或黑色固体、半固体或黏性液体状态。沥青具有良好的黏结性、塑性、不透水性及耐化学侵蚀性，还具有良好的电绝缘性，但易老化，是建筑工程中一种重要的防水、防潮和防腐材料。其具体分类如下：

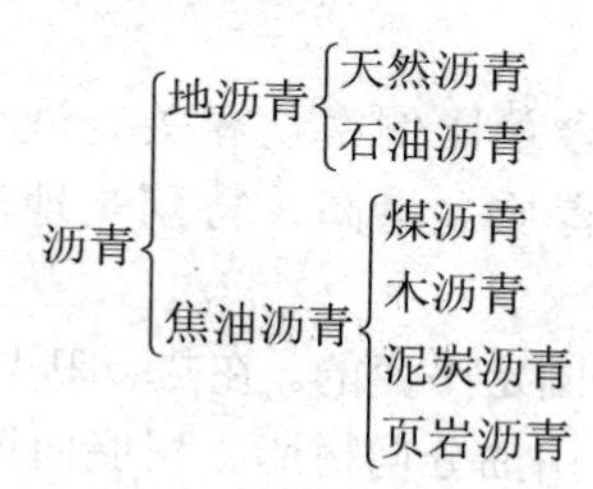


常用的沥青主要有石油沥青和煤沥青，在工程中应用最为广泛的是石油沥青。

### 一、石油沥青

#### （一）石油沥青的组分与结构

石油沥青是石油原油经蒸馏提炼出各种轻质油（如汽油、柴油等）及润滑油以后的残留物，再经加工而得的产品，是由多种化合物组成，其化学组成非常复杂。为了便于研究和使用，常将其中化学组成和物理性质比较接近的成分归类为若干组，称为组分。不同的组分对沥青的性质影响是不同的。石油沥青的主要组分一般包括油分、树脂和地沥青质。

1. 组分

（1）油分。油分是沥青中最轻的组分，密度为0.7～1.0g/cm$^3$，常温下是淡黄至红褐色的黏性透明液体，能溶于大部分的有机溶剂，如丙酮、苯、三氯甲烷等，但不溶于酒精。油分在石油沥青中的含量为40%～60%，能赋予沥青一定的流动性。

（2）树脂。树脂是红褐色至黑褐色的黏稠半固体，密度为1.0～1.1g/cm$^3$，在石油沥青中的含量为15%～30%。其分为酸性树脂和中性树脂，酸性树脂是沥青中表面活性物质，能增强沥青与矿物材料的黏结，中性树脂使沥青具有良好的塑性和黏结性，但在沥青中绝大部分是中性树脂，酸性树脂只占1%左右。

（3）地沥青质。地沥青质是石油沥青中质量最大的组分，密度为 1.1～1.5g/cm$^3$，是深褐色至黑褐色粉末状固体颗粒，在石油沥青中的含量为 10%～30%。它能提高沥青的黏滞性和耐热性，但含量越多，石油沥青的软化点越高，脆性越大，是决定沥青性质的主要成分。

2. 结构

沥青中的油分和树脂可以互溶。树脂可浸润地沥青质，而在其表面形成薄膜，并以地沥青质为核心，周围吸附部分树脂和油分，形成胶团，而很多的胶团各自分散在油分中形成各种胶体结构（溶胶结构、溶胶—凝胶结构、凝胶结构）。石油沥青的各组分含量相对不同，形成的胶团结构也不相同。

（1）溶胶结构。石油沥青中地沥青质含量较少，油分和树脂含量较多，地沥青质胶团在胶体结构中运动自由，形成溶胶结构。这种石油沥青的特点是：黏滞性小、流动性大、塑性好，但温度稳定性差。

（2）凝胶结构。地沥青质含量高，油分和树脂含量少，地沥青质胶团间的吸引力增大，移动较困难，形成凝胶型结构。这种石油沥青的特点是：弹性和黏性较高，温度敏感性较小，流动性和塑性较低。

（3）溶胶—凝胶结构。地沥青质含量适当，而胶团之间的距离和引力介于溶胶型和凝胶型之间的结构状态，即为溶胶—凝胶结构。这种石油沥青的特点也介于上述两者之间，大多数优质石油沥青属于这种结构状态。

石油沥青的性质与各组分的含量比例密切相关。液体沥青中油分、树脂较多，流动性较好；固体沥青中树脂及地沥青质含量高，特别是地沥青质含量高，所以热稳定性和黏性好。

石油沥青中各组分的比例不是固定不变的。在热、阳光、空气及水等外界因素的作用下，石油沥青中各组分会逐渐递变，即由油分向树脂、树脂向地沥青质转变，油分、树脂是逐渐减少的，而地沥青质是逐渐增加的，沥青的流动性和塑性逐渐变小，脆性逐渐增加直至脆裂，这就是沥青的老化现象。

此外，石油沥青中还含有一定的石蜡，从而降低了沥青的黏性和塑性，同时增加了沥青的温度敏感性，所以石蜡是石油沥青的有害成分。

### （二）石油沥青的技术性质

1. 黏滞性

黏滞性又称黏性，是指石油沥青在外力作用下抵抗变形的能力。沥青在常温下的状态不同，黏滞性的指标也不同。对于在常温下呈固体或半固体的石油沥青，以针入度表示黏滞性的大小，针入度是划分沥青牌号的主要性能指标；对于在常温下呈液体的石油沥青，以黏滞度表示其黏滞性的大小。黏滞性可表示沥青的软硬、稀稠程度。

黏滞度是指液态沥青在一定温度（20、25、30、60℃）条件下，经规定直径（3、5、10mm）的孔，流出 50mL 所需的时间（s）。黏滞度越大，表示沥青的稠度越大，见图 9-1。

针入度是指在温度为 25℃时，以质量为 100g 的标准针，经 5s 贯入沥青试样的深度，每深入 0.1mm 为 1 度。针入度的数值越小，表明黏滞性越大；反之，针入度的数值越大，沥青流动性越大，黏滞性越小。

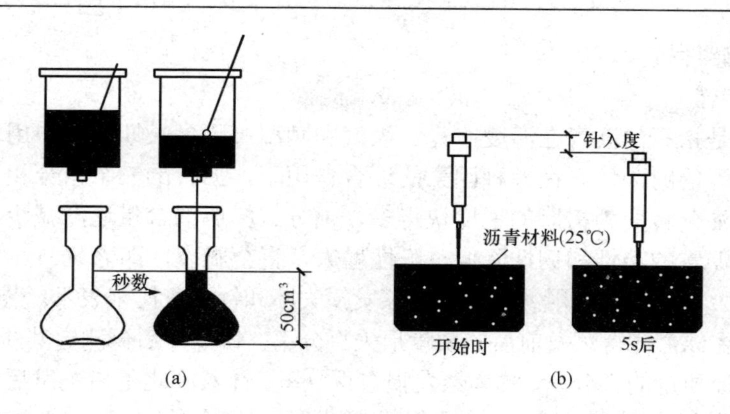


图 9-1　石油沥青黏滞性测定示意图

（a）黏滞度测定；（b）针入度测定

石油沥青的黏滞性与其组分及环境温度有关，当地沥青质含量较高，又有适量的树脂，且油分含量较少时，黏滞性较大。在一定的温度范围内，黏滞性是随温度的升高而降低的，反之则增大。

2. 塑性

塑性是指石油沥青在外力作用下产生变形而不破坏，除去外力后仍能保持变形后形状的性质。塑性用延度（或延伸度）表示。

延度是将沥青制成"∞"字形标准试件，在 25℃时以 5cm/min 的速度拉伸至试件断裂时的伸长值，以"cm"为单位。延度越大，沥青的塑性越好，柔性和抗裂性越好。延度测定如图 9-2 所示。

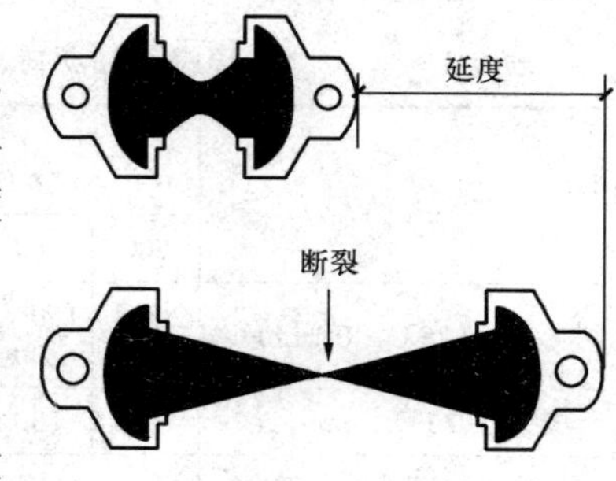


图 9-2　延度测定示意图

沥青塑性的大小与其组分和所处温度紧密相关。沥青的塑性随温度升高而增大，反之则减小；沥青质含量相同时，树脂和油分的比例将决定沥青的塑性大小，油分、树脂含量越多，沥青塑性越大。

3. 温度敏感性

温度敏感性是指石油沥青的黏滞性和塑性随温度升降而变化的快慢程度。其变化程度越小，表示沥青的温度敏感性越小；反之，温度敏感性越大。在建筑工程中，通常要求沥青具有较小的温度敏感性。

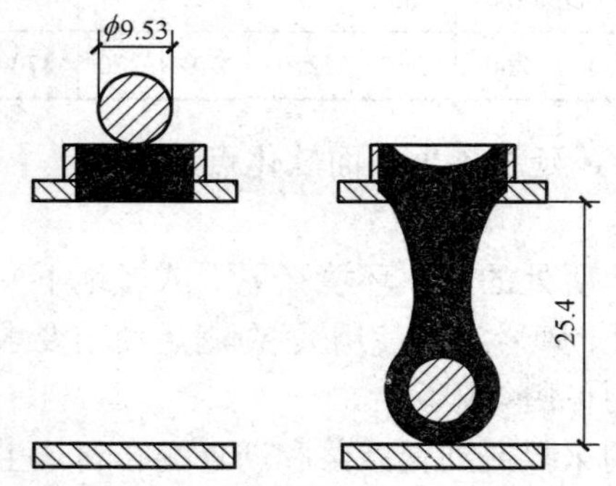


图 9-3　软化点测定示意图（单位：mm）

石油沥青的温度敏感性用软化点来表示，软化点通过"环球法"试验测定，如图 9-3 所示。将沥青试样装入规定尺寸的钢环中（内径为 18.9mm），上置规定尺寸和质量（3.5g）的钢球，再将置球的钢环放在有水或甘油的烧杯中，以 5℃/min 的速度加热至沥青软化下垂达 25.4mm 时的温度，即为沥青的软化点。软化点越高，沥青的耐热性越好，即温度敏感性越小，温度稳定性越好。

沥青的温度敏感性与其组分及含蜡量有关。沥青中地沥青质含量较多，其温度敏感性较小；沥青中含蜡量较多，其温度敏感性较大。

4. 大气稳定性

大气稳定性是指石油沥青在温度、光、氧气和潮湿等因素长期综合作用下性能的稳定程度，反映的是沥青的耐久性。在各种因素的综合作用下，沥青的三个组分相互转变，树脂转变为地沥青质比油分转变为树脂的速度快得多，油分、树脂的含量逐渐减少，地沥青质会逐渐增多，从而使沥青的塑性和韧性降低，脆性增大，直至脆裂，即老化。

石油沥青的大气稳定可以用沥青试样的蒸发损失率和针入度比来表示。蒸发损失率是将试样在160℃下恒温5h，测得蒸发前后的质量损失百分率，待冷却后再测定其质量和针入度。蒸发损失的质量占原质量的百分率，称为蒸发损失百分率；针入度比是指蒸发后针入度占原针入度的百分率。蒸发损失百分率越小、针入度比越大，则沥青的大气稳定性越好，老化越慢。

除了以上技术指标外，还有闪点、燃点、溶解度等，都对沥青的使用有很大影响，闪点和燃点直接影响沥青熬制温度的确定。

（三）石油沥青的技术标准

石油沥青主要有道路石油沥青、建筑石油沥青和防水防潮石油沥青三类。道路石油沥青、建筑石油沥青和防水防潮石油沥青的牌号是按照针入度、延度和软化点等技术指标划分的，并以针入度值来表示。针入度、延度和软化点称为沥青的三大指标。

各品种、各牌号沥青的技术指标见表9-1。

**表9-1 道路石油沥青、建筑石油沥青和防水防潮石油沥青的技术标准**

| 项目 | 道路石油沥青（NB/SH/T 0522—2010） | | | | | 建筑石油沥青（GB/T 494—2010） | | | 防水防潮石油沥青（SH/T 0002—1990） | | | |
|---|---|---|---|---|---|---|---|---|---|---|---|---|
| | 200 | 180 | 140 | 100 | 60 | 40 | 30 | 10 | 3号 | 4号 | 5号 | 6号 |
| 针入度（25℃，0.1mm） | 200～300 | 150～200 | 110～150 | 80～110 | 50～80 | 36～50 | 25～40 | 10～25 | 25～45 | 20～40 | 20～40 | 30～50 |
| 延度（25℃，cm）≥ | 20 | 100 | 100 | 90 | 70 | 3.5 | 3 | 1.5 | — | — | — | — |
| 软化点（环球法，℃） | 30～48 | 35～48 | 38～51 | 42～52 | 45～58 | 60 | 70 | 95 | 85 | 90 | 100 | 95 |
| 溶解度（三氯乙烯、三氯甲烷或苯，%）≥ | 99 | 99 | 99 | 99 | 99 | 99 | 99 | 99 | 98 | 98 | 95 | 92 |
| 蒸发损失（163℃，5h，%）≤ | 1.3 | 1.3 | 1.3 | 1.2 | 1.0 | 1 | 1 | 1 | 1 | | | |
| 蒸发后针入度（%）≥ | 50 | 60 | 60 | 65 | 70 | 65 | 65 | 65 | — | — | — | — |
| 闪点（开口，℃）≥ | 180 | 200 | 230 | 230 | 230 | 260 | 260 | 260 | 250 | 270 | 270 | 270 |

由表9-1可看出，牌号越大，沥青越软，针入度越大，延度越大，而软化点越低。

（四）石油沥青的选用

选用沥青材料时，应根据工程性质、当地气候条件、所处的工作环境（屋面或者地下）来选择不同的沥青（不同品种或不同牌号，或者两种及以上牌号混合使用）。在满足使用要求的前提下，尽量选用牌号较大的石油沥青，以保证较长的使用年限。

道路石油沥青具有黏滞性小、塑性好等特点，通常用来拌制沥青砂浆和沥青混合料，主要用于道路路面或车间地面等工程，也可用作密封材料、黏结剂及沥青涂料等工程。

建筑石油沥青具有良好的防水性、黏结性、耐热性及温度稳定性，但黏滞性大、塑性较差，主要用于建筑工程的防水和防腐，制造防水卷材、防水涂料和沥青胶等，用于屋面和各种防水工程。

对于屋面工程用于防水的沥青材料，不但要求黏性大，还应主要考虑耐热性要求。选用沥青的软化点应比当地可能出现的最高温度下屋面最高温度高 15～20℃，若软化点低了，夏季容易流淌。例如夏季气温较高时，可选用 10 号或 30 号石油沥青。对于不易受温度影响的部位或气温较低的地区，如地下防水、防潮层，可选用牌号较大的沥青，如 60 号或 100 号沥青。

防水防潮石油沥青的温度稳定性较好，特别适于作油毡的涂覆材料及建筑屋面与地下防水的黏结材料。

## 二、煤沥青

煤沥青（俗称柏油）是炼焦或生产煤气的副产品。烟煤干馏时所挥发的物质冷凝为煤焦油，煤焦油经分馏加工，提取出各种油质后的产品即为煤沥青。

煤沥青可分为硬煤沥青与软煤沥青两种。硬煤沥青是从煤焦油中蒸馏出轻油、中油、重油及蒽油之后的残留物，蒸馏温度高于 270℃，常温下一般是坚硬的固体。软煤沥青是从煤焦油中蒸馏出水分、轻油及部分中油后得到的产品，蒸馏温度低于 270℃。

煤沥青的组分见表 9-2。

表 9-2　煤沥青的组分

| 化学组分 | | 组分特性 | 对煤沥青性能的影响 |
|---|---|---|---|
| 游离碳 | | 不溶于苯，加热不熔，高温分解 | 提高黏度和温度稳定性，增加低温脆性 |
| 树脂 | 硬树脂 | 类似石油沥青中的沥青质 | 提高沥青的温度稳定性 |
| | 软树脂 | 相当于沥青中的树脂 | 增加沥青的延性，提高沥青的品质 |
| 油分 | | 液态的碳氢化合物 | 使沥青具有流动性 |
| 萘 | | 溶于油分中，低温结晶析出，常温下易挥发，有毒性 | 影响低温变形能力，加速沥青的老化 |
| 蒽 | | | |
| 酚 | | 溶于油分及水，易氧化，有毒性 | 加速沥青的老化 |

与石油沥青相比，煤沥青有以下特性：

（1）煤沥青含有蒽、酚、萘等物质，具有特殊的臭味和毒性，防腐性能强。

（2）煤沥青含表面活性物质多，与矿物表面黏附能力强，不易脱落。

（3）煤沥青含有较多的挥发性和化学稳定性差的物质，在热、光、氧气长期作用下，煤沥青的组成变化较大，易硬脆，大气稳定性较差。

（4）煤沥青中含有较多的游离碳，塑性较差，容易因变形而开裂。

由以上可见，煤沥青的主要技术性能比石油沥青差，主要用于木材防腐、制造涂料、铺设路面等。

石油沥青与煤沥青的鉴别方法见表 9-3。

表 9-3　石油沥青与煤沥青的鉴别方法

| 鉴别方法 | 石油沥青 | 煤沥青 |
|---|---|---|
| 密度（$g/cm^3$） | 近于 1.0 | 1.25～1.28 |

续表

| 鉴别方法 | 石油沥青 | 煤沥青 |
| --- | --- | --- |
| 燃烧 | 烟少、无色、有松香味、无毒 | 烟多、黄色、臭味大、有毒 |
| 锤击 | 声哑、有弹性、韧性好 | 声脆、韧性差 |
| 颜色 | 呈辉亮褐色 | 浓黑色 |
| 溶解 | 易溶于煤油或汽油中，棕黑色 | 难溶于煤油或汽油，呈黄绿色 |

### 三、改性沥青

改性沥青是在传统沥青中掺入橡胶、树脂、高分子聚合物、矿物料等物质，改善沥青的多种性能。对沥青进行改性的目的是提高沥青的强度、黏性，改善沥青的高温稳定性、低温抗裂性，提高沥青的抗老化性能。

（1）橡胶改性沥青。橡胶是沥青改性的重要的改性材料，常用的橡胶改性材料有再生橡胶、热塑性丁苯橡胶（SBS）等。橡胶和沥青之间有很好的共混性，使改性后的沥青兼具橡胶的很多优点，如高温变形小、低温柔韧性能好等。

（2）树脂改性沥青。在沥青中掺入一定的树脂改性材料后，可以改善沥青的耐寒性、耐热性、黏结性和不透水性，常用的树脂有聚乙烯（PE）、聚丙烯（PP）、无规聚丙烯（APP）。

（3）橡胶和树脂共混改性沥青。同时加入橡胶和树脂对沥青进行改性，可使改性后的沥青兼具橡胶和树脂的特性。树脂比橡胶便宜，橡胶和树脂又有较好的混溶性，故改性的效果比较好。

（4）矿物填料改性沥青。在沥青中加入一定数量的矿物添加料，可以提高沥青的耐热性、黏滞性和大气稳定性，减小沥青的温度敏感性。常用的矿物填料有粉状和纤维状两大类，粉状填料有石灰石粉、滑石粉、云母粉，纤维状填料有石棉绒及石棉粉等。

## 第二节 防水卷材

防水卷材是建筑防水材料的重要产品之一，是一种可以卷曲的片状制品。其按组成材料分为沥青防水卷材、高聚物改性沥青防水卷材和合成高分子防水卷材三大类。后两类卷材的综合性能优越，是目前国内大力推广使用的新型防水卷材。

防水卷材应该具有良好的耐水性、抗老化性能和温度稳定性，同时应该具有较强的机械强度、柔韧性、延伸性和抗断裂能力。

### 一、石油沥青防水卷材

石油沥青防水卷材是在基胎（原纸、纤维织物、纤维毡等）浸涂沥青后，在表面撒布粉状、粒状或片状材料制成的可卷曲的片状防水材料。

石油沥青类防水卷材有石油沥青纸胎油毡和油纸、石油沥青玻璃纤维（或玻璃布）油毡等品种。

#### （一）石油沥青纸胎油毡

石油沥青纸胎油毡是采用低软化点的石油沥青浸渍原纸，用高软化点的沥青涂盖油纸的两面，再撒以隔离材料而制成的一种纸胎油毡。

《石油沥青纸胎油毡》（GB 326—2007）中规定：纸胎油毡幅宽标准为1000mm；按隔离

材料分为粉毡和片毡；每卷油毡的总面积为 20m²±0.3m²；按油毡的卷重和物理性能分为Ⅰ型、Ⅱ型和Ⅲ型三个等级，其物理性质见表 9-4。Ⅰ型、Ⅱ型油毡用于表面辅助防水、保护隔层、临时性建筑防水、防水防潮包装等，Ⅲ型油毡适用于屋面多层防水。

**表 9-4　　石油沥青纸胎油毡的物理性能（GB 326—2007）**

| 项　目 | | | 指　标 | | |
|---|---|---|---|---|---|
| | | | Ⅰ型 | Ⅱ型 | Ⅲ型 |
| 单位面积浸涂材料总量（g/m²） | | ≥ | 600 | 750 | 1000 |
| 不透水性 | 压力（MPa） | ≥ | 0.02 | 0.02 | 0.10 |
| | 保持时间（min） | ≥ | 20 | 30 | 30 |
| 吸水率（%） | | ≤ | 3.0 | 2.0 | 1.0 |
| 耐热度 | | | 85℃±2℃，2h 涂盖层无滑动、流淌和集中性气泡 | | |
| 拉力（纵向，N/50mm） | | ≥ | 240 | 270 | 340 |
| 柔度 | | | 18℃±2℃，绕 $\phi$20 棒或弯板无裂纹 | | |

（二）石油沥青玻璃纤维油毡（简称玻纤油毡）和玻璃布油毡

石油沥青玻璃纤维（或玻璃布）油毡是采用玻璃纤维为胎基，浸涂石油沥青，表面撒以矿物粉料或覆盖聚乙烯薄膜等隔离材料而制成的一种防水卷材。按每 10m² 的标准质量分为 15 号、25 号两个标号。其性能指标应符合《石油沥青玻璃纤维胎油毡》（GB/T 14686—2008）的规定，见表 9-5。这种油毡柔性好、耐化学微生物腐蚀、寿命长，主要适用于屋面防潮、地下防水、金属管道等工程的防腐保护层。

根据国标《屋面工程质量验收规范》（GB 50207—2012）的规定，石油沥青防水卷材仅适用于屋面防水等级为Ⅲ级（应选用三毡四油防水做法）和Ⅳ级的防水工程（应选用二毡三油防水做法）。

**表 9-5　　玻璃纤维油毡材料性能**

| 序号 | 项　目 | | 指　标 | |
|---|---|---|---|---|
| | | | Ⅰ型 | Ⅱ型 |
| 1 | 可溶物含量（g/m³）≥ | 15 号 | 700 | |
| | | 25 号 | 1200 | |
| | | 实验现象 | 胎基不燃 | |
| 2 | 拉力（N/50mm）≥ | 纵向 | 350 | 500 |
| | | 横向 | 250 | 400 |
| 3 | 耐热性 | | 85℃ | |
| | | | 无滑动、流淌、滴落 | |
| 4 | 低温柔性 | | 10℃ | 5℃ |
| | | | 无裂缝 | |
| 5 | 不透水性 | | 0.1MPa，30min 不透水 | |
| 6 | 钉杆撕裂强度（N）≥ | | 40 | 50 |

续表

| 序号 | 项目 | | 指标 | |
|---|---|---|---|---|
| | | | Ⅰ型 | Ⅱ型 |
| 7 | 热老化性 | 外观 | 无裂纹、无起泡 | |
| | | 拉力保持率（%）≥ | 85 | |
| | | 质量损失率（%）≤ | 2.0 | |
| | | 低温柔性 | 15℃ | 10℃ |
| | | | 无裂缝 | |

## 二、高聚物改性沥青防水卷材

高聚物改性沥青防水卷材是以改性后的沥青为涂盖层，以纤维织物或纤维毡等为胎基制成的柔性卷材。它克服了传统沥青防水卷材温度稳定性差、延伸率低的不足，具有高温不流淌、低温不脆裂、拉伸强度高、延伸率较大等性能。根据《屋面工程质量验收规范》（GB 50207—2002）的规定，高聚性改性沥青防水卷材有 SBS、APP、PVC 等，国家重点发展 SBS 卷材，适当发展 APP 卷材。

### （一）弹性体改性沥青防水卷材

弹性体改性沥青防水卷材是以 SBS 热塑性弹性体作改性剂，以聚酯毡或玻纤毡为胎基，两面覆盖聚乙烯膜（PE）、细砂（S）、矿物粒（片）料制成的卷材，简称 SBS 卷材，属于弹性体卷材。

（1）分类。弹性体改性沥青防水卷材按胎基材料分为聚酯胎（PY）和玻纤胎（G）两类；按上表面隔离材料分为聚乙烯膜（PE）、细砂（S）与矿物粒（片）料（M）三种；按物理力学性能分为Ⅰ型和Ⅱ型。卷材按胎基和上表面材料分为六个品种，见表 9-6。

**表 9-6　弹（塑）性体改性沥青防水卷材的品种（GB 18242—2008、GB 18243—2008）**

| 上表面材料 \ 胎基 | 聚酯胎 | 玻纤胎 |
|---|---|---|
| 聚乙烯膜 | PY-PE | G-PE |
| 细砂 | PY-S | G-S |
| 矿物粒（片）料 | PY-M | G-M |

（2）规格。弹性体改性沥青防水卷材幅面宽 1000mm；聚酯毡厚度有 3mm 和 4mm，玻纤毡厚度有 2、3、4mm；卷材面积分为 15、10、7.5m$^2$。

（3）技术性质。该卷材的卷重、面积及厚度应符合表 9-7 的规定。弹性体改性沥青防水卷材具有良好的不透水性和低温柔性，同时还具有抗拉强度高、延伸率大、耐腐蚀性及耐热性好等优点。卷材的物理力学性能应符合表 9-8 的规定。

**表 9-7　弹性体改性沥青防水卷材面积、质量及厚度（GB 18242—2008、GB 18243—2008）**

| 规格（公称厚度，mm） | 3 | | | 4 | | | 5 | | |
|---|---|---|---|---|---|---|---|---|---|
| 上表面材料 | PE | S | M | PE | S | M | PE | S | M |
| 下表面材料 | PE | PE、S | | PE | PE、S | | PE | PE、S | |

续表

<table>
<tr><td colspan="2">规格（公称厚度，mm）</td><td colspan="3">3</td><td colspan="3">4</td><td colspan="3">5</td></tr>
<tr><td rowspan="2">面积<br>（m²/卷）</td><td>公称面积</td><td colspan="3">10、15</td><td colspan="3">10、7、5</td><td colspan="3">7.5</td></tr>
<tr><td>偏差</td><td colspan="3">±0.10</td><td colspan="3">±0.10</td><td colspan="3">±0.10</td></tr>
<tr><td colspan="2">单位面积质量（kg/m²）</td><td>3.3</td><td>3.5</td><td>4.0</td><td>4.3</td><td>4.5</td><td>5.0</td><td>5.3</td><td>5.5</td><td>6.0</td></tr>
<tr><td rowspan="2">厚度<br>（mm）</td><td>平均值≥</td><td colspan="3">3.0</td><td colspan="3">4.0</td><td colspan="3">5.0</td></tr>
<tr><td>最小单值</td><td colspan="3">2.7</td><td colspan="3">3.7</td><td colspan="3">4.7</td></tr>
</table>

**表 9-8 弹性体改性沥青防水卷材的物理力学性能（GB 18242—2008）**

<table>
<tr><td rowspan="2">序号</td><td colspan="3">胎基</td><td colspan="2">I</td><td colspan="3">II</td></tr>
<tr><td colspan="3">型号</td><td>PY</td><td>G</td><td>PY</td><td>G</td><td>PYG</td></tr>
<tr><td rowspan="3">1</td><td rowspan="3">可溶物含量（g/m²）<br>≥</td><td colspan="2">3mm</td><td colspan="4">2100</td><td>—</td></tr>
<tr><td colspan="2">4mm</td><td colspan="4">2900</td><td>—</td></tr>
<tr><td colspan="2">5mm</td><td colspan="5">3500</td></tr>
<tr><td>2</td><td colspan="3">压力（不透水，MPa） ≥</td><td>0.3</td><td>0.2</td><td colspan="3">0.3</td></tr>
<tr><td rowspan="2">3</td><td colspan="3" rowspan="2">耐热度（℃）</td><td colspan="2">90</td><td colspan="3">105</td></tr>
<tr><td colspan="5">无滑动、流淌、滴落</td></tr>
<tr><td rowspan="3">4</td><td rowspan="3">拉力（N/50mm）<br>≥</td><td colspan="2">最大峰拉力</td><td>500</td><td>350</td><td>800</td><td>500</td><td>900</td></tr>
<tr><td colspan="2">次高峰拉力</td><td>—</td><td>—</td><td>—</td><td>—</td><td>800</td></tr>
<tr><td colspan="2">实验现象</td><td colspan="5">拉伸过程中，试件中部无沥青覆盖层开裂或与胎基分离现象</td></tr>
<tr><td rowspan="2">5</td><td rowspan="2">延伸率（%）<br>≥</td><td colspan="2">最大峰时延伸率</td><td>30</td><td rowspan="2">—</td><td>40</td><td rowspan="2">—</td><td>—</td></tr>
<tr><td colspan="2">第二峰时延伸率</td><td>—</td><td>—</td><td>15</td></tr>
<tr><td rowspan="2">6</td><td colspan="3" rowspan="2">低温柔性</td><td colspan="2">−20℃</td><td colspan="3">−25℃</td></tr>
<tr><td colspan="5">无裂纹</td></tr>
<tr><td>7</td><td colspan="3">撕裂强度（N） ≥</td><td colspan="4">—</td><td>300</td></tr>
<tr><td rowspan="4">8</td><td rowspan="4">人工气候加速老化</td><td colspan="2">外观</td><td colspan="5">无滑动、流淌、滴落</td></tr>
<tr><td>拉力保持率（%）<br>≥</td><td>纵向</td><td colspan="5">80</td></tr>
<tr><td colspan="2" rowspan="2">低温柔性</td><td colspan="2">−15℃</td><td colspan="3">−20℃</td></tr>
<tr><td colspan="5">无裂纹</td></tr>
</table>

### （二）塑性体改性沥青防水卷材

塑性体改性沥青防水卷材是用热塑性沥青浸渍胎基，两面涂以 APP 改性沥青涂盖层，上表面撒布细砂、矿物粒（片）料或覆盖聚乙烯膜，下表面撒布细砂或覆盖聚乙烯膜所制成的一种改性沥青防水卷材。

APP 改性沥青防水卷材是塑性体改性沥青防水卷材的一种，其胎基有玻纤胎和聚酯胎两种。APP 改性沥青防水卷材的品种见表 9-6，其卷重、面积及厚度应符合表 9-7 的规定。

塑性体改性沥青防水卷材的技术性质与弹性体改性沥青防水卷材基本相同，而塑性体改性沥青防水卷材具有耐热性更好的优点，但低温柔性较差。塑性体改性沥青防水卷材的适用范围与弹性体改性沥青防水卷材基本相同，尤其适用于高温或有强烈太阳辐射地区的建筑物防水。塑性体改性沥青防水卷材可用热熔法、自粘法施工，也可用胶粘剂进行冷粘法施工。

塑性体改性沥青防水卷材的物理力学性能应符合《塑性体改性沥青防水卷材》（GB 18243—2008）的规定，见表 9-9。

**表 9-9　塑性体改性沥青防水卷材的物理力学性能（GB 18243—2008）**

| 序号 | 胎基 | | I | | II | | |
|---|---|---|---|---|---|---|---|
| | 型号 | | PY | G | PY | G | PYG |
| 1 | 可溶物含量(g/m²) ≥ | 3mm* | 2100 | | | | — |
| | | 4mm* | 2900 | | | | — |
| | | 5mm* | 3500 | | | | |
| 2 | 压力（不透水，MPa） ≥ | | 0.3 | 0.2 | 0.3 | | |
| 3 | 耐热度（℃） | | 110 | | 130 | | |
| | | | 无流淌、滴落 | | | | |
| 4 | 拉力（N/50mm） ≥ | 最大峰拉力 | 500 | 350 | 800 | 500 | 900 |
| | | 次高峰拉力 | — | — | — | — | 800 |
| | | 实验现象 | 拉伸过程中，试件中部无沥青覆盖层开裂或与胎基分离现象 | | | | |
| 5 | 延伸率（%） ≥ | 最大峰时延伸率 | 25 | — | 40 | — | — |
| | | 第二峰时延伸率 | — | | — | | 15 |
| 6 | 低温柔性 | | −7℃ | | −15℃ | | |
| | | | 无裂缝 | | | | |
| 7 | 撕裂强度（N） ≥ | | — | | | | 300 |
| 8 | 人工气候加速老化 | 外观 | 无滑动、流淌、滴落 | | | | |
| | | 拉力保持率（纵向，%） ≥ | 80 | | | | |
| | | 低温柔性 | −2℃ | | −10℃ | | |
| | | | 无裂纹 | | | | |

* 卷材公称厚度。

## 三、合成高分子防水卷材

合成高分子防水卷材是以合成树脂、合成橡胶或两者的共混体为基料，加入适量的化学助剂和添加剂，经特定工序制成的防水卷材（片材），属高档防水材料。高分子防水卷材的种类很多，最具代表性的有以下几种。

### （一）三元乙丙橡胶防水卷材（EPDM）

这种卷材是以三元乙丙橡胶为主要原料，掺入适量的丁基橡胶和各种添加剂（硫化剂、软化剂、填充剂）等制成的高弹性防水卷材。

三元乙丙橡胶防水卷材具有优良的耐高/低温性、耐臭氧性，同时还具有良好的抗老化性，使用寿命长达 30 年以上，弹性、拉伸性能也极佳，属于高档防水材料。其技术性质应符合表 9-10 的规定。

三元乙丙橡胶防水卷材适用范围广，适用于建筑工程外露屋面的防水和大跨度、受振动建筑工程的防水，以及地下室、桥梁、隧道等的防水。

表 9-10　三元乙丙橡胶防水卷材的主要技术性能要求

| 指　标　名　称 | | 一　等　品 | 合　格　品 |
|---|---|---|---|
| 拉伸强度（常温，MPa） | ≥ | 8.0 | 7.0 |
| 断裂伸长率（%） | ≥ | 450 | 450 |
| 脆性温度（℃） | ≤ | –45 | –40 |
| 不透水性（保持 30min，MPa） | ≥ | 0.3 | 0.1 |

（二）聚氯乙烯防水卷材（PVC）

PVC卷材是以聚氯乙烯树脂为主要原料，掺加适量助剂和填充材料加工而成的防水材料，属于柔性防水卷材。

PVC 卷材按有无复合层分为无复合层的 N 类、用纤维单面复合的 L 类和织物内增强的 W 类，每类产品按理化性能分为 I 型和 II 型。PVC 防水卷材的技术性质应符合《聚氯乙烯防水卷材》（GB 12952—2003）的规定，各类卷材的主要技术性能要求见表 9-11。

表 9-11　聚氯乙烯防水卷材的主要技术性能要求（GB 12952—2003）

| 指标名称 | | N 类 | | L 类和 W 类 | |
|---|---|---|---|---|---|
| | | I 型 | II 型 | I 型 | II 型 |
| 拉伸强度（MPa） | ≥ | 8.0 | 12.0 | 100 | 160 |
| 断裂伸长率（%） | ≥ | 200 | 250 | 150 | 200 |
| 低温弯折性 | | –20℃无裂纹 | –25℃无裂纹 | –20℃无裂纹 | –25℃无裂纹 |
| 不透水性 | | 不透水 | | | |
| 抗穿孔性 | | 不渗水 | | | |

PVC 卷材抗拉强度高、伸长率大、低温柔韧性好、使用寿命长，同时还具有尺寸稳定、耐热性、耐腐蚀性和耐细菌性等均较好的特性。

PVC 卷材主要用于建筑工程的屋面防水，也可用于水池、地下室、堤坝、水渠等防水抗渗工程。PVC 防水卷材的施工方法有黏结法、空铺法和机械固定法三种。

（三）氯化聚乙烯—橡胶共混防水卷材

氯化聚乙烯—橡胶共混防水卷材是用氯化聚乙烯与合成橡胶共混物为主体，加入各种添加剂（硫化剂、稳定剂、软化剂、填充剂）加工而成的高弹性防水卷材。

此类防水卷材兼有塑料和橡胶的特点，具有强度高，耐臭氧性、耐水性、耐腐蚀性、抗老化性好，断裂伸长率高以及低温柔韧性好等特点，因此特别适用于寒冷地区或变形较大的建筑防水工程，也可用于有保护层的屋面、地下室、贮水池等防水工程。这种卷材采用粘合剂冷粘施工。

## 第三节　防水涂料、防水油膏

防水涂料（胶粘剂）是以沥青、合成高分子等材料为主体，在常温下呈液态，经涂布后通过溶剂的挥发、水分的蒸发或化学反应固化，在结构表面形成坚韧防水膜的材料。

防水涂料按成膜物质的主要成分，可分为沥青类、高聚物改性沥青类、合成高分子类；根据组分不同，可分为单组分和双组分防水涂料；按涂料的液态类型，可分为溶剂型、水乳型、反应型三种。

## 一、沥青防水涂料

沥青防水涂料是指以沥青为基料配制而成的水乳型或溶剂型防水涂料，主要适应于防水等级为Ⅲ、Ⅳ级的屋面防水及卫生间防水等。

### （一）冷底子油

冷底子油是将建筑石油沥青加入汽油、煤油、苯等有机溶剂中而得到的溶剂型沥青涂料。由于施工后形成的涂膜很薄，一般不单独使用，往往用作沥青类卷材施工时打底的基层处理剂，故称冷底子油。

冷底子油黏度小，具有良好的流动性。涂刷在混凝土、砂浆等表面后能很快渗入基底，溶剂挥发后沥青颗粒则留在基底的微孔中，使基底表面具有憎水性，并具有黏结性，为黏结同类防水材料创造有利条件。

冷底子油常用30%～40%的30号或10号石油沥青与60%～70%的有机溶剂（多用汽油）配制而成，施工时随用随配。

### （二）沥青胶

沥青胶是用沥青材料与粉状或纤维的矿质填充料均匀拌和而成的混合物，按所用材料及施工方法不同，可分为热用沥青胶和冷用沥青胶。热用沥青胶是将70%～90%的沥青加热至180～200℃，使其脱水后，与10%～30%的干燥填料加热混合均匀后，热用施工；冷用沥青胶是将40%～50%的沥青熔化脱水后，缓慢加入25%～30%的溶剂，再掺入10%～30%的填料，混合均匀制成，在常温下施工。

沥青胶的技术性能要符合耐热度、柔韧性和黏结力三项要求，见表9-12。

**表9-12 沥青胶的技术性能**

| 项目 | 标号 | | | | | |
|---|---|---|---|---|---|---|
| | S-60 | S-65 | S-70 | S-75 | S-80 | S-85 |
| 耐热度 | 用2mm厚的沥青胶粘合两张沥青油纸；在不低于下列温度（℃），于45°的坡度上，停放5h，沥青胶不应流出，油纸不应滑动 | | | | | |
| | 60 | 65 | 70 | 75 | 80 | 85 |
| 柔韧性 | 涂在沥青油纸上的2mm厚沥青胶层，在18℃±2℃时，围绕下列直径（mm）的圆棒以5s时间且均衡速度弯曲半周，沥青胶不应有裂纹 | | | | | |
| | 10 | 15 | 15 | 20 | 25 | 30 |
| 黏结力 | 将两张用沥青胶粘贴在一起的油纸慢慢一次撕开，其油纸和沥青胶粘贴面的任何一面撕开部分应不大于粘贴面的1/2 | | | | | |

### （三）水乳型沥青防水涂料

水乳型沥青防水涂料是指以乳化沥青为基料的防水涂料，主要用于Ⅲ、Ⅳ级防水等级的工业与民用建筑屋面、地下室和卫生间防水等。

水乳型沥青防水涂料按乳化剂、成品外观和施工工艺的差别分为AE-1、AE-2型两大类。AE-1型是以石油沥青为基料，用石棉纤维或其他矿物填充料改性的水性沥青厚质防水涂料，如水性沥青石棉防水涂料、膨润土沥青乳液、石灰乳化沥青；AE-2 型是用化学乳化剂配成的乳化沥青，掺入氯丁胶乳或再生橡胶等改性的水性沥青基薄质防水涂料，如氯丁胶乳沥青防止涂料、水乳型再生胶沥青防水涂料等。其性能指标应符合《水乳型沥青防水涂料》（JC/T 408—2005）的规定。

## 二、高聚物改性沥青防水涂料

高聚物改性沥青防水涂料是以改性沥青为基料，用合成高分子聚合物进行改性，制成的水乳型或溶剂型防水涂料。这类涂料由于用橡胶进行了改性，因此在柔韧性、抗裂性、拉伸强度、耐高/低温性能、使用寿命等方面都比沥青基涂料有很大改善。其品种包括再生橡胶改性沥青防水涂料、水乳型氯丁橡胶沥青防水涂料和 SBS 橡胶改性沥青防水涂料等。

## 三、合成高分子防水涂料

合成高分子防水类涂料是以合成橡胶或合成树脂为主要成膜物质，加入其他辅料而配制成的单组分或双组分防水涂料，主要有聚氨酯、丙烯酸酯防水涂料等。这类涂料具有弹性高、耐久性好及耐高/低温性能优良的特点。

## 四、防水油膏

防水油膏是一种非定性的建筑密封材料，也叫密封膏、密封胶、密封剂，是使建筑上的各种接缝或裂缝、变形缝（沉降缝、伸缩缝、抗震缝）保持水密、气密性能，并具有一定强度，能连接构件的填充材料。

密封材料应具有优良的黏结性、施工性、抗下垂性，以便能在黏结物之间形成连续防水体；应具有良好的弹塑性，从而能经受建筑构件因各种原因引起的接缝变形；应具有较好的耐候性、耐水性，从而能保持长期的黏结性与拉伸—压缩循环性能。

选用防水油膏时，应根据被黏结基层的材质、表面状态和性质来选择黏结性良好的密封材料；建筑物中不同部位的接缝，对防水油膏的要求不同，如室外的接缝要求具有较高的耐候性；伸缩缝要求具有较好的弹塑性和拉伸—压缩循环性能。

### （一）丙烯酸酯建筑密封胶（膏）

丙烯酸酯建筑密封胶是丙烯酸树脂掺入增塑剂、分散剂、碳酸钙等配制而成的，有溶剂型和水乳型两种。这种密封胶弹性好，能适应一般基层的伸缩变形，具有优异的抗紫外线性能，尤其是对于透过玻璃的紫外线，并具有良好的耐候性、耐热性、低温柔性、耐水性、着色性等性能，且无污染。

水乳型丙烯酸酯建筑密封胶的技术性质应符合《丙烯酸酯建筑密封胶》（JC/T 484—2006）的规定，其主要技术要求见表 9-13。

表 9-13　水乳型丙烯酸酯建筑密封胶的技术性质

<table>
<tr><th colspan="3">项　目</th><th>优等品</th><th>一等品</th><th>合格品</th></tr>
<tr><td colspan="3">低温柔性（℃）</td><td>−40</td><td>−30</td><td>−20</td></tr>
<tr><td rowspan="2">拉伸黏结性</td><td>最大拉伸强度（MPa）</td><td>≥</td><td colspan="3">0.02～0.15</td></tr>
<tr><td>最大伸长率（%）</td><td>≥</td><td>400</td><td>250</td><td>150</td></tr>
<tr><td rowspan="2">拉伸—压缩循环性能</td><td colspan="2">级别</td><td>7020</td><td>7010</td><td>7005</td></tr>
<tr><td>黏结破坏面积（%）</td><td>≤</td><td colspan="3">25</td></tr>
</table>

### （二）聚氨酯建筑密封胶（膏）

聚氨酯建筑密封胶一般用双组分配制，甲组分是含有异氰酸酯基的预聚体，乙组分含有多羟基的固化剂与增塑剂、填充料以及稀释剂等。使用时，将甲、乙两组分按比例混合，经固化反应成弹性体。其技术性能应符合《聚氨酯建筑密封胶》（JC 482—2003）的要求，见表 9-14。这种密封胶能够在常温下固化，并有着优异的弹性性能、耐热耐寒性能和耐久性，与混凝土、木材、金属、塑料等多种材料有着很好的黏结力，广泛用于各种装配式建筑的屋面板、楼地板、阳台、窗框、卫生间等部位的接缝密封及各种施工缝的密封、混凝土裂缝的修补等。

**表 9-14　　聚氨酯建筑密封胶的技术性能**

| 项目 | | | 指标 | | |
|---|---|---|---|---|---|
| | | | 优等品 | 一等品 | 合格品 |
| 密度（g/cm³） | | | 规定值±0.1 | | |
| 适用期（h） | | ≥ | 3 | | |
| 表干时间（h） | | ≤ | 24 | 48 | |
| 渗出性指数 | | ≤ | 2 | | |
| 流变性 | 下垂度（N 型，mm） | ≤ | 3 | | |
| | 流平性（L 型） | | 5℃自流平 | | |
| 低温柔性（℃） | | | –40 | –30 | |
| 拉伸黏结性 | 最大拉伸强度（MPa） | ≤ | 0.2 | | |
| | 最大伸长率（%） | ≤ | 400 | 200 | |
| 定伸黏结性（%） | | ≥ | 200 | 160 | |
| 弹性恢复率（%） | | ≥ | 95 | 90 | 85 |
| 剥离黏结性 | 强度（N/mm） | ≥ | 0.9 | 0.7 | 0.5 |
| | 黏结破坏面积（%） | ≤ | 25 | 25 | 40 |
| 拉伸—压缩循环性能 | 级别 | | 9030 | 8020 | 7020 |
| | 黏结和内聚破坏面积（%） | ≤ | 25 | | |

### （三）聚硫建筑密封胶（膏）

聚硫建筑密封胶是以液态聚硫橡胶为主剂，并与金属过氧化物等硫化剂反应，在常温下形成的弹性密封材料。聚硫建筑密封胶分为高模量低伸长率（A 类）和低模量高伸长率（B 类）两类；按流变性能又分为 N 型和 L 型，其中 N 型为用于立缝或斜缝而不坠落的非下垂型，L 型为用于水平缝，能自流平形成光滑、平整表面的自流平型。其技术性能应符合《聚硫建筑密封胶》（JC/T 483—2006）的要求，见表 9-15。

**表 9-15　　聚硫建筑密封胶的技术性能**

| 项目 | A类 | | B类 | | |
|---|---|---|---|---|---|
| | 一等品 | 合格品 | 优等品 | 一等品 | 合格品 |
| 密度（g/cm³） | 规定值±0.1 | | | | |
| 适用期（h） | 2～6 | | | | |

续表

| 项目 | | A类 | | B类 | | |
|---|---|---|---|---|---|---|
| | | 一等品 | 合格品 | 优等品 | 一等品 | 合格品 |
| 表干时间（h） ≤ | | 24 | | | | |
| 渗出性指数 ≤ | | 4 | | | | |
| 流变性 | 下垂度（N型，mm）≤ | 3 | | | | |
| | 流平性（L型） | 光滑、平整 | | | | |
| 低温柔性（℃） | | –30 | | –40 | –30 | |
| 拉伸黏结性 | 最大拉伸强度（MPa）≤ | 1.2 | 0.8 | 0.2 | | |
| | 最大伸长率（%） ≤ | 100 | | 400 | 300 | 200 |
| 弹性恢复率（%） ≥ | | 90 | | 80 | | |
| 拉伸—压缩循环性能 | 级别 | 8020 | 7010 | 9030 | 8020 | 7010 |
| | 黏结和内聚破坏面积（%） ≤ | 25 | | | | |
| 加热失重（%） ≤ | | 10 | | 6 | 10 | |

这种密封材料能形成类似于橡胶的高弹性密封口，能承受持续和明显的循环位移，使用温度范围大，在–40～+90℃的温度范围内能保持其各项性能指标不变，与金属、非金属材质均具有良好的黏结力；适用于混凝土墙板、屋面板、楼板等部位的接缝密封，以及游泳池、贮水槽、上下水管道等工程的伸缩缝、沉降缝的防水密封，特别适用于金属幕墙、金属门窗四周的防水、防尘密封。因为固化剂中常含有铅成分，所以在使用时应避免直接接触皮肤。

（四）硅酮建筑密封胶

硅酮建筑密封胶是以有机硅为基料配制成的建筑用高弹性密封胶。其按用途分为建筑接缝用（F类）和镶装玻璃用（G类）两类；按位移能力分为25、20两个级别；按拉伸模量分为高弹模（HM）和低弹模（LM）两个级别。其主要技术指标应符合《硅酮建筑密封胶》（GB/T 14683—2003）的要求，见表9-16。

**表9-16 硅酮建筑密封胶的主要技术性能**

| 序号 | 项目 | | 指标 | | | |
|---|---|---|---|---|---|---|
| | | | 25HM | 20HM | 25LM | 20LM |
| 1 | 密度（$g/cm^3$） | | 规定值±0.1 | | | |
| 2 | 下垂度（mm） | 垂直 ≤ | 3 | | | |
| | | 水平 | 无变形 | | | |
| 3 | 挤出性（mL/min） ≥ | | 80 | | | |
| 4 | 弹性恢复率（%） ≥ | | 80 | | | |
| 5 | 定伸黏结性 | | 无破坏 | | | |
| 6 | 冷拉—热压后黏结性 | | 无破坏 | | | |
| 7 | 浸水后定伸黏结性 | | 无破坏 | | | |
| 8 | 质量损失率（%） ≤ | | 10 | | | |

硅酮建筑密封胶具有优异的耐热、耐寒性和耐候性能，与各种材料有着较好的黏结性，

耐伸缩疲劳性强，耐水性好。F 类硅酮建筑密封胶适用于预制混凝土墙板、水泥板、大理石板的外墙接缝，混凝土和金属框架的黏结，卫生间和公路接缝的防水密封；G 类硅酮建筑密封胶适用于镶嵌玻璃和建筑门、窗的密封。

密封材料在储运和保管过程中，应避开火源、热源，避免日晒、雨淋，防止碰撞，保持包装完好无损；外包装应贴有明显的标记，标明产品的名称、生产厂家、生产日期和使用有效期；应分类储放在通风、阴凉的室内，环境温度不应超 50℃。

## 本　章　小　结

通过本章学习，重点掌握石油沥青的主要技术性质及应用；理解石油沥青组分对沥青性能的影响；了解防水卷材、防水涂料和防水油膏的性能要求及应用。

## 复　习　题

**一、填空题**

1．石油沥青的塑性是指（　　）；塑性大小用（　　）指标表示。

2．石油沥青的三大技术指标是（　　）、（　　）和（　　），它们分别表示石油沥青的（　　）性、（　　）性和（　　）性。

3．石油沥青的牌号降低，其黏性（　　），塑性（　　），温度敏感性（　　）。

4．石油沥青的温度敏感性是沥青的（　　）性和（　　）性随温度变化而改变的性能。当温度升高时，沥青的（　　）性增大，（　　）性减小。

5．沥青胶按所用材料及施工方法不同可分为（　　）和（　　）。

**二、选择题**

1．随着时间的延长，石油沥青的组分递变的顺序是（　　）。

A．油分→树脂→地沥青质　　B．树脂→油分→地沥青质

C．油分→地沥青质→树脂

2．石油沥青的针入度越大，则其黏滞性（　　）。

A．越小　　B．越大　　C．不变　　D．两者无关

3．石油沥青的组分不包括（　　）。

A．油分　　B．树脂　　C．地沥青质　　D．蜡

4．为避免夏季流淌，一般屋面用沥青材料的软化点要比本地区屋面最高温度高（　　）。

A．10℃以上　　B．20℃以上　　C．15℃以上　　D．30℃以上

5．同一品种的石油沥青，其牌号越高，则说明其（　　）。

A．针入度越小　　B．流动性越小　　C．黏滞性越小　　D．黏滞性越大

**三、判断题**（正确的在括号内打“√”，错误的打“×”）

1．石油沥青的牌号越高，说明其针入度越大，温度敏感性越大。（　　）

2．石油沥青的组分是油分、树脂和地沥青质，它们的含量都是随时间的延长而逐渐减少的。（　　）

3．石油沥青的黏滞性用针入度表示，针入度值的单位是“mm”。（　　）

4. 当温度在一定范围内变化，石油沥青的黏性和塑性变化较小时，则为温度敏感性较大。（ ）

5. 石油沥青的软化点越低，其温度敏感性越小。（ ）

## 四、简述题

1. 石油沥青的主要组分有哪些？对沥青的性能有何影响？
2. 石油沥青的技术性质有哪些？
3. 什么是改性沥青？常用的改性沥青有哪几种？各具有哪些特点？
4. 什么是防水卷材？如何分类？应用防水卷材的经济意义是什么？
5. 沥青防水卷材有哪些主要品种？其特点及应用如何？
6. 高分子防水卷材有哪些主要品种？其特点及应用如何？
7. 常用防水涂料有哪几种？其性能及用途如何？
8. 何谓建筑密封材料？密封材料应满足的基本要求有哪些？

# 第十章　绝热材料和吸声、隔声材料

## 学 习 目 标

掌握绝热材料和吸声材料的主要类型及性能特点，了解绝热材料、吸声材料和隔声材料的作用原理。

绝热材料、吸声材料及隔声材料属于建筑功能材料。绝热材料在建筑物中起保温、隔热作用，主要用于屋顶、墙体等工程的隔热和保温；吸声材料具有较强的吸收声能、减少回声性能，工程中用来改善室内音响效果及预防噪声产生；隔声材料是阻断或减弱声波传递的建筑材料。

## 第一节　绝 热 材 料

### 一、绝热材料的定义及用途

绝热材料一般是指在建筑物中起保温、隔热作用，且导热系数 $\lambda$ 小于 0.23W/（m·K）的材料。控制室内热量向室外传递的材料叫做保温材料；控制室外热量进入室内的材料叫做隔热材料。保温、隔热材料统称为绝热材料。

在建筑物中为提高建筑物的使用效能，要合理采用绝热材料，以便在保证正常生产、工作和生活的同时，更好地减少热量损失，节约能源。

### 二、绝热材料的基本要求

绝热材料的基本要求是：导热系数 $\lambda$ 小于 0.23W/（m·K），表观密度不宜大于 600kg/m$^3$，抗压强度应大于 0.3MPa，线膨胀系数一般小于 2%。绝热材料除满足上述要求外，其透气性、热稳定性、化学性能、高温性能等也必须满足要求。

### 三、影响绝热材料导热性能的因素

导热系数 $\lambda$ 是衡量材料导热性能优劣的指标。一般材料的导热系数越小，材料保温隔热性能越好，材料的绝热性能也就越好。

影响材料导热性的主要因素如下：

（1）材料组成及微观结构。材料不同，其导热系数也不同。一般情况下，材料的导热系数从大到小排列顺序是金属材料→非金属→液体→气体。对同一种材料，其微观结构不同，材料的导热系数存在很大的差异，通常结晶体结构的最大，微晶体结构的次之，玻璃体结构的最小。对于绝热材料来说，由于孔隙率大，气体（空气）对热导性的影响起主要作用，而固体部分的结构无论是晶态还是玻璃态，对热导性的影响均不大。

（2）表观密度与孔隙特征。材料中固体物质的导热系数比空气的导热系数大得多，故表观密度小的材料，其孔隙率越大，导热系数越小。细小而封闭的孔隙，导热系数较小；粗大、开口且连通的孔隙，容易形成对流传热，导热系数较大。因此，工程中常见的绝热材料多为轻质多孔材料。绝热材料应是具有很高孔隙率（50%～95%），且以封闭、细小空隙为主，吸湿性和吸水性较小的有机或无机非金属材料。

（3）材料的湿度。材料吸湿受潮后，其导热系数增大，这是由于水的导热系数为0.58W/（m·K），而密闭空气的导热系数为0.023W/（m·K），冰的导热系数为2.33W/（m·K），因此材料在含水或含冰的状态下，导热系数会急剧增加，所以绝热材料在使用过程中应特别注意防水、防潮。

（4）温度。材料的导热系数随温度的升高而增大，原因是温度升高时，材料固体分子的热运动加快，同时材料孔隙中空气的导热和孔壁间的辐射作用也有所增加。所以在绝热材料使用过程中要考虑使用温度对绝热材料保温隔热性能的影响。

（5）热流方向。对于各向异性的材料，如木材，当热流平行于纤维方向时，材料的导热系数要大于热流垂直于纤维方向时的导热系数。

以上影响因素中以表观密度和湿度的影响最大。因而在测定材料的导热系数时，必须测定材料的表观密度。至于湿度，通常对多数绝热材料可取空气相对湿度为80%～85%时材料的平衡湿度作为参考值，应尽可能在这种湿度条件下测定材料的导热系数。

**四、常用绝热材料**

绝热材料按其成分分为无机和有机两大类。无机绝热材料的表观密度较大，但不易腐朽，一般不会燃烧，大部分都耐高温；有机绝热材料则质量较轻，但一般耐热性较差。

（一）纤维状保温隔热材料

（1）石棉及其制品。石棉是一种天然矿物纤维，具有耐火、耐热、耐酸碱、绝热、防腐、隔声及绝缘等特性，常制成石棉粉、石棉纸板和石棉毡等制品。由于石棉中的粉尘对人体有害，因此民用建筑中已很少使用，目前主要用于工业建筑的隔热、保温及防火覆盖等。

（2）植物纤维复合板。植物纤维复合板是以植物纤维为主要材料，加入胶结料和填加料而制成的，其表观密度为200～1200kg/$m^3$，导热系数为0.058W/（m·K），可用于墙体、地板、顶棚等保温，也可用于冷藏库、包装箱等。

木质纤维板是以木材下脚料经机械制成木丝，加入硅酸钠溶液及普通硅酸盐水泥，经搅拌、成型、冷压、养护和干燥而制成的。甘蔗板是以甘蔗渣为原料，经过蒸制、加压、干燥等工序制成的一种轻质、吸声、保温和绝热的材料。

（3）陶瓷纤维绝热制品。陶瓷纤维是以氧化硅、氧化铝为主要原料，经高温熔融、蒸汽（或压缩空气）喷吹或离心喷吹制成的，其表观密度为140～150kg/$m^3$，导热系数为0.1160～0.186W/（m·K），最高使用温度为1100～1350℃，耐火温度不小于1770℃，可加工成纸、绳、带、毯、毡等制品，供高温绝热或吸声之用。

（二）散粒状保温隔热材料

（1）膨胀蛭石及其制品。蛭石是一种天然矿物经烘干、破碎以及焙烧后，在短时间内体积急剧膨胀而成的一种金黄色颗粒状材料。膨胀蛭石的表观密度（80～900kg/$m^3$）较小，导热系数[0.046～0.070W/（m·K）]低，可在1000～1100℃温度下使用，耐虫蛀、耐腐蚀，但吸水性较大。

（2）膨胀珍珠岩及其制品。珍珠岩是一种酸性火山玻璃质岩石，由天然珍珠岩煅烧而成，是一种高效能的绝热材料。其特点为：堆积密度（40～500kg/$m^3$）小，导热系数[0.047～0.070W/（m·K）]低，使用温度范围广（最高使用温度可达800℃，最低使用温度为-200℃），具有吸湿小、无毒、不燃、抗菌、耐腐蚀、施工方便等特点。

（三）多孔性板块绝热材料

（1）泡沫玻璃：由玻璃粉和发泡剂等经配料、烧制而成；气孔率高达 80%～95%，气孔直径为 0.1～5.0mm，且大量是封闭而孤立的小气泡；表观密度为 150～600kg/m$^3$，导热系数为 0.058～0.128W/（m·K），抗压强度为 0.8～15.0MPa；耐久性好、易加工，可用于多种绝热需要。

（2）微孔硅酸钙制品：由粉状二氧化硅材料（硅藻土）、石灰、纤维增强材料及水热处理制成，用于围护结构及管道保温，其效果比水泥膨胀珍珠岩和水泥膨胀蛭石好。

（3）硅藻土：是由水生硅藻类生物的残骸堆积而成的，其孔隙率为 50%～80%，导热系数约为 0.060W/（m·K），具有很好的绝热性能。硅藻土最高使用温度可达 900℃，可用作填充料或制成硅藻土砖等制品。

（4）泡沫混凝土：是由水泥、水、松香泡沫剂混合后经搅拌、成型、养护而制成的一种多孔、轻质、保温、绝热、吸声材料，也可用粉煤灰、石灰、石膏和泡沫剂制成粉煤灰泡沫混凝土。泡沫混凝土的表观密度为 300～500kg/m$^3$，导热系数为 0.082～0.186W/（m·K）。

常用绝热材料的技术性能及用途见表 10-1。

**表 10-1　常用绝热材料技术性能及用途**

| 材料名称 | 表观密度（kg/m$^3$） | 强度（MPa） | 热导率[W/（m·K）] | 最高使用温度（℃） | 用途 |
|---|---|---|---|---|---|
| 超细玻璃纤维<br>沥青玻璃纤维制品 | 30～60<br>100～150 | —<br>— | 0.035<br>0.041 | 300～400<br>250～300 | 墙体、屋面、冷藏等 |
| 矿渣棉纤维 | 110～130 | — | 0.044 | ≤600 | 填充材料 |
| 岩棉纤维 | 80～150 | $f_t$>0.12 | 0.044 | 250～600 | 填充墙体、屋面、热力管道等 |
| 膨胀珍珠岩 | 300～400 | — | 常温 0.02～0.044<br>高温 0.06～0.17<br>低温 0.02～0.038 | ≤800（−200） | 高效能保温保冷填充材料 |
| 水泥膨胀珍珠岩制品 | 300～400 | $f_c$=0.5～1.0 | 常温 0.05～0.081<br>低温 0.081～0.12 | ≤600 | 保温绝热用 |
| 水玻璃膨胀珍珠岩制品 | 200～300 | $f_c$=0.6～1.7 | 0.056～0.093 | ≤650 | 保温绝热用 |
| 沥青膨胀珍珠岩制品 | 400～500 | $f_c$=0.2～1.2 | 0.093～0.12 | | 用于常温及负温 |
| 水泥膨胀蛭石制品 | 300～500 | $f_c$=0.2～1.0 | 0.076～0.105 | ≤600 | 保温绝热用 |
| 微孔硅酸钙制品 | 250 | $f_c$>0.3 | 0.041～0.056 | ≤650 | 围护结构及保温管道用 |
| 泡沫混凝土 | 300～500 | $f_c$≥0.4 | 0.081～0.19 | | 围护结构 |
| 加气混凝土 | 400～700 | $f_c$≥0.4 | 0.093～0.16 | | 围护结构 |
| 木丝板 | 300～600 | $f_c$=0.4～0.5 | 0.11～0.26 | | 顶棚、隔墙板、护墙板 |
| 软质纤维板 | 150～400 | | 0.047～0.093 | | 同上，表面较光洁 |
| 软木板 | 105～437 | $f_c$=0.15～2.5 | 0.044～0.079 | ≤130 | 吸水率小、不霉腐、不燃烧，用于绝热结构 |

续表

| 材料名称 | 表观密度（kg/m³） | 强度（MPa） | 热导率［W/（m·K）］ | 最高使用温度（℃） | 用　途 |
|---|---|---|---|---|---|
| 芦苇板 | 250～400 | | 0.093～0.13 | | 顶棚、隔墙板 |
| 聚苯乙烯泡沫塑料 | 20～50 | $f_c$=0.15 | 0.031～0.047 | | 屋面、墙体保温绝热等 |
| 轻质聚氨泡沫塑料 | 30～40 | $f_c$≥0.2 | 0.037～0.055 | ≤120（–60） | 屋面、墙体保温、冷藏库绝热 |
| 聚氯乙烯泡沫塑料 | 12～72 | | 0.045～0.081 | ≤70 | 屋面、墙体保温、冷藏库绝热 |

### 五、绝热材料选用时的注意事项

（1）由于绝热材料的抗压强度一般都很低，常将其与承重材料复合使用。

（2）大多数绝热材料都具有一定的吸水、吸湿能力，在使用时需在保温隔热层加防水层或隔气层（$\lambda_{水} \gg \lambda_{气}$，须注意防潮）。

## 第二节　吸声材料和隔声材料

吸声材料是一种能在较大程度上吸收由空气传递的声波能量的建筑材料，主要用于音乐厅、影剧院及播音室等室内的墙面、地面、顶棚等部位。选用适当的吸声材料，能很好地改善声波在室内传播的质量，获得良好的音响效果。

隔声材料是能减弱或隔断声波传递的材料。隔声是阻止声波透过的措施，隔声性能以隔声量表示。隔声量以一种材料的入射声能与透过声能相差的分贝数表示，其数值越大，则表明隔声性能越好。

### 一、材料的吸声性能

声音起源于物体的振动，例如说话时喉间声带的振动和击鼓时鼓皮的振动，都能产生声音，声带和鼓皮就叫做声源。声源的振动迫使邻近的空气随着振动而形成声波，并在空气介质中向四周传播。声音在传播过程中出现两种现象：一部分声能随着距离的加大而扩散；另一部分声能由于空气分子的吸收而减弱。当声波遇到材料表面时，一部分声被反射，一部分则穿透材料，其余的部分传递给材料而被吸收。被材料吸收的声能 $E$ 与入射声能 $E_0$ 之比，称为吸声系数 $\alpha$，是评定材料吸声性能好坏的主要指标，用公式表示为

$$\alpha = \frac{E}{E_0}$$

式中　$\alpha$——材料的吸声系数；

$E$——被材料吸收的声能；

$E_0$——传递给材料的全部入射声能。

假如入射声能的 55%被吸收、45%被反射，则该材料的吸声系数就等于 0.55。当入射声能全部被吸收而无反射时，吸声系数等于 1。当门窗开启时，吸声系数相当于 1。一般材料的吸声系数在 0～1 之间。吸声效果随吸声系数增大而增强。

### 二、吸声系数的影响因素

（1）材料表观密度的影响。多孔材料的表观密度增加，能使低频吸声效果有所提高，但

高频吸声性能却下降。

（2）材料厚度的影响。多孔材料的低频吸声系数一般随着厚度的增加而提高，但厚度对高频影响不显著。

（3）空气层的影响。材料空气层的作用相当于增加了材料的厚度，吸声效果一般随着空气层厚度增加而提高。根据这个原理，调整空气层厚度，可以提高其吸声效果。

（4）材料孔隙特征的影响。吸声材料的气孔应是粗大、开放的，且应相互连通。吸声材料的表面空洞和开口连通空隙越多，对吸声效果越好。当材料吸湿或表面喷涂油漆、空隙充水或堵塞时，会大大降低吸声材料的吸声效果。

材料的吸声性能除了与材料本身性质、厚度及材料表面状况（有无空气层及空气层的厚度）有关外，还与声波的入射角及频率有关。因此，吸声系数用声音从各个方向入射的平均值表示，并应指出是对哪一频率的吸收。一般而言，材料内部开放连通的气孔越多，吸声性能越好。同一材料，对于高、中、低不同频率的吸声系数不同。为了全面反映材料的吸声性能，规定取 125、250、500、1000、2000、4000Hz 六个频率的平均吸声系数来表示材料的吸声特性。任何材料对声音都能吸收，只是吸收程度有很大的不同。通常对上述六个频率的平均吸声系数大于 0.2 的材料，认为是吸声材料。

## 三、常用的吸声材料与结构

（1）多孔吸声材料。多孔吸声材料是比较常用的一种吸声材料，具有良好的中、高频吸声性能。多孔吸声材料具有大量的内外连通微孔，通气性良好。当声波入射到材料表面时，声波很快地顺着微孔进入材料内部，引起孔隙内的空气振动，由于摩擦、空气黏滞阻力和材料内部的热传导作用，使相当一部分声能转化为热能而被吸收。

常见类型见表 10-2。

**表 10-2　　多孔吸声材料基本类型**

| 主要种类 | | 常用材料举例 | 使用情况 |
|---|---|---|---|
| 纤维材料 | 有机纤维材料 | 动物纤维：毛毡 | 价格昂贵，使用较少 |
| | | 植物纤维：海草、麻绒 | 防火、防潮性能差，原料来源丰富 |
| | 无机纤维材料 | 玻璃纤维：中粗棉、超细棉、玻璃棉毡 | 吸声性能好，保温隔热，不自燃，防潮防腐，应用广泛 |
| | | 矿渣棉：散棉、矿棉毡 | 吸声性能好，松散材料易自重下沉，施工扎手 |
| | 纤维材料制品 | 软质木纤维板、矿棉吸声板、岩棉吸声板、玻璃棉吸声板 | 装配式施工，多用于室内吸声装饰工程 |
| 颗粒材料 | 砌块 | 矿渣吸声砖、膨胀珍珠岩、吸声砖、陶土吸声砖 | 多用于砌筑截面较大的消声器 |
| | 板材 | 膨胀珍珠岩吸声装饰板 | 质轻、不燃、保温、隔热、强度偏低 |
| 泡沫材料 | 泡沫材料 | 聚氨酯及脲醛泡沫材料 | 吸声性能不稳定，吸声系数使用前要实测 |
| | 其他 | 泡沫玻璃 | 强度高、防水、不燃、耐腐蚀，价格昂贵，使用较少 |
| | | 加气混凝土 | 微孔不贯通，使用较少 |
| | | 吸声粉刷 | 多用于不易施工的墙面处 |

（2）薄板振动吸声结构。这种结构是将胶合板、薄木板、硬质纤维板、石膏板、石棉水

泥板和金属板等材料固定在墙或顶棚的龙骨上，并在背后留有一定的空气层而形成，具有低频吸声特性，还有助于声波的扩散。这种结构是在声波作用下，板内部和龙骨之间出现摩擦损耗，使声能转变为机械振动，而起到吸声作用的，其共振频率一般在 80～300Hz 范围内。

（3）穿孔板组合式共振吸声结构。这种吸声结构是由穿孔的胶合板、石膏板、硬质纤维板、石棉水泥板、铝合板和薄钢板等固定在龙骨上，并在背后设置空气层而形成，具有适合中频的吸声特性，一般可看做是由多个单独共振吸声器并联而成。穿孔板厚度、穿孔率、孔径、孔距、背后空气层厚度以及是否填充多孔吸声材料等，都直接影响吸声结构的吸声性能。这种吸声结构在建筑中使用得比较普遍。

（4）共振吸声结构。这种结构具有密闭的空腔，且具有较小的开口孔隙。当收到外力激荡时，密闭的空腔会按一定的频率振动，颈部空气分子在声波的作用下会像活塞一样进行往复运动，因摩擦而使声能消耗，而达到吸声的效果。

（5）悬挂空间吸声体结构。这种结构有平板形、球形、椭圆形和棱锥形几种形式。由于这种结构增加了有效的吸声面积，产生了边缘效应，加上声波的衍射作用，因此大大提高了吸声效果。

**四、选用吸声材料的基本要求**

在室内采用吸声材料可以抑制噪声，保持良好的音质（声音清晰且不失真），故在教室、礼堂和剧院等室内应当采用吸声材料。选用吸声材料应注意以下几点：

（1）将吸声材料安装在最容易接触声波和反射次数最多的表面上。

（2）吸声材料强度比较低，应设置在护壁高度以上，以免碰撞损坏。

（3）多孔吸声材料易于吸湿，安装时应注意涨缩的影响。

（4）选用的吸声材料应不易被虫蛀、腐朽，且不易燃烧。

（5）尽量选用吸声系数较高的材料，以便节约材料用量，达到经济的目的。

（6）安装吸声材料时，应注意勿使材料的细孔被油漆的漆膜填塞而降低其吸声效果。

**五、隔声材料**

能减弱或隔断声波传递的材料称为隔声材料。要隔绝的声音按传播途径分为空气声（通过空气传播的声音）和固体声（通过固体的撞击或振动传播的声音）。

对空气声的隔绝，主要服从声学中的“质量定律”，即材料的表观密度越大，质量越大，越不易受声波作用而产生振动，其隔声效果越好。所以，应选用表观密度大的材料（如钢筋混凝土、钢板及实心砖等）作为隔绝空气声的材料。

隔绝固体声的最有效措施是隔断其声波的连续传递，采用不连续的结构处理，即在产生和传递固体声的结构（如梁、框架、楼板与隔墙等）之间加入具有一定弹性的衬垫材料，如软木、橡胶、毛毡、地毯或设置空气隔离层等，以阻止或减弱固体声的继续传播。

由上述可知，材料的隔声与材料的吸声原理是不同的，因此吸声效果好的多孔材料，其隔声效果不一定好，吸声性能好的材料未必就是隔声的合适材料，不能简单地把吸声性能好的材料替代隔声材料来使用。

## 本　章　小　结

绝热材料是防止热量传递的材料，也就是具有保温隔热性能的材料，要掌握绝热材料的基本要求及常用的绝热材料；吸声材料是吸收声能、减低噪声性能的材料，衡量材料吸声性能的指标是吸声系数；隔声材料是能减弱或隔断声波传递的材料。

## 复 习 题

1．什么是绝热材料？绝热材料导热系数的主要影响因素有哪些？

2．选择绝热材料有哪些基本要求？

3．在使用绝热材料时为何要防潮？常用的绝热材料品种有哪些？

4．什么是吸声材料？材料的吸声性能如何表示？

5．吸声系数的影响因素有哪些？

6.什么是隔声材料？隔绝空气声与隔绝固体声的作用原理有何不同？哪些材料适宜用作隔绝空气声或隔绝固体声的材料？

# 第十一章　建筑材料试验

## 学习目标

建筑材料试验是本课程一个重要的实践性教学环节。学习建筑材料性能检测试验的目的是：①使学生熟悉主要建筑材料的技术要求，并具备对常用建筑材料的性能及应用独立进行质量检测及评定的能力；②使学生对具体材料的性状有进一步的了解，巩固与丰富所学的理论知识；③进行科学研究工作的基本训练，培养学生严谨、认真的科学态度，提高分析问题和解决问题的实际能力。

试验内容主要包括材料的基本性质试验、水泥试验、混凝土用骨料试验、普通混凝土试验、建筑砂浆试验、砌墙砖及砌块性能试验、钢材试验、石油沥青试验。

## 试验一　建筑材料的基本性质试验

### 一、密度试验

1．试验目的

测定材料的密度值大小。材料的密度是指材料在绝对密实状态下单位体积的质量，与材料的孔隙率、密实度、吸水率、强度、抗冻性及耐蚀性等性能有关。密度是建筑材料的一项重要性能指标。

2．试样准备

将试样研磨后，用筛子（孔径为 0.2mm 或 900 孔/$cm^2$）筛分，除去筛余物，放在 105～120℃的烘箱中烘至恒重，再放入干燥器中冷却至室温备用。

3．主要仪器设备

密度瓶（见图 11-1，又名李氏瓶）、量筒、烘箱、干燥器、天平（感量为 0.01g）、温度计、漏斗和小勺等。

4．试验方法与步骤

（1）在密度瓶中注入与试样不发生化学反应的液体至突颈下部刻度线零处，记下刻度数，将李氏瓶放在盛水的容器中，在试验过程中保持水温为 20℃。

（2）用天平称取 60～90g 试样，精确至 0.01g。用小勺和漏斗小心地将试样徐徐送入密度瓶中，直到液面上升到 20mL 刻度左右为止。再称剩余的试样质量，计算出装入瓶内的试样质量 $m$（单位为 g）。

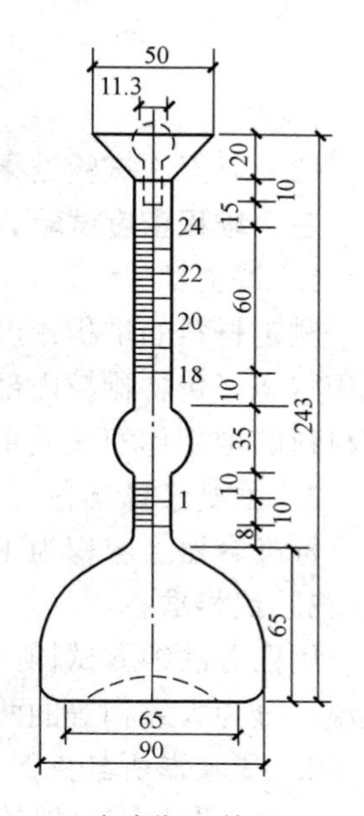

图 11-1　密度瓶（单位：mm）

（3）轻轻振动密度瓶，使液体中的气泡排出；记下液面刻度，根据前后两次液面读数，算出液面上升的体积，即为瓶内试样所占的绝对体积 $V$。

5. 结果计算

按下式计算出材料密度$\rho$（精确至$0.01g/cm^3$），即

$$\rho = \frac{m}{V}$$

式中　$m$——装入瓶中的试样质量，g；

$V$——装入瓶中试样的绝对体积，$cm^3$。

密度试验用两个试样平行进行，以其结果的算术平均值作为最后结果，但两个结果之差不应超过$0.02g/cm^3$，否则应重新测试。

## 二、表观密度测试

1. 试验目的

测定材料的表观密度大小。表观密度是指材料在自然状态下单位体积的质量。利用表观密度可以估计材料的强度、吸水性、保温性的大小，也可用来计算材料体积和结构物质量（以烧结普通砖为试件）。

2. 主要仪器设备

游标卡尺（精度为0.1mm）、天平（感量为0.1g）、烘箱、干燥器等。

3. 试验方法与步骤

（1）将规则形状的试件放入105～110℃的烘箱中烘干至恒温，取出后放入干燥器中。

（2）冷却至室温，并用天平称量出试件的质量$m$（g）。

（3）用游标卡尺量出试件尺寸（每边测量上、中、下三处，取其平均值），并计算出其体积$V_0$（$cm^3$）。

4. 结果计算

（1）按下式计算材料的表观密度，即

$$\rho_0 = \frac{m}{V_0}$$

（2）以五次试验结果的平均值作为最后的测定结果，精确至$10kg/m^3$。

## 三、堆积密度试验

1. 试验目的

测定材料的堆积密度值大小。堆积密度是指散粒材料（如水泥、砂、卵石、碎石等）在堆积状态（包含颗粒内部的孔隙及颗粒之间的空隙）下单位体积的质量。它可以用来估算散粒材料的堆积体积及质量。

2. 主要仪器设备

标准容器（容积为1L）、天平（感量为0.1g）、烘箱、干燥器、漏斗、钢尺等。

3. 试样准备

用四分法缩取试样，放在105～110℃的烘箱中烘至恒重，取出后再放入干燥器中冷却至室温，分为大致相等的两份备用。

4. 试验方法与步骤

（1）称取标准容器的质量为$m_1$，将标准容器置于下料漏斗的下方（漏斗出料口与标准容器筒口的距离为5cm），使下料漏斗对正中心。

（2）打开料斗活动门，使散粒材料（试样）经过标准漏斗（或标准斜面）徐徐地装入标准容器内，直到试样装满并超出标准容器口为止。

（3）用钢尺将多余的试样沿容器口中心向两个相反方向刮平，称容器和材料的总质量 $m_2$，精确至 1g。

5. 结果计算

（1）堆积密度按下式计算，即

$$\rho_0' = \frac{m_2 - m_1}{V_0'}$$

式中 $m_2$——容器和试样总质量，kg；

$m_1$——容器质量，kg；

$V_0'$——容器体积，$m^3$。

（2）以两次试验结果的算术平均值作为堆积密度测定的结果，精确至 $10kg/m^3$。

**四、吸水率试验**

1. 主要仪器设备

天平（称量为 1000g，感量为 0.1g）、水槽、烘箱、游标卡尺等。

2. 试样制备

将试样置于不超过 110℃的烘箱中烘至恒重，再放到干燥器中冷却至室温待用。

3. 试验方法与步骤

（1）从干燥器中取出试样，称其质量 $m$（单位为 g）。

（2）将试件放入水槽中，试件之间应留 1～2cm 的间隔，试件底部应用玻璃棒垫起，避免与槽底直接接触。

（3）加水至试件高度的 1/3 处，24h 后加水至试件高度的 2/3 处，再隔 24h 后加满水，并放置 24h，这样逐次加水能使试件孔隙中的空气逐渐逸出。

（4）取出试件后，用拧干的湿毛巾轻轻抹去试件表面的水分（不得来回擦拭），称其质量，称量后仍放回槽中浸水。

以后每隔 1 昼夜用同样方法称取试样质量，直到试件浸水至恒定质量为止（1d 质量相差不超过 0.05g），此时称得的试件质量为 $m_1$（单位为 g）。

4. 结果计算

（1）按下式计算质量吸水率 $W_{质}$及体积吸水率 $W_{体}$，即

$$W_{质} = \frac{m_1 - m}{m} \times 100\%$$

$$W_{体} = \frac{V_1}{V_0} \times 100\% = \frac{m_1 - m}{m} \frac{\rho_0}{\rho_{H_2O}} \times 100\% = W_{质} \rho_0$$

式中 $V_1$——材料吸水饱和时水的体积，$cm^3$；

$V_0$——干燥材料自然状态时的体积，$cm^3$；

$\rho_{H_2O}$——水的密度，常温时为 1，$g/cm^3$。

（2）以三个试件吸水率的算术平均值作为测定结果，精确至 0.1%。

# 试验二 水 泥 试 验

## 一、水泥试验的一般规定

1. 取样方法

以同一水泥厂同品种、同标号、同强度等级、同一批号且连续进场的水泥为一个取样单位。取样应有代表性，可连续取，也可从20个以上不同部位各抽取约1kg水泥，总量至少为12kg。

2. 养护条件

试验室温度应为20℃±2℃，相对湿度应大于50%；养护箱温度为20℃±1℃，相对湿度应大于90%。

3. 对试验材料的要求

（1）水泥试样应充分拌匀。

（2）试验用水必须是洁净的淡水。

（3）水泥试样、标准砂、拌和用水等温度应与试验室温度相同。

## 二、水泥细度测定

1. 试验目的

测定水泥的细度值大小。水泥细度是指水泥颗粒的粗细程度，与水泥的物理力学性质有关，因此必须进行细度测定。水泥细度检验分为负压筛法、水筛法和手工干筛法三种。当三种方法测定的结果发生争议时，以负压筛法为准。

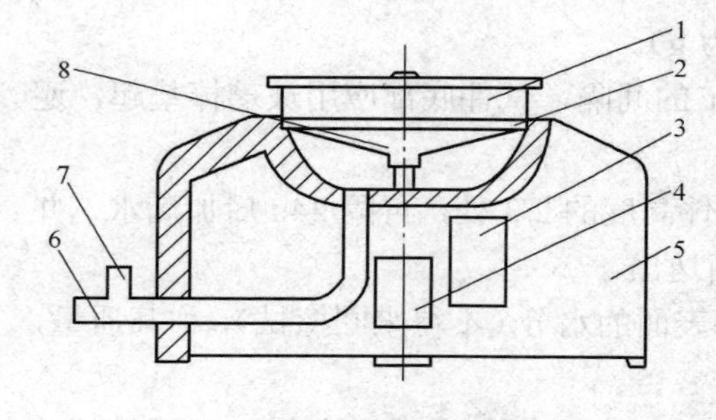


图11-2 负压筛析仪示意图

1—0.08mm方孔筛；2—橡胶垫圈；3—控制板；4—微电动机；5—壳体；6—抽气口（接收尘器）；7—风门（调节负压）；8—喷气嘴

2. 试验方法与步骤

（1）负压筛法［《水泥细度检验方法筛析法》（GB/T 1345—2005）］。负压筛法测定水泥细度采用如图11-2所示的装置。

1）筛析试验前，应把负压筛放在筛座上，盖上筛盖，接通电源，检查控制系统，调节负压至4000～6000Pa。

2）称取试样25g，置于洁净的负压筛中，盖上筛盖，放在筛座上，开动筛析仪连续筛析2min；在此期间如有试样附着在筛盖上，可轻轻地敲击，使试样落下。筛毕，用天平称量筛余物。

3）当工作负压小于4000Pa时，应清理吸尘器内的水泥，使负压恢复正常。

（2）水筛法。水筛法测定水泥细度采用标准筛（孔径为0.08mm方孔筛），装置见图11-3。

1）筛析试验前，检查水中应无泥沙，调整好水压及水压架的位置，使其能正常运转，喷头底面和筛网之间的距离为35～75mm。

2）称取试样50g，置于洁净的水筛中，立即用洁净淡水冲洗至大部分细粉通过后，再将筛子置于水筛架上，用水压为0.05MPa±0.02MPa的喷头连续冲洗3min。筛毕，用少量水把筛余物冲至蒸发器中，沉淀后小心倒出清水，烘干，并用天平称其质量。

（3）干筛法。在没有负压筛析仪和水筛的情况下，允许用手工干筛法测定。

1）称取水泥试样 50g，倒入干筛（孔径为 0.08mm 的方孔筛）内。

2）用一只手执筛往复摇动，另一只手轻轻拍打，拍打速度约为 120 次/min，每 40 次向同一方向转动 60°，使试样均匀分布在筛网上，直到每分钟通过的试样量不超过 0.03g 为止，然后称量筛余物。

（4）结果计算。

1）水泥试样筛余百分数用下式计算，即

$$F=\frac{R_s}{m}\times 100\%$$

式中 $F$——水泥试样的筛余百分数，%；

$R_s$——水泥筛余物的质量，g；

$m$——水泥试样的质量，g。

计算精确至 0.1%。

2）当负压筛法与水筛法或干筛法测定的结果发生争议时，以负压筛法为准。

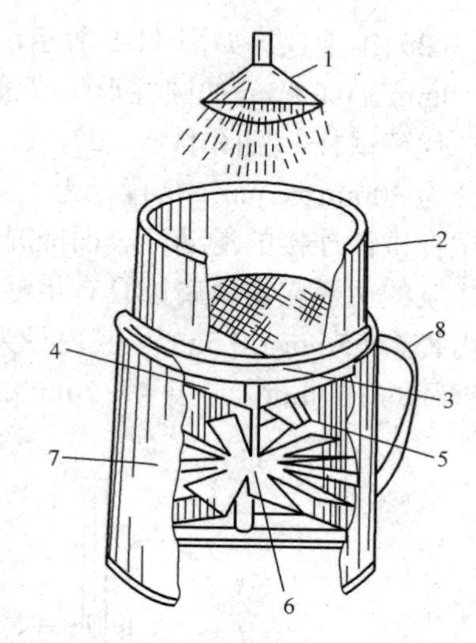


图 11-3 水泥细度筛

1—喷头；2—标准筛；3—旋转托架；4—集水斗；5—出水口；6—叶轮；7—外筒；8—把手

## 三、水泥标准稠度用水量测定

1. 试验目的

测定水泥浆具有标准稠度时需要的加水量，作为凝结时间和安定性试验时，拌和水泥净浆加水量的依据。

2. 主要仪器设备

（1）水泥净浆搅拌机。设备符合《水泥净浆搅拌机》（JC/T 729—2005）的要求，如图 11-4 所示。水泥净浆搅拌机由搅拌锅、搅拌叶片、传动机构和控制系统组成。搅拌叶片在搅拌锅内作与旋转方向相反的公转和自转，并可在竖直方向上调节；控制系统具有按程序自动控制与手动控制两种功能。

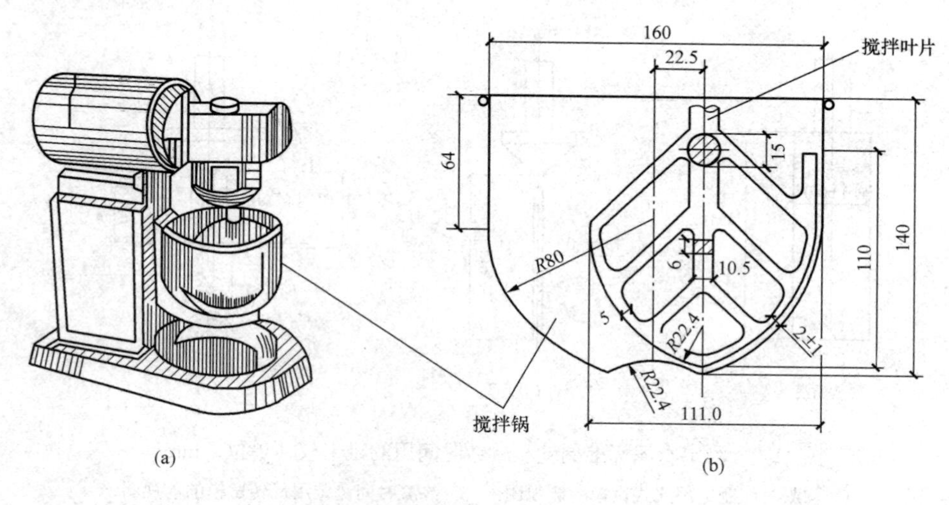


图 11-4 水泥净浆搅拌机示意图（单位：mm）

（a）水泥净浆搅拌机；（b）搅拌锅与搅拌叶片

（2）维卡仪。如图 11-5 所示，标准稠度测定用试杆的有效长度为 50mm±1mm，由直径为 10mm±0.05mm 的圆柱形耐腐蚀金属制成，见图 11-5（c）。测定凝结时间时取下试杆，用试针代替试杆，见图 11-5（d）、（e）。试针由钢制成，其有效长度初凝针为 50mm±1mm，终凝针为 30mm±1mm，是直径为 1.13mm±0.05mm 的圆柱体。滑动部分的总质量为 300g±1g。与试杆试针连接的滑动杆表面应光滑，能靠重力自由下落，不得有紧涩和摇动现象。盛装水泥净浆的试模应由耐腐蚀且有足够硬度的金属制成，见图 11-5（a）。试模是高 40mm±0.2mm、顶内径为 65mm±0.5mm、底内径为 75mm±0.5mm 的截顶圆锥体。每只试模应配备一个边长或直径约 100mm、厚度 4～5mm 的平板玻璃底板或金属底板。

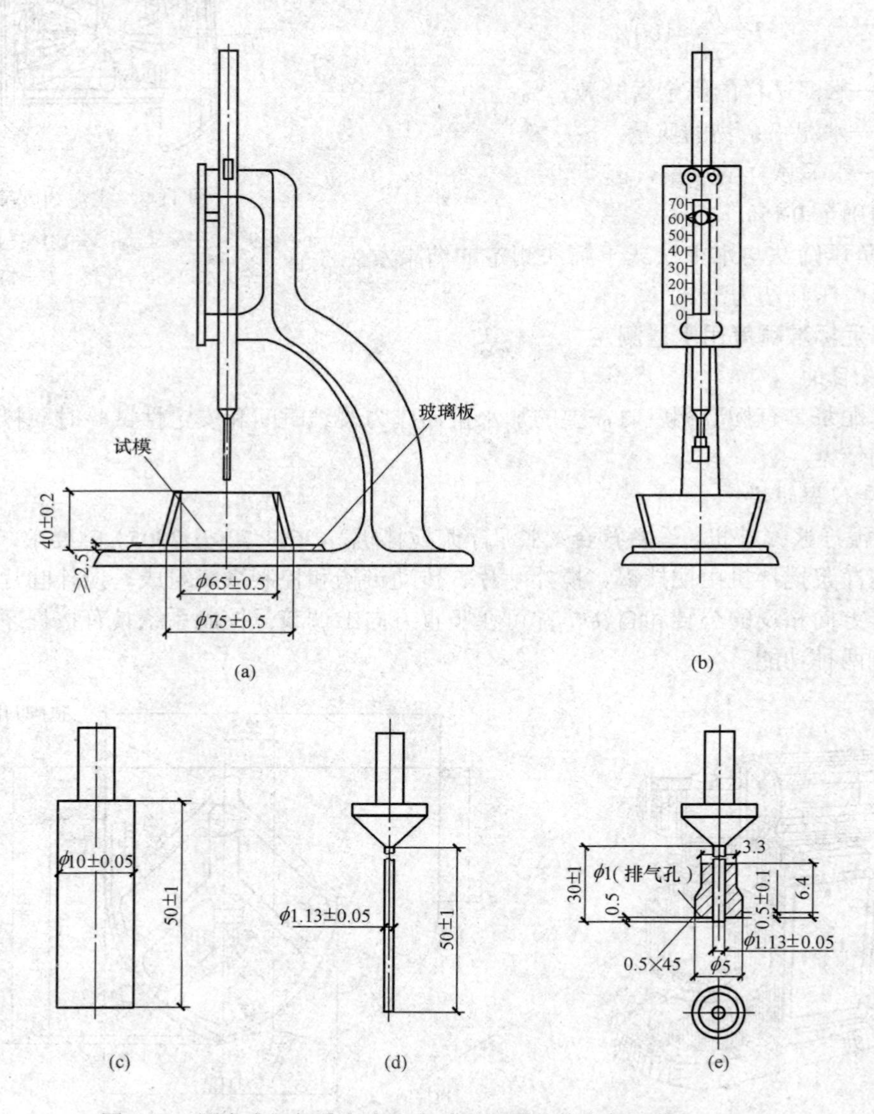


图 11-5　测定水泥标准稠度和凝结时间用的维卡仪（单位：mm）

（a）初凝时间测定用立式试模的侧视图；（b）终凝时间测定用反转试模的前视图；

（c）标准稠度试杆；（d）初凝用试针；（e）终凝用试针

3. 试验方法与步骤

（1）标准稠度用水量可用调整水量和不变水量两种方法中的任一种来测定。如发生矛盾时，以前者为准。

（2）试验前必须检查测定仪的金属棒能否自由滑动，调整试杆使试杆接触玻璃板时指针对准标尺零点，搅拌机应运转正常。

（3）用水泥净浆搅拌机拌和，搅拌锅和搅拌叶片先用湿布擦抹，将拌和水倒入搅拌锅内，在 5～10s 内将称好的 500g 水泥加入水中，防止水和水泥溅出；拌和时，先将锅放到搅拌机的锅座上，升至搅拌位置，启动搅拌机低速搅拌 120s 后停拌 15s，同时将叶片和锅壁上的水泥浆刮入锅中，接着快速搅拌 120s 后停机。

（4）拌和结束后，立即取适量水泥净浆一次性将其装入已置于玻璃底板上的试模中，浆体超过试模上端，用宽约 25mm 的直边刀轻轻拍打超出试模部分的浆体 5 次以排除浆体中的孔隙，然后在试模上表面约 1/3 处，略倾斜于试模分别向外轻轻锯掉多余净浆，再从试模边沿轻抹顶部一次，使净浆表面光滑。在锯掉多余净浆和抹平的操作过程中，注意不要压实净浆，抹平后迅速放置到维卡仪底座上，将其中心定在试杆下，将试杆降至净浆表面，拧紧螺钉 1～2s 后，突然放松，使试杆垂直自由地沉入水泥净浆中。在试杆停止沉入或释放试杆 30s 时记录试杆距底板之间的距离，升起试杆后，立即擦净；整个操作应在搅拌后 1.5min 内完成。以试杆沉入净浆并距底板（6±1）mm 的水泥净浆为标准稠度净浆。其拌和水量为该水泥的标准稠度用水量，以水泥质量百分比计。

## 四、水泥净浆凝结时间的测定

1. 试验目的

测定水泥初凝时间和终凝时间，用以评定水泥的凝结硬化性能是否符合标准要求。

2. 主要仪器设备

凝结时间测定仪、试针和试模、净浆搅拌机等。

3. 试验方法与步骤

（1）测定前准备工作。调整凝结时间测定仪的试针接触玻璃板时，指针对准零点，将净浆试模内侧稍涂一层机油，放在玻璃板上。

（2）试件的制备。称取水泥试样 500g，以标准稠度用水量制成标准稠度水泥净浆一次装满试模，振动数次后刮平，立即放入标准养护箱内。记录水泥全部加入水中的时间为凝结时间的起始时间。

（3）初凝时间的测定。试件在标准养护箱中加水养护至 30min 时进行第一次测定。测定时，从养护箱中取出试模放到试针下，降低试针与水泥净浆表面接触，拧紧螺钉 1～2s 后突然放松，试针垂直自由地沉入水泥净浆。观察试针停止沉入或释放试杆 30s 时指针的读数。当试针沉至并距底板 4mm±1mm 时，为水泥达到初凝状态。

（4）终凝时间的测定。为了准确观测试针沉入的状况，在终凝针上安装了一个环形附件，见图 11-5（e）。在完成初凝时间测定后，立即将试模连同浆体以平移的方式从玻璃板上取下，翻转 180°，直径大端向上、小端向下放在玻璃板上、再放入标准养护箱中继续养护，临近终凝时间时，每隔 15min 测定一次，当试针沉入试体 0.5mm 时，即环形附件开始不能在试体上留下痕迹时，为水泥达到终凝状态。由水泥加水至终凝状态的时间为水泥的终凝时间，单位为 min。

（5）测定注意事项。在进行最初测定的操作时应轻轻扶持金属杆，使其徐徐下降，以防试针撞弯，但结果以自由下降为准；在整个测试过程中，试针沉入的位置至少要距试模内壁 10mm。

临近初凝时，每隔 5min 测定一次；临近终凝时，每隔 15min 测定一次；到达初凝或到达初凝时应立即重复测一次，当两次结论相同时才能确定到达初凝状态，到达终凝时，需要在试体另外两个不同点测试，结论相同时才能确定到达终凝状态。每次测定不能让试针落入原针孔，每次测试完毕须将试针擦净，并将试模放回标准养护箱内，整个测试过程要防止试模受振。

## 五、水泥安定性检验

### 1. 试验目的

检验水泥硬化后体积变化是否均匀，是否因体积变化而引起膨胀、裂缝或翘曲。检测方法有试饼法和雷氏夹法两种，有争议时以雷氏夹法为准。

（1）试饼法（代用法）：通过观察水泥净浆试饼沸煮后的外形变化，来检验水泥的体积安定性。

（2）雷氏夹（标准法）：通过测定水泥净浆在雷氏夹中沸煮后的膨胀值，来检验水泥的体积安定性。

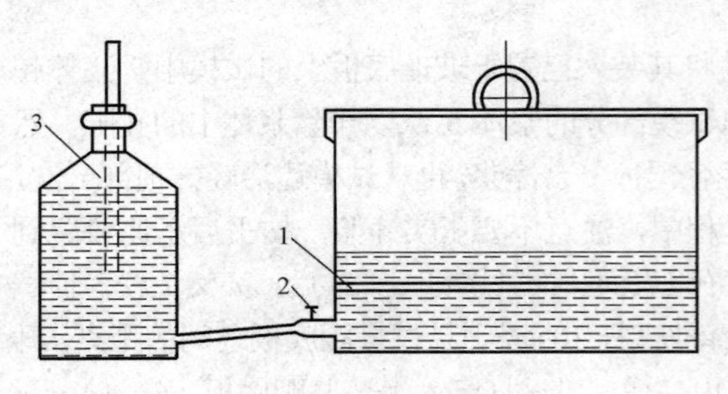


图 11-6 沸煮箱

1—篦板；2—阀门；3—水位置

### 2. 主要仪器设备

水泥净浆搅拌机、沸煮箱（见图 11-6）、雷氏夹（见图 11-7）、雷氏夹膨胀值测量仪（见图 11-8）、量水器、养护箱、天平。

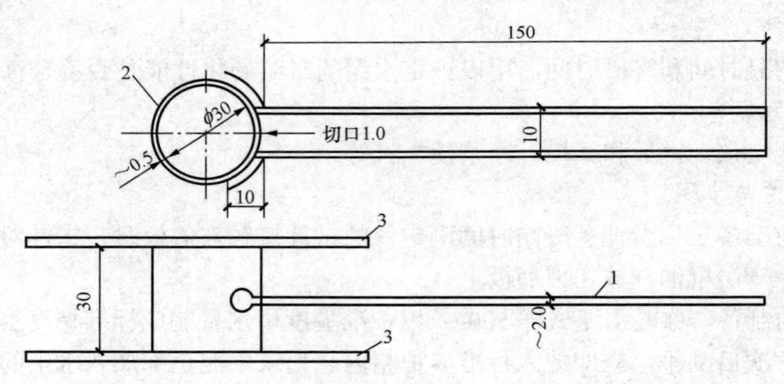


图 11-7 雷氏夹（单位：mm）

1—指针；2—环模；3—玻璃板

### 3. 试验方法与步骤

（1）称取水泥试样 400g，以标准稠度用水量，按标准稠度测定时拌和净浆的方法制成净浆；从其中取出净浆约 150g，分成等份，使之成球形，放在涂过油的玻璃板上，轻轻振动玻璃板，并用湿布擦过的小刀由边缘向中央抹动，做成直径为 70～80mm、中心厚约 10mm、边缘渐薄、表面光滑的试饼；接着将试饼放入湿气养护箱内，自成型时起，养护 24h±2h。

雷氏夹试件的制备是将预先准备好的雷氏夹放在已稍擦油的玻璃板（每个雷氏夹需配两个边长或直径约 80mm、厚度 4～5mm 的玻璃板）上，并立刻将已制好的标准稠度净浆装满试模，装模时一只手轻轻扶持试模，另一只手用宽约 25mm 的直边刀在浆体表面轻轻插捣 3 次，盖上稍涂油的玻璃板，接着立刻将试模移至湿汽养护箱内养护 24h±2h。

（2）脱去玻璃板，取下试件。当采用试饼法时，先检查其是否完整，在试件无缺陷的情况下将试饼放在沸煮箱的水中篦板上，然后在30min±5min 内加热至沸腾，并恒沸 3h±5min。当用雷氏夹法时，先测量试件指针尖端间的距离 *A*，精确到 0.5mm，接着将试件放入水中篦板上，指针朝上，试件之间互不交叉，然后在 30min±5min 内加热至沸腾，并恒沸 3h±5min。

（3）沸煮结束，即放掉箱中的热水，打开箱盖，待冷却至室温后，取出试件目测试饼，若未发现裂缝，再用直尺检查，若也没有弯曲，则为安定性合格；反之为不合格。当两个试饼判别结果有矛盾时，该水泥的安定性为不合格。若为雷氏夹法，测量试件指针尖端间的距离 *C*，记录至小数点后 1 位，当两个试件煮后增加距离（*C*-*A*）的平均值不大于 5.0mm 时，即安定性合格；当两个试件的（*C*-*A*）值相差超过 5mm 时，应用同一样品立即重做一次试验，若结果不变，则认为该水泥安定性不合格。

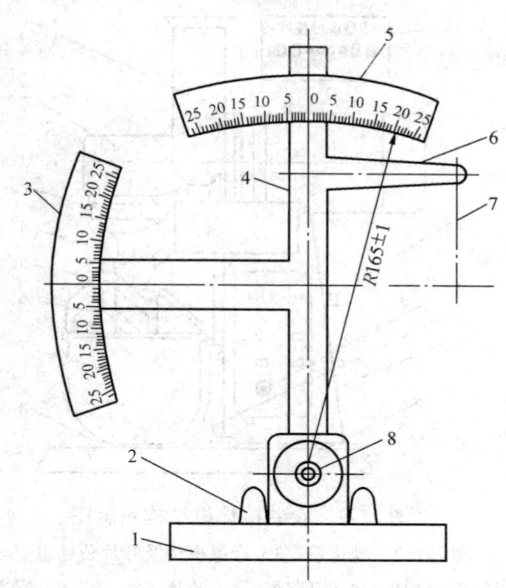


图 11-8　雷氏夹膨胀值测量仪（单位：mm）

1—底座；2—模子座；3—测弹性标尺；4—立柱；5—测膨胀值标尺；6—悬臂；7—悬丝；8—弹簧顶扭

## 六、水泥胶砂强度检验

1. 试验目的

根据《水泥胶砂强度检验方法（ISO 法）》（GB/T 17671—1999）规定的方法来检验并确定水泥的强度等级。

2. 主要仪器设备

（1）行星式水泥胶砂搅拌机[应符合《水泥胶砂强度检验方法（ISO 法）》（GB/T 17671—1999）要求]，见图 11-9。工作时搅拌叶片绕自身轴线且沿搅拌锅周边公转。

其主要技术参数如下：

1）搅拌叶宽度：135mm。

2）搅拌锅容量：5L。

3）搅拌叶转速：低速挡为 140r/min±5r/min（自转），62r/min±5r/min（公转）；高速挡为 285r/min±10r/min（自转），125r/min±10r/min（公转）。

4）净重：70kg。

（2）水泥胶砂试件成型振实台（应符合 GB/T 17671—1999 的要求），见图 11-10。

其主要技术参数如下：

1）振动部分总质量（不含制品）：20kg。

2）振实台振幅：15mm±0.3mm。

3）振动频率：60 次/60s。

4）台盘中心至臂杆轴中心距离：800mm。

5）净重：50kg。

（3）试膜：可装拆的三连膜，由隔板、端板和底座组成，见图 11-11。

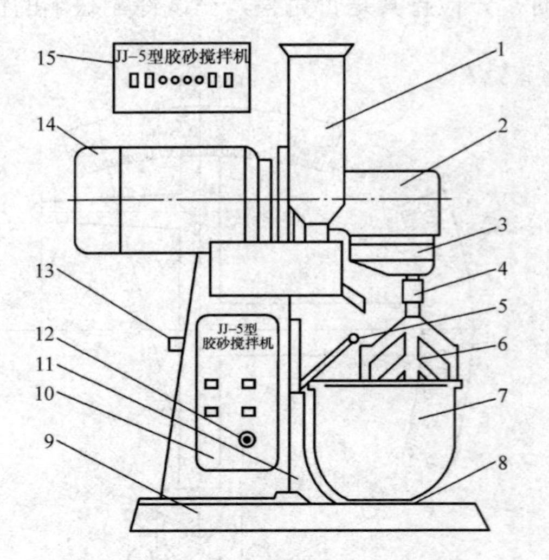


图 11-9 胶砂搅拌机结构示意图

1—砂斗；2—减速箱；3—行星机构及叶片公标志；4—叶片紧固螺母；5—升降柄；6—叶片；7—锅；8—锅座；9—机座；10—立柱；11—升降机构；12—面板自动、手动切换开关；13—接口；14—立式双速电动机；15—程控器

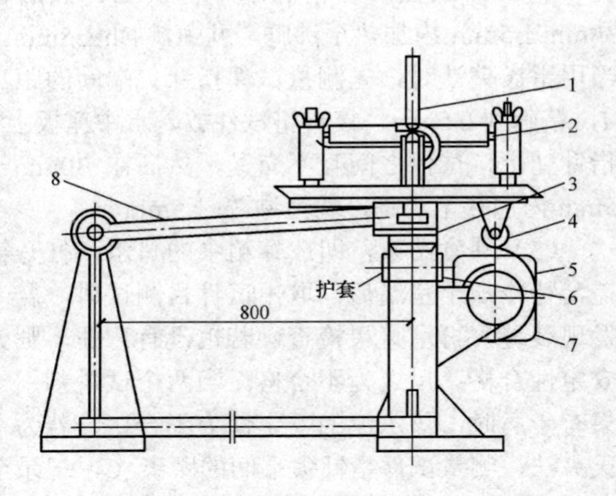


图 11-10 胶砂振动台

1—卡具；2—模套；3—突头；4—随动轮；5—凸轮；6—止动器；7—间步电动机；8—臂杆

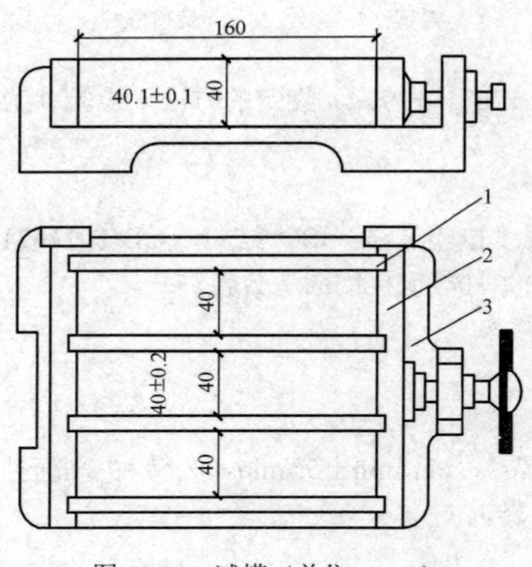


图 11-11 试模（单位：mm）

1—隔板；2—端板；3—底座

3．试件成型

（1）将试模（见图 11-11）擦净，四周模板及底座的接触面上应涂黄油，紧密装配，防止漏浆，内壁均匀刷一层机油。

（2）水泥胶砂强度用砂应使用中国 ISO 标准砂。ISO 标准砂由 1～2mm 粗砂、0.5～1.0mm 中砂、0.08～0.5mm 细砂组成，各级砂的质量为 450g（即各占 1/3），通常以 1350g±5g 混合小包装供应。其灰砂比为 1:3，水灰比为 0.5。

（3）每成型三条试件的材料用量为水泥 450g±2g，ISO 标准砂 1350g±5g，水 225g±1g；适用于硅酸盐水泥、普通硅酸盐水泥、矿渣硅酸盐水泥、火山灰质硅酸盐水泥、粉煤灰硅酸盐水泥、复合硅酸盐水泥。

（4）用搅拌机搅拌砂浆的拌和程序为低速 30s—加砂 30s—高速 30s—停 90s—高速 60s，搅拌时间共计 2.5min。停机后，将粘在叶片上的胶砂刮下，取下搅拌锅。

（5）胶砂制备后立即进行成型。将空试模和模套固定在振实台上，用一个合适的勺子直接从搅拌锅里将胶砂分两层装入试模。装第一层时，每个槽里约放 200g 胶砂，用大播料器垂直架在模套顶部沿每个模槽来回一次，将料层播平，接着振实 60 次；然后装入第二层胶砂，用小播料器播平，再振实 60 次。移走模套，从振实台上取下试模，用一金属直尺以近似 90°

的角度架在试模模顶的一端，然后沿试模长度方向以横向锯割动作慢慢向另一端移动，一次将超过试模部分的胶砂刮去，并用同一直尺在近乎水平的情况下将试件表面抹平；接着在试模上做标记或用字条标号试体编号。

（6）试验前应将搅拌锅、叶片、模套用湿布抹擦干净。

4. 养护

GB/T 17671—1999 中规定试验室温度为 20℃±2℃，相对湿度≥50%，湿气养护箱温度为 20℃±1℃，相对湿度≥90%，养护水温度为 20℃±1℃；试验室温、湿度及养护水湿度在工作期间每天至少记录一次，湿气养护箱温、湿度至少每 4h 记录一次。

（1）脱模前的处理和养护。去掉留在模子四周的胶砂，立即将做好标记的试模放入雾室或湿气养护箱的水平架子上养护，湿空气应能与试模各边接触。养护时不应将试模放在其他试模上；试模一直养护到规定的脱模时间后取出脱模。脱模前，用防水墨汁或颜料笔对试体进行编号和做其他标号。两个龄期以上的试件，在编号时，应将同一试模中的三条试件分在两个以上龄期内。

（2）对于 24h 以内龄期的，应在破型试验前 20min 内脱模；对于 24h 以上龄期的，应在成型后 20～24h 之间脱模。

（3）将做好标号的试件立即水平或竖直放在湿气养护箱内或 20℃±1℃水中养护，水平放置时刮平面应朝上。

（4）到龄期的试件应在试验前 15min 取出，并用湿布覆盖到试验时为止。

5. 强度测定

（1）抗折强度测定。

1）各龄期必须在规定的时间 3d±2h、28d±3h 内取出三条试件先进行抗折强度测定。测定前须擦去试件表面的水分和砂粒，清除夹具上圆柱表面黏附的杂物。试件放入抗折夹具内，应使试件侧面与圆柱表面接触。

2）采用杠杆式抗折试验机时（见图 11-12），在试件放入之前，应先将游动砝码移至零刻度线，调整平衡砣使杠件处于平衡状态。试件放入后，调整夹具，使杠杆有一仰角，从而在试件折断时尽可能地接近平衡位置。然后启动电动机，丝杆转动带动游动砝码给试件加荷，试件折断后，从杠杆上可直接读出破坏荷载和抗折强度。

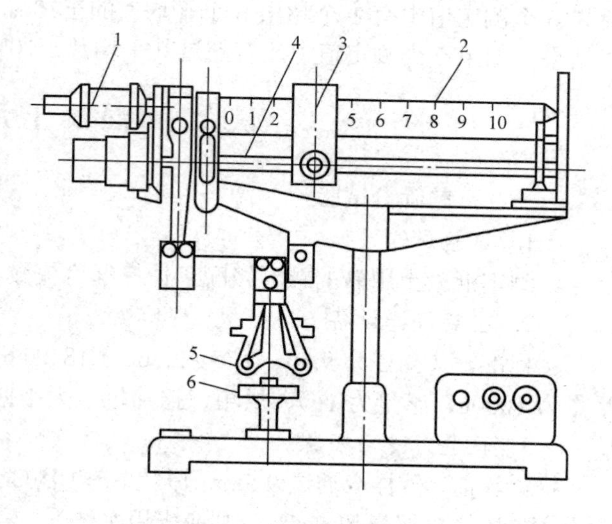


图 11-12 水泥抗折试验机

1—平衡砣；2—大杠杆；3—游动砝码；4—丝杆；5—抗折夹具；6—手轮

3）抗折强度测定时的加荷速度为 50N/s±10N/s。

4）抗折强度按下式计算（精确到 0.01MPa），即

$$f_v=\frac{3FL}{2bh^2}=0.00234F$$

式中 $f_v$——抗折强度，计算精确至 0.1，MPa；

$F$——破坏荷载，N；

$L$——支撑圆柱中心距，为 100，mm；

$b$、$h$——试件面的宽与高，均为 40，mm。

当采用 1:50 双杠杆抗折试验机时，系数 0.00234 须乘以 50，即 0.117。

5）抗折强度测定结果取三块试件的平均值，并取整数。当三个强度值中有一个超过平均值的±10%时，应予剔除，以其余两个数值的平均值作为抗折强度试验结果；当有两个试验的测定结果超过平均值的±10%时，应重做试验。

（2）抗压强度测定。

1）抗折试验后的两个断块应立即进行抗压试验。抗压试验须用抗压夹具进行，试件受压面为 40mm×40mm。试验前应清除试件受压面与加压板间的砂粒或杂物，试验时以试件的侧面作为受压面，并使夹具对准压力机压板中心。抗压强度试验在整个加荷过程中以 2400N/s±200N/s 的速率均匀加荷，直至破坏。

2）抗压强度按下式计算（精确至 0.1MPa），即

$$f_c=\frac{F}{A}$$

式中 $f_c$——抗压强度，MPa；

$F$——破坏荷载，N；

$A$——受压面积，取 40×40=1600，$mm^2$。

抗压强度以一组 3 个棱柱体上得到的 6 个抗压强度测定值的算术平均值为试验结果。如果 6 个测定值中有 1 个超出 6 个平均值的±10%，则应剔除这个结果，剩下 5 个的平均数为结果；如果 5 个测定值中还有超过其平均数±10%的，则此组结果作废。

## 试验三 混凝土用骨料试验

### 一、砂的筛分试验

1. 试验目的

测定混凝土用砂的颗粒级配，计算细度模数，评定砂的粗细程度。

2. 主要仪器设备

标准筛（孔径为 9.50、4.75、2.36、1.18、0.6、0.3、0.15mm 的方孔筛各一个）、天平（称量为 1000g，感量为 1g）、烘箱、摇筛机、大小搪瓷盘、毛刷等。

3. 试验方法与步骤

试验前，砂样应通过 9.5mm 筛，并在 105℃±5℃的温度下烘干至恒重，冷却至室温后使用（如砂样含泥量超过 5%，则应先用水洗）。

（1）准确称取试样 500g，置于按筛孔大小顺序排列的套筛的最上一只筛（4.75mm）上，将套筛装入摇筛机，摇筛 10min，然后取出套筛，按筛孔大小顺序，再逐个进行手筛，直到每分钟的筛出量不超过试样总量的 0.1%时为止。通过的颗粒并入下一号筛，顺序过筛，直到筛完为止。

（2）试样的各号筛上的筛余量均不得超过按下式计算的量，即

$$m_r=\frac{A\sqrt{d}}{200}$$

式中 $m_r$——筛余量，g；

$d$——筛孔尺寸，mm；

$A$——筛面积，$mm^2$。

否则应将该筛余试样分成两份，再次进行筛分，并以两份筛余量之和作为该号筛的筛余量。

（3）分别称量各筛筛余试样，精确至1g，所有各筛的分计筛余量和最后一个筛的通过量的总和与筛分前试样总量相比，相差不得超过试样总量的1%。

（4）结果计算。

1）计算分计筛余百分率。分计筛余百分率即各号筛上的筛余量除以试样总量的百分率，精确至0.1%。

2）计算累计筛余百分率。累计筛余百分率即该号筛上的分计筛余百分率与大于该号的各筛分计筛余百分率的总和，精确至0.1%。

3）根据各筛的累计筛余百分率，评定该试样的颗粒级配。

4）计算细度模数 $M_X$。

$$M_X=\frac{(A_2+A_3+A_4+A_5+A_6)-5A_1}{100-A_1}$$

式中 $A_1$、$A_2$、$A_3$、$A_4$、$A_5$、$A_6$——4.75、2.36、1.18、0.6、0.3、0.15mm方孔筛上的累计筛余百分率，计算精确至0.1%。

按细度模数确定砂的粗细程度。

5）筛分试验应采用两个试样进行，取两次算数平均值作为测定结果。两次所得细度模数之差大于0.2时，应重新进行试验。

**二、砂的表观密度试验（标准方法）**

1. 试验目的

测定砂的表观密度，即砂颗粒本身单位体积（包括内部封闭孔隙）的质量，作为评定砂的质量和混凝土配合比设计的依据。

2. 主要仪器设备

托盘天平（称量为1000g，感量为0.1g）、容量瓶（500mL）、烘箱、干燥器、漏斗、滴管、搪瓷盘、铝制料勺、温度计等。

3. 试验方法与步骤

试验前，将660g试样在105℃±5℃的温度下烘干至恒重，在干燥器内冷却至室温后，分为大致相等的两份备用。

（1）称取烘干试样300g($G_0$)，精确至0.1g，将其装入容量瓶，注入冷开水至接近500mL的刻度线，用手摇动容量瓶，使试样在水中被充分搅动以排除气泡，塞紧瓶塞，静置24h。

（2）用滴管加水，使水面与瓶颈刻度线平齐，加上瓶塞，擦干瓶外水分，称量$G_1$，精确至1g。

**表11-1** 不同水温对砂的表观密度影响的修正系数

| 水温（℃） | 15 | 16 | 17 | 18 | 19 | 20 | 21 | 22 | 23 | 24 | 25 |
|---|---|---|---|---|---|---|---|---|---|---|---|
| $\alpha_t$ | 0.002 | 0.003 | 0.003 | 0.004 | 0.004 | 0.005 | 0.005 | 0.006 | 0.006 | 0.007 | 0.008 |

（3）倒出瓶中的水和试样，内外清洗干净，再注入与上述（2）项水温相差不超过1℃的饮用水至与瓶颈刻度线平齐，塞紧瓶塞，擦干瓶外水分，称质量 $G_2$（g），精确至1g。

4. 结果计算

计算试样的表观密度 $\rho_0$，即

$$\rho_0=\left(\frac{m_1}{m_1+m_3-m_2}-\alpha_t\right)\rho_{H_2O}$$

式中 $\rho_0$——砂的表观密度，kg/m³；

$\rho_{H_2O}$——水的密度；

$m_1$——干砂的质量，kg；

$m_2$——试样、水和容量瓶的质量，kg；

$m_3$——水和容量瓶的质量，kg；

$\alpha_t$——水温对砂的表观密度影响的修正系数，见表11-1。

以两次试验结果的算术平均值作为测定结果，精确至 10kg/m³；当两次试验结果的误差大于20kg/m³时，应重新取样进行试验。

### 三、砂的堆积密度试验

1. 试验目的

测定砂的松堆积密度、紧堆积密度和空隙率，作为混凝土配合比设计的依据。

2. 主要仪器设备

台秤（称量为5000g，感量为1g）、容量筒（1L）、漏斗（见图11-13）、垫棒（直径为10mm、长500mm的圆钢）、直尺、料勺、搪瓷盘等。

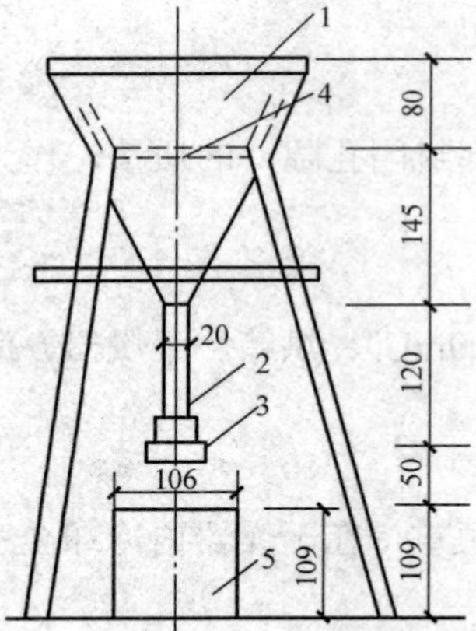

图11-13 砂堆积密度漏斗（单位：mm）

1—漏斗；2—$\phi$20管子；3—活动门；4—筛；5—容量筒

3. 试验方法与步骤

试验前将试样在105℃±5℃的温度下烘干至恒重，冷却至室温后使用。

（1）松散堆积密度。称容量筒质量 $m_1$，将烘干试样装入漏斗，开放漏斗管下的活门，砂样徐徐流入容量筒中。当容量筒内的试样上部呈锥状，且容量筒四周溢满时，即停止加料。用直尺从容量筒中心向两个相反方向将试样刮平，称量筒和试样总质量 $m_2$。

（2）紧密堆积密度。试样分两层装入容量筒，先装一层，筒底垫放一根直径10mm的钢筋，将筒按住；左右各摇振25次。再装第二层，钢筋在筒底水平方向转90°，用同样方法摇振25次，将试样加满筒，用松堆积密度相同的方法刮平，然后称质量 $m_2$。

4. 结果计算

（1）计算松散堆积密度（或紧密堆积密度）$\rho_0'$，即

$$\rho_0'=\frac{m_2-m_1}{V_0}$$

式中　$\rho_0'$——砂的松散堆积密度或紧密堆积密度，kg/L；
$m_1$——容量筒的质量，kg；
$m_2$——容量筒和砂的总质量，kg；
$V_0$——容量筒的容积，L。

以两次试验结果的算术平均值作为测定值，精确至 $10kg/m^3$。

（2）计算砂的空隙率 $P'$，即

$$P' = \left(1 - \frac{\rho_0'}{\rho_0}\right) \times 100\%$$

式中　$P'$——砂的空隙率，%；
$\rho_0'$——砂在干燥状态下的堆积密度，kg/L；
$\rho_0$——砂的表观密度，$kg/m^3$。

**四、石子筛分试验**

1．试验目的

测定碎石或卵石的颗粒级配及粒级规格，为混凝土配合比设计提供依据。

2．主要仪器设备

试验筛：孔径为 90、75、63、53、37.5、31.5、26.5、19、16、9.5、4.75、2.36mm 的方孔筛及筛底、筛盖各一个，天平（称量为 10kg，感量为 1g）、烘箱、摇筛机、搪瓷盘等。

3．试验方法与步骤

（1）根据试样最大粒径按表 11-2 中规定的数量称取并烘干或风干试样备用。

**表 11-2　石子筛分试验所需试样的最小质量**

| 最大粒径（mm） | 9.5 | 16.0 | 19 | 26.5 | 31.5 | 37.5 | 63.0 | 75.0 |
|---|---|---|---|---|---|---|---|---|
| 最小试样质量（kg） | 1.9 | 3.2 | 3.8 | 5.0 | 6.3 | 7.5 | 12.6 | 16.0 |

（2）将试样倒入按孔径大小从上到下组合的套筛（附筛底）上，然后进行筛分。

（3）将套筛装入摇筛机，摇筛 10min，然后取出套筛，按筛孔大小顺序，再逐个进行手筛，直到每分钟的筛出量不超过试样总量的 0.1%时为止。通过的颗粒并入下一号筛，顺序过筛，直到筛完为止。

（4）称出各号筛的筛余量，精确至 1g。

4．结果计算

（1）计算分计筛余百分率，精确至 0.1%。

（2）计算累计筛余百分率，精确至 1%。

（3）根据各筛的累计筛余百分率，评定试样的颗粒级配。

**五、石子表观密度试验（广口瓶法）**

1．试验目的

测定石子的表观密度，即石子单位体积（包括内部封闭孔隙）的质量，作为评定石子质量和混凝土配合比设计的依据。本方法不宜用于测定最大粒径大于 37.5mm 的碎石或卵石的表观密度。

2．主要仪器设备

托盘天平（称量为 2kg，感量为 1g）、广口瓶（容积为 1000mL，磨口、带玻璃片）、烘箱、方孔筛（孔径为 4.75mm 的筛一只）、搪瓷盘、刷子等。

3. 试验方法与步骤

试验前，按规定取样，并缩分至略大于表 11-3 中规定的数量，风干后，应筛去试样中直径在 4.75mm 以下的颗粒，洗刷干净后，分成大致相等的两份备用。

表 11-3 表观密度试验所需试样的最小质量

| 最大粒径（mm） | <26.5 | 31.5 | 37.5 | 63.0 | 75.0 |
|---|---|---|---|---|---|
| 最小试样质量（kg） | 2.0 | 3.0 | 4.0 | 6.0 | 6.0 |

（1）取试样一份浸水饱和后，置于装饮用水的广口瓶中，并排除气泡。

（2）向广口瓶中添满饮用水，用玻璃片沿瓶口滑行，使其紧贴瓶口水面，玻璃片与水面之间不得带有气泡，擦干瓶外水分，称取试样、水、广口瓶和玻璃片的总质量 $m_1$，精确至 1g。

（3）将瓶中的试样小心倒出，盛在浅盘中，放在温度为 105℃±5℃的烘箱中，烘干至恒重，取出放在带盖的容器中冷却至室温，然后称试样的质量 $m$，精确至 1g。

（4）将瓶洗净，重新注入饮用水，用玻璃片紧贴瓶口水面，擦干瓶外水分后称质量 $m_2$，精确至 1g。

4. 结果计算

$$\rho_0=\left(\frac{m}{m+m_2-m_1}-\alpha_t\right)\rho_W$$

式中 $\rho_0$——表观密度，kg/m$^3$；

$\rho_W$——水的密度，kg/m$^3$；

$m$——干粗骨料的质量，kg；

$m_1$——试样、水和容量瓶的质量，kg；

$m_2$——水和容量瓶的质量，kg；

$\alpha_t$——水温对表观密度影响的修正系数，见表 11-4。

表 11-4 不同水温对碎石和卵石表观密度影响的修正系数

| 水温（℃） | 15 | 16 | 17 | 18 | 19 | 20 | 21 | 22 | 23 | 24 | 25 |
|---|---|---|---|---|---|---|---|---|---|---|---|
| $\alpha_t$ | 0.002 | 0.003 | 0.003 | 0.004 | 0.004 | 0.005 | 0.005 | 0.006 | 0.006 | 0.007 | 0.008 |

以两次试验结果的算术平均值作为测定结果，精确至 10kg/m$^3$；如两次试验结果的误差大于 20kg/m$^3$，可取 4 次试验结果的算术平均值。

## 六、石子堆积密度试验

1. 试验目的

测定石子的松堆积密度、紧堆积密度和空隙率，作为混凝土配合比设计和一般使用的依据。

2. 主要仪器设备

磅秤（称量为 50kg、100kg，感量为 50g 各一台）、容量筒（规格见表 11-5）、垫棒（直径为 16mm、长 600mm 的圆钢）、直尺、小铲、烘箱等。

3. 试验方法与步骤

试验用烘干或风干试样；容量筒容积按石子的最大粒径选用，见表 11-5。

表 11-5 容量筒的规格要求 (mm)

| 最大粒径 | 容量筒容积（L） | 容量筒规格 | | |
|---|---|---|---|---|
| | | 内径 | 净高 | 壁厚 |
| 9.5、16.0、19.0、26.5 | 10 | 208 | 294 | 2 |
| 31.5、37.5 | 20 | 294 | 294 | 3 |
| 53.0、63.0、75.0 | 30 | 360 | 294 | 4 |

（1）松散堆积密度。用小铲拨动试样，使其从筒口上方 5cm 高度处自由落入容量筒内，当容量筒试样上部呈锥状，且容量筒四周溢满时，即停止加料。除去凸出筒口表面的颗粒，并以合适的颗粒填入凹陷空隙，使表面稍凸起部分与凹陷部分的体积大致相等，称取试样和容量筒总质量 $m_2$。

（2）紧密堆积密度。试样分三层装入容量筒，筒底垫放一根直径 16mm 的钢筋，每装一层，按住筒身，左右交替摇振 25 次；振第二层时，筒底钢筋在筒底水平方向转 90°；振第三层时，加料至满出筒口，用钢筋沿口边缘滚转，刮下高出筒口的颗粒，用合适的颗粒填平，称取试样和容量筒的总质量 $m_2$。

4. 结果计算

（1）计算松散堆积密度（或紧密堆积密度）$\rho_0'$，即

$$\rho_0'=\frac{m_2-m_1}{V_0'}$$

式中 $m_1$——容量筒质量，kg；

$m_2$——容量筒和试样总质量，kg；

$V_0'$——容量筒容积，L。

以两次试验结果的算术平均值为测定值，精确至 $10\text{kg/m}^3$。

（2）计算空隙率 $P'$，即

$$P'=\left(1-\frac{\rho_0'}{\rho_0}\right)\times 100\%$$

式中 $\rho_0'$——石子的堆积密度，$\text{kg/m}^3$；

$\rho_0$——石子的表观密度，$\text{kg/m}^3$。

# 试验四 普通混凝土试验

## 一、混凝土拌和物取样及试样制备

1. 一般规定

混凝土工程施工中取样进行混凝土试验时，依据《普通混凝土拌和物性能试验方法标准》（GB/T 50080—2002）的有关规定进行，同一组混凝土拌和物的取样应从同一盘混凝土或同一车混凝土中取样。一般在同一盘或同一车混凝土中约 1/4、1/2、3/4 范围内分别取样，从第一次取样到最后一次取样不宜超过 15min，取样量应大于试验所需量的 1.5 倍。拌制混凝土的原材料应符合技术要求，并与施工实际用料相同。在拌和前，材料的温度应与室温（应保持 20℃±5℃）相同。水泥如有结块现象，应用 0.9mm 方孔筛过筛，筛余团块不得使用。

拌制混凝土的材料用量以质量计。称量的精确度：骨料为±1%，水、水泥及混合材料为

±0.5%。

2. 主要仪器设备

搅拌机（容量为 75～100L，转速为 18～22r/min）、磅秤（称量为 50kg，感量为 50g）、天平、量筒、拌板、拌铲、盛器、抹布等。

3. 拌和方法

（1）人工拌和。

1）按配合比备料，以干燥状态为准，称取各材料用量。

2）将拌板和拌铲用湿布润湿后，将砂倒在拌板上，加入水泥，用铲自拌板一端翻拌至另一端，如此重复，直至颜色均匀，再加上石子，翻拌到均匀为止。

3）将干混合料堆成堆，在中间作一凹坑，将已称量好的水倒入 1/2 左右到凹槽中（勿使水流出），然后仔细翻拌，并徐徐加入剩余的水，继续翻拌。每翻拌一次，用铲在混合料上铲切一次，直到拌和均匀为止。

4）拌和时力求动作敏捷，拌和时间从加水时算起，应大致符合下列规定：

a．拌和物体积为 30L 以下的为 4～5min；

b．拌和物体积为 30～50L 的为 5～9min；

c．拌和物体积为 51～75L 的为 9～12min。

5）拌好后，根据试验要求，立即进行坍落度测定或试件成型。从开始加水时算起，全部操作须在 30min 内完成。

（2）机械搅拌。

1）按所定配合比备料，以干燥状态为基准。一次拌和量不宜少于搅拌机容积的 20%。

2）预拌一次，即用按配合比的水泥、砂和水组成的砂浆及少量石子，在搅拌机中进行涮膛；然后倒出并刮去多余的砂浆，其目的是使水泥砂浆先黏附满搅拌机的筒壁，以免正式拌和时影响拌和物的配合比。

3）将称好的石子、砂和水泥按顺序倒入搅拌机内，干拌均匀，再将需用的水徐徐加入，全部加水时间不超过 20s；水全部加入后，继续拌和 2min。

4）将拌和物自搅拌机卸出，倾倒在拌板上，再经人工拌和 2～3 次，即可进行坍落度测定或试件成型。从开始加水时算起，全部操作必须在 30min 内完成。

**二、普通混凝土拌和物和易性测定**

1. 新拌混凝土拌和物坍落度试验

（1）适用范围。本方法适用于坍落度不小于 10mm，骨料最大粒径不大于 40mm 的混凝土拌和物。测定时需拌制拌和物约 15L。

（2）主要仪器设备。

1）坍落度筒：坍落度筒（见图 11-14）为金属制圆锥形截头，上下截面必须平行，并与锥体轴心垂直，筒外两侧焊把手两只，近下端两侧焊脚踏板，圆锥筒内表面必须十分光滑。圆锥筒尺寸为：底部内径 200mm±2mm；顶部内径 100mm±2mm；高度 300mm±2mm。

2）其他用具：弹头形捣棒、小铁铲、装料漏斗、直尺、钢尺、拌板、镘刀和取样小铲等。

（3）试验方法与步骤。

1）每次测定前，用湿布将拌板及坍落度筒内外擦净、润湿，并将筒顶部加上漏斗，放在拌板上，用双脚踩紧踏板，使其位置固定。

2）用小铲将拌好的拌和物分三层均匀装入筒内，每层装入高度在插捣后大致应为筒高的1/3。顶层装料时，应使拌和物高出筒顶。插捣过程中，如试样沉落至低于筒口，则应随时添加，以便自始至终保持高于筒顶。每装一层，分别用捣棒插捣25次，插捣应在全部面积上进行，沿螺旋线由边缘逐渐趋向中心。插捣筒边混凝土时，捣棒应稍有倾斜，然后垂直插捣中心部分。底层插捣应穿透整个深度；插捣其他两层时，应垂直插捣至下层表面。

3）插捣完毕即卸下漏斗，将多余的拌和物刮去，使其与筒顶面齐平，筒周围拌板上的拌和物必须刮净、清除。

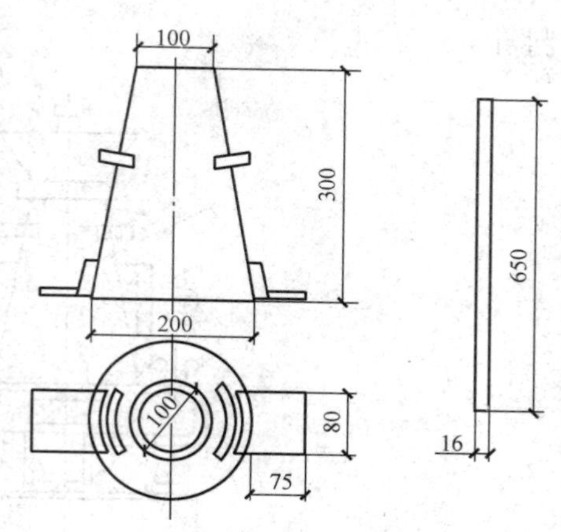


图 11-14 标准坍落度筒（单位：mm）

4）将坍落度筒小心、平稳地垂直向上提起，不得歪斜，提高过程在5～10s内完成，将筒放在拌和物试件一旁，量出坍落后拌和物试件最高点与筒顶部的距离（以mm计，读数精确至5mm），即为拌和物的坍落度，见图11-15。

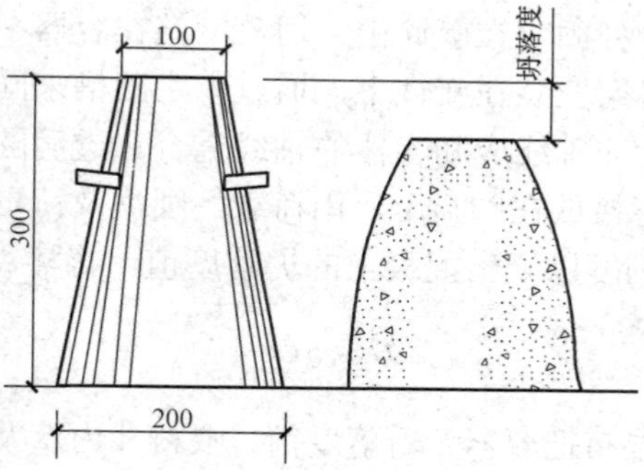

5）从开始装料到提起坍落度筒的整个过程应连续进行，并在150s内完成。

6）坍落度筒提离后，如试件发生崩坍或一边剪坏现象，则应重新取样进行测定。如第二次仍出现这种现象则表示该拌和物和易性不好，应予记录备查。

7）测定坍落度后，观察拌和物的下述性质，并记录。

图 11-15 坍落度试验（单位：mm）

黏聚性：用捣棒在已坍落的拌和物锥体侧面轻轻击打，如果锥体逐渐下沉，表示黏聚性良好；如果突然倒坍，部分崩裂或石子离析，即为黏聚性不好的表现。

保水性：提起坍落度筒后如有较多的稀浆从底部析出，锥体部分的拌和物也因失浆而骨料外露，则表明保水性不好。若无这种现象，则表明保水性良好。

（4）坍落度的调整。

1）在按初步计算备好试拌材料的同时，还须备好两份为调整坍落度用的水泥与水。备用的水泥与水的比例应符合原定的水灰比，其用量可为原来计算用量的5%和10%。

2）当测得拌和物的坍落度过大时，可酌情增加砂和石子（保持砂率不变），尽快拌和均匀，重新进行坍落度测定。

2. 维勃稠度试验

（1）适用范围。本方法适用于骨料最大粒径不超过40mm，维勃稠度在5～30s之间的混凝土拌和物稠度测定。测定时需配制拌和物约15L。

（2）主要仪器设备。维勃稠度仪见图11-16。其主要组成为振动台（台面长380mm、宽260mm，支撑在四个减震器上，振动频率为50Hz±3Hz，空容器时台面的振幅为0.5mm±0.1mm）、容器（内径为240mm±3mm，高200mm±2mm，筒壁厚3mm，筒底厚7.5mm）、坍落度筒（其尺寸同标准圆锥坍落度筒，但应去掉两侧的脚踏板）、旋转架、测杆及喂料斗。

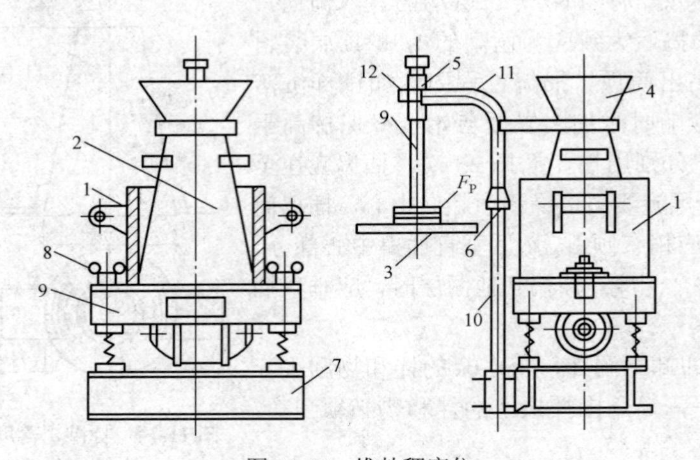


图 11-16 维勃稠度仪

1—容器；2—坍落度筒；3—圆盘；4—喂料斗；5—套筒；6—螺钉 1；7—振动台；8—固定螺丝；9—测杆；10—支柱；11—旋转架；12—螺钉 2

在测杆下端安装透明而水平的圆盘，并用螺钉把测杆固定在套筒中，坍落度筒在容器中心安放好后，把喂料斗的底部套在坍落度筒口上，旋转架安装在支柱上，通过十字凹槽来固定方向，并用螺钉来固定其位置。就位后，测杆或漏斗的轴线应和容器的轴线重合。透明圆盘直径为 230mm±2mm，厚度为 10mm±2mm，荷载直接放在圆盘上。由荷载、圆盘及荷重组成的滑动部分之质量调至 2750g±50g。测杆上应有刻度以读出混凝土的坍落度值。捣棒、小铲、秒表（精度为 0.5s）。

（3）试验方法与步骤。

1）把维勃稠度仪放置在坚实、水平的基面上，用湿布把容器、坍落度筒、喂料斗内壁及其他用具擦湿。

2）将喂料斗提到坍落度筒的上方扣紧，校正容器位置，使其中心与喂料斗中心重合，然后拧紧固定螺丝。

3）把混凝土拌和物经喂料斗分层装入坍落度筒，装料及插捣的方法同坍落度测定中的规定。

4）把圆盘、喂料斗都转离坍落度筒，小心并垂直地提起坍落度筒，此时应注意不使混凝土试件产生横向的扭动。

5）把透明圆盘转到混凝土锥体顶面，放松螺钉 2，使圆盘轻轻落到混凝土顶面，此时应防止坍落的混凝土倒下与容器内壁相碰。如有需要可记录坍落度值。

6）拧紧螺钉 1，并检查螺钉 2 是否已经放松，同时开启振动台和秒表，在透明盘的底面被水泥浆所布满的瞬间停下秒表，并关闭振动台。

7）记录秒表上的时间，读数精确到 1s，由秒表读出的时间秒数表示所试验混凝土拌和物的维勃稠度值。如维勃稠度值小于 5s 或大于 30s，则此种混凝土所具有的稠度已超出本仪器的适用范围。

**三、普通混凝土抗压强度试验**

1. 试验目的

学会制作混凝土立方体试件，测定抗压强度，作为确定和校核混凝土质量的主要依据。

2. 主要仪器设备

（1）试验机。压力试验机或万能试验机，其精度应不低于±2%，量程应能使试件的预期破坏荷载值不小于全量程的20%，也不大于全量程的80%。试验机应按计量仪表使用规定进行定期检查，以确保试验结果的准确性。

（2）振动台。振动频率为50Hz±3Hz，空载振幅约为0.5mm。

（3）试模。试模由铸铁或钢制成，应具有足够的刚度，并折装方便。试模内表面应保证足够的平滑度，或经机械加工，其不平度不超过 0.05%，组装后相邻面的不垂直度应不超过±0.5%。

（4）捣棒、小铁铲、金属直尺、镘刀等。

3. 试件的成型和养护

（1）混凝土抗压强度试验一般以三个试件为一组。每一组试件所用的拌和物应从同一盘或同一车运送的混凝土中取出，或在试验室用机械或人工单独拌制。

（2）制作前，应将试模擦拭干净，并在试模内表面涂一薄层矿物油脂。所有试件应在取样后立即制作。试件成型方法应视混凝土的稠度而定。一般坍落度小于70mm的混凝土，用振动台振实，大于70mm的用捣棒人工捣实成型。

1）振动台振实成型。将拌和物一次装入试模，装料时应用抹刀沿各试模壁插捣，然后将试模放在振动台上，并加以固定；开动振动台，振至拌和物呈现水泥浆状为止，记录振动时间。振动结束后，用镘刀沿试模边缘将多余的拌和物刮去，并将表面抹平。

2）人工捣实成型。拌和物分两层装入试模，每层厚度大致相等。插捣按螺旋方向从边缘向中心均匀进行。插捣底层时，捣棒应达到试模底面；插捣上层时，捣棒应穿入下层深度20～30mm。插捣时，捣棒应保持垂直，并用镘刀沿试模内壁插入数次，每层插捣次数见表11-6，一般100cm$^2$面积应不少于12次，然后根据骨料的最大颗粒直径选择。试件尺寸、强度换算系数以及制作试块所需的混凝土量见表11-6。

**表11-6　试件尺寸、强度换算系数以及制作试块所需的混凝土量**

| 试件尺寸（mm） | 允许骨料最大粒径（mm） | 每层插捣次数 | 每组需混凝土量（kg） | 换算系数 |
|---|---|---|---|---|
| 100×100×100 | 30 | 12 | 9 | 0.95 |
| 150×150×150 | 40 | 25 | 30 | 1.00 |
| 200×200×200 | 60 | 50 | 65 | 1.05 |

（3）试件养护。试件成型后表面应覆盖，以防止水分蒸发，并在室温为 20℃±5℃的情况下至少静置 1d（但不得超过 2d），然后编号拆模。拆模后的试件应立即放在温度为20℃±2℃、相对湿度为 95%以上的标准养护室中养护。在标准养护室内试件应放在架上，彼此间隔为 10～20mm，并应避免用水直接冲淋试件。无标准养护室时，混凝土试件可放在温度为 20℃±2℃不流动的 $Ca(OH)_2$ 饱和溶液中养护。同条件养护试件的拆模时间可与实际构件的拆模时间相同，拆模后，试件仍需保持同条件养护。标准养护龄期为 28d，从搅拌加水开始计时。

4. 试验方法与步骤

（1）试件从养护地点取出后应及时进行试验，将试件表面与上下承压板面擦干净。

（2）将试件安放在试验机的下压板或垫板上，试件的承压面应与成型时的顶面垂直。试件的中心应与试验机下压板中心对准，开动试验机，当上压板与试件或钢垫板接近时，调整球座，使其接触均衡。

（3）在试验过程中应连续、均匀地加荷。当混凝土强度等级＜C30 时，加荷速度取 0.3～0.5MPa/s；当混凝土强度等级≥C30 且＜C60 时，取 0.5～0.8MPa/s；当混凝土强度等级≥C60 时，取 0.8～1.0MPa/s。

（4）当试件接近破坏开始急剧变形时，应停止调整试验机油门，直至破坏。然后记录破坏荷载。

5. 结果计算

（1）混凝土立方体试件抗压强度按下式计算，即

$$f_{cc}=\frac{F}{A}$$

式中 $f_{cc}$——混凝土立方体试件抗压强度，MPa；

$F$——破坏荷载，N；

$A$——试件承压面积，$mm^2$。

混凝土立方体试件抗压强度的计算应精确至 0.1MPa。

（2）强度值的确定应符合下列规定：

1）三个试件测值的算术平均值作为该组试件的强度值（精确至 0.1MPa）。

2）三个测值中的最大值或最小值中如有一个与中间值的差值超过中间值的 15%时，则把最大及最小值一并舍除，取中间值作为该组试件的抗压强度值。

3）如最大值和最小值与中间值的差均超过中间值的 15%，则该组试件的试验结果无效。

（3）混凝土强度等级＜C60 时，用非标准试件测得的强度值均应乘以尺寸换算系数，其值为对 200mm×200mm×200mm 试件为 1.05；对 100mm×100mm×100mm 试件为 0.95。当混凝土强度等级≥C60 时，宜采用标准试件；使用非标准试件时，尺寸换算系数应由试验确定。

## 试验五　建筑砂浆试验

### 一、试验目的及试样制备

1. 试验目的

确定砂浆性能特征值、强度等级，检验或控制现场拌制砂浆的质量。

2. 主要仪器设备

砂浆搅拌机、拌和铁板（面积约为 1.5m×2m，厚约 3mm）、磅秤（称量为 50kg，感量为 50g）、台秤（称量为 10kg，感量为 5g）、拌铲、抹刀、量筒、盛器等。

3. 试样制备

（1）一般规定。

1）拌制砂浆所用的原材料应符合质量标准，并要求提前运入试验室内，拌和时试验室的温度应保持在 20℃±5℃。

2）水泥如有结块，则应充分混合均匀，以 0.9mm 筛过筛，砂也应以 5mm 筛过筛。

3）拌制砂浆时，材料称量计量的精度：水泥、外加剂等为±0.5%；砂、石灰膏、黏土膏

等为±1%。

4）拌制前应将搅拌机、拌和铁板、拌铲、抹刀等工具表面用水润湿，拌和铁板上不得有积水。

（2）人工拌和。按设计配合比（质量比），称取各项材料用量，先把水泥和砂放在拌板上拌均匀，然后将混合物堆成堆，在中间挖一凹坑，将称好的石灰膏（或黏土膏）倒入凹坑中，再倒入一部分水，将石灰膏或黏土膏稀释，然后充分拌和，并逐渐加水，直至混合料色泽一致、和易性符合要求，一般需拌和 5min。可用量筒盛定量水，拌好以后，减去筒中剩余水量，即为用水量。

（3）机械拌和。

1）先拌适量砂浆（应与正式拌和的砂浆配合比相同），使搅拌机内壁黏附一薄层砂浆，使正式拌和时的砂浆配合比成分准确。

2）先称出各材料用量，再将砂、水泥装入搅拌机内。

3）开动搅拌机，将水徐徐加入（混合砂浆须将石灰膏或黏土膏用水稀释至浆状），搅拌约 3min（搅拌的用量不宜少于搅拌容量的 20%，搅拌时间不宜少于 2min）。

4）将砂浆拌和物倒至拌和铁板上，用拌铲翻拌两次，使之均匀。拌好的砂浆应立即进行有关的试验。

**二、砂浆的稠度试验**

1. 试验目的

通过稠度试验，可以测得达到设计稠度时的加水量，或在施工现场对要求的稠度进行控制，以保证施工质量。

2. 主要仪器设备

砂浆稠度仪（见图 11-17）、捣棒（直径为 10mm，长 350mm，一端呈半球形钢棒）、台秤、拌锅、拌板、量筒、秒表等。

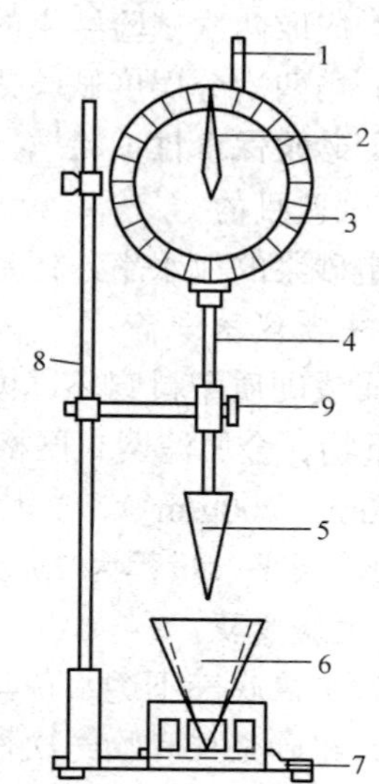

图 11-17 砂浆稠度仪

1—齿条测杆；2—指针；3—刻度盘；4—滑杆；5—圆锥体；6—圆锥筒；7—底座；8—支架；9—制动螺钉

3. 试验方法与步骤

（1）将拌好的砂浆一次装入砂浆筒内，装到距筒口约 10mm 高度处为止，用捣棒插捣 25 次，并将筒体振动 5～6 次，使表面平坦，然后移置于稠度仪底座上。

（2）放松圆锥体滑杆的制动螺钉，使圆锥尖端与砂浆表面接触，拧紧制动螺钉，使齿条测杆下端刚好接触滑杆上端，并将指针对准零点。

（3）拧开制动螺钉，使圆锥体自动沉入砂浆中，同时计时到 10s，立即固定螺钉，将齿条测杆下端接触滑杆上端，从刻度盘上读出下沉深度（精确至 1mm），即为砂浆的稠度值。

（4）对于圆锥筒内的砂浆只允许测定一次稠度，重复测定时，应重新取样测定。

4. 结果评定

以两次测定结果的平均值作为砂浆稠度测定结果，如两次测定值之差大于 10mm，则应重新取样测定。

## 三、建筑砂浆分层度试验

1. 试验目的

测定建筑砂浆拌和物的分层度，确定在运输及停放时砂浆拌和物的稳定性，以评定其和易性。

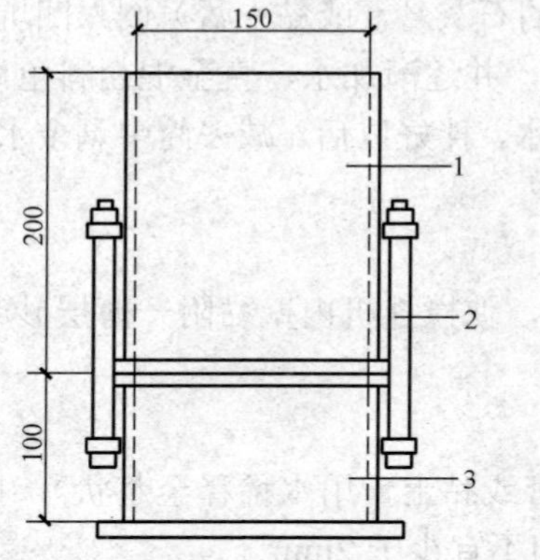


图 11-18 砂将分层度仪（单位：mm）

1—无底圆筒；2—连续螺栓；3—有底圆筒

2. 主要仪器设备

分层度仪（见图 11-18），其他同砂浆稠度试验仪器。

3. 试验方法与步骤

（1）首先将拌和好的砂浆按照上述的稠度试验方法测量砂浆的稠度。

（2）将稠度试验后的砂浆重新拌和均匀，一次注满分层度仪内，装满后用木锤在容器周围距离大致相等的4 个不同地方轻敲 1～2 次，若砂浆沉落到筒口以下，应随时添加，然后用抹刀抹平。

（3）静置 30min，去掉上节 200mm 砂浆，将剩余的 100mm 砂浆倒在拌和锅内重新拌和均匀 2min，再测定砂浆稠度（以 mm 计）。

（4）取两次砂浆稠度的差值，即为砂浆的分层度（以 mm 计）。

4. 结果评定

（1）应取两次试验结果的算术平均值作为该砂浆的分层度值，精确至 mm。

（2）当两次分层度试验值之差大于 10mm 时，应重新取样试验。

## 四、砂浆保水性试验

1. 试验目的

测定砂浆的保水率，评定砂浆的保水性。

2. 主要仪器设备

金属或硬质塑料圆环试模（内径为 100mm，内部高度为 25mm）、可密封的取样容器、2kg 的重物、金属滤网（网格尺寸为 45μm，圆形，直径为 110mm±1mm）、超白滤纸（直径为 110mm，200g/$m^2$）、2 片金属或玻璃材质的方形或圆形不透水片（边长或直径应大于110mm）、天平（量程为 200g，感量为 0.1g；量程为 2000g，感量为 1g）、烘箱。

3. 试验步骤

（1）称量底部不透水片与干燥试模质量 $m_1$ 和 15 片中速定性滤纸质量 $m_2$。

（2）将砂浆拌和物一次性装入试模，并用抹刀插捣数次，当装入的砂浆略高于试模边缘时，用抹刀以 45°角一次性将试模表面多余的砂浆刮去，然后再用抹刀以较平的角度在试模表面从反方向将砂浆刮平。

（3）抹掉试模边的砂浆，称量试模、底部不透水片与砂浆总质量 $m_3$。

（4）用金属滤网覆盖在砂浆表面，再在滤网表面放 15 片滤纸，用上部不透水片盖在滤纸表面上，以 2kg 的重物把上部不透水片压住。

（5）静置 2min 后移走重物及上部不透水片，取出滤纸（不包括滤网），迅速称量滤纸质量 $m_4$。

（6）按照砂浆的配合比及加水量计算砂浆的含水率。当无法计算时，可按照以下方法测定砂浆的含水率。

砂浆含水率的测定：称取 100g±10g 砂浆拌和物试样，置于一干燥并已称重的盘中，在 105℃±5℃的烘箱中烘干至恒重，含水率按下式计算，即

$$\alpha=\frac{m_6-m_5}{m_6}\times100\%$$

式中 $\alpha$——砂浆含水率，%；

$m_5$——烘干后砂浆样本的质量，精确至 1，g；

$m_6$——砂浆样本的总质量，精确至 1，g。

取两次试验结果的算术平均值作为砂浆的含水率，精确至 0.1%。当两个测定值之差超过 2%时，此组试验结果无效。

4. 试验结果评定

砂浆保水率按下式计算，即

$$W=\left[1-\frac{m_4-m_2}{\alpha(m_3-m_1)}\right]\times100\%$$

取两次试验结果的算术平均值作为砂浆的保水率，精确至 0.1%，且第二次试验应重新取样测定。当两个测定值之差超过 2%时，此组试验结果无效。

**五、建筑砂浆立方体抗压强度试验**

1. 试验目的

测定砂浆的立方体抗压强度值，评定砂浆的强度等级。

2. 主要仪器设备

压力试验机、试模（70.7mm×70.7mm×70.7mm 的带底试模）、捣棒（直径为 10mm，长 350mm，一端呈半圆形）、垫板、振动台等。

3. 试件制作及养护

（1）采用立方体试件，每组 3 个试件。

（2）用黄油等密封材料涂抹试模的外接缝，试模内涂抹机油或脱模剂，将制作好的砂浆一次性装满砂浆试模，成型方法根据稠度而定。当稠度不小于 50mm 时，应采用人工振捣成型；当稠度小于 50mm 时，应采用振动台振动成型。

人工振捣：采用捣棒均匀地由边缘向中心按螺旋方式插捣 25 次，插捣过程中若砂浆沉落低于试模口，应随时添加砂浆，可用油灰刀插捣数次，并用手将试模一边抬高 5～10mm 各振动 5 次，砂浆应高出试模顶面 6～8mm。

机械振动：将砂浆一次性装满砂浆试模，放置在振动台上，振动时试模不得跳动，振动 5～10s 或持续到表面泛浆为止，不得过振。

（3）待表面水分稍干后，将高出试模部分的砂浆沿试模顶面刮去并抹平。

（4）装模成型后，在 20℃±5℃环境下经 24h±2h 即可脱模，气温较低时，可适当延长时间，但不得超过两昼夜，然后对试件进行编号、拆模。

（5）将编号、拆模后的试件立即放入温度为 20℃±2℃、相对湿度为 90%以上的标准养护室中养护 28d。养护期间，试件彼此间间隔不小于 10mm，混合砂浆试件应覆盖，以防水滴

在试件上。

4. 抗压强度测定步骤

（1）经 28d 养护后的试件从养护地点取出后，应尽快进行试验，以免试件内部的温、湿度发生显著变化。先将试件擦干净，然后测量尺寸，并检查其外观。试件尺寸测量精确至 1mm，并据此计算试件的承压面积。若实测尺寸与公称尺寸之差不超过 1mm，则可按公称尺寸进行计算。

（2）将试件置于压力机的下压板或下垫板上，试件的承压面应与成型时的顶面垂直，试件中心应与下压板或下垫板中心对准。

（3）开动压力机，当上压板与试件接近时，调整球座，使接触面均衡受压。加荷应均匀而连续，加荷速度应为 0.25～1.5kN/s（砂浆强度不大于 2.5MPa 时，取下限为宜），当试件接近破坏而开始迅速变形时，停止调整压力机油门，直至试件破坏，记录破坏荷载($N_u$)。

5. 结果计算

单个试件的抗压强度按下式计算，即

$$f_{m,cu}=K\frac{N_u}{A}$$

式中 $f_{m,cu}$——砂浆立方体抗压强度，精确至 0.1，MPa；

$N_u$——试件破坏荷载，N；

$A$——试件承压面积，$mm^2$；

$K$——换算系数，取 1.35。

每组试件为 3 个，取 3 个试件测值的算术平均值作为该组试件的砂浆立方体抗压强度平均值（$f_2$），精确至 0.1MPa。

当 3 个试件的最大值或最小值与中间值的差超过中间值的 15%时，应把最大值和最小值一并舍去，取中间值作为该组试件的抗压强度值；如两个测值与中间值的差均超过中间值的 15%，则该组试件的试验结果无效。

## 试验六 砌墙砖及砌块性能试验

### 一、采用标准

（1）《砌墙砖试验方法》（GB/T 2542—2003）。

（2）《烧结普通砖》（GB 5101—2003）。

（3）《烧结多孔砖》（GB 13544—2011）。

### 二、抽样方法及相关规定

各种砌墙砖的检验抽样，除在各自的标准中有不同的具体规定之外，都必须符合《砌墙砖检验规则》（JC 466—1992）的要求。该规则中规定：砌墙砖检验批的批量宜在 3.5 万～15 万块范围内，但不得超过一条生产线的日产量，不足 3.5 万块也按一批计；采用随机抽样法取样，外观质量检验的砖样在每一检验批的产品堆垛中抽取，数量为 50 块；尺寸偏差检验的砖样从外观质量检验后的样品中抽取，数量为 20 块，其他项目的砖样从外观质量和尺寸偏差检验后的样品中抽取。抽样数量为强度等级 10 块；泛霜、石灰爆裂、冻融及吸水率与饱和系数各 5 块。当只进行单项检验时，可直接从检验批中抽取。

### 三、尺寸测量

1. 主要仪器设备

砖用卡尺（分度值为 0.5mm）。

2. 测量方法

砖样的长度和宽度应在砖的两个大面的中间处分别测量两个尺寸，高度应在砖的两个条面的中间处分别测量两个尺寸（见图 11-19）。当被测处缺损或凸出时，可在其旁边测量，但应选择不利的一侧进行测量。

3. 结果评定

结果分别以长度、宽度和高度的两个测量值的算术平均值表示，不足 1mm 者按 1mm 计。

图 11-19 砖的尺寸量法

### 四、外观质量检查

1. 试验目的

通过外观质量检测，作为评定砖的产品质量等级的依据。

2. 主要仪器设备

砖用卡尺（分度值为 0.5mm）、钢直尺（分度值为 1mm）。

3. 试验方法与步骤

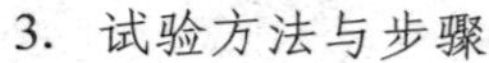

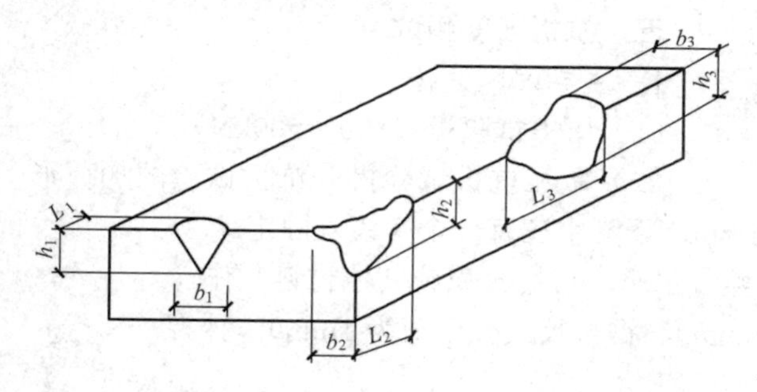


图 11-20 缺棱掉角砖的破坏尺寸量法

（1）缺损测量。缺棱掉角在砖上造成的破损程度，以破损部分对长、宽、高三个棱边的投影尺寸来度量，称为破坏尺寸。如图 11-20 所示，$L_1$、$L_2$、$L_3$ 为长度方向的投影量；$b_1$、$b_2$、$b_3$ 为宽度方向的投影量；$h_1$、$h_2$、$h_3$ 为高度方向的投影量。

空心砖内壁残缺及肋残缺尺寸，以长度方向的投影尺寸来度量。

（2）裂纹测量。裂纹测量分为长度方向、宽度方向和高度方向三种，以被测方向上的投影长度表示。如果裂纹从一个面延伸至其他面上，则累计其延伸的投影长度，见图 11-21。

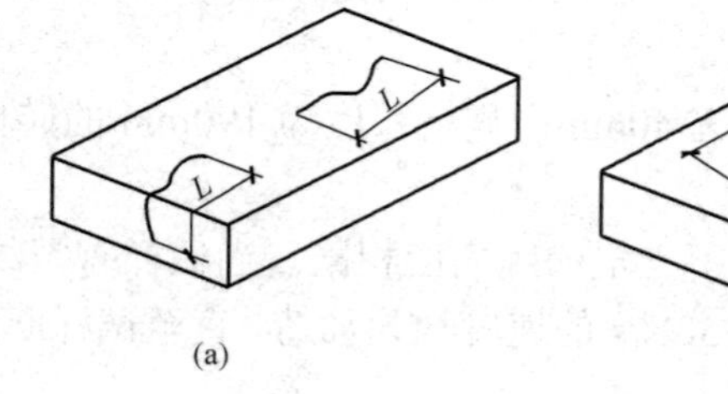


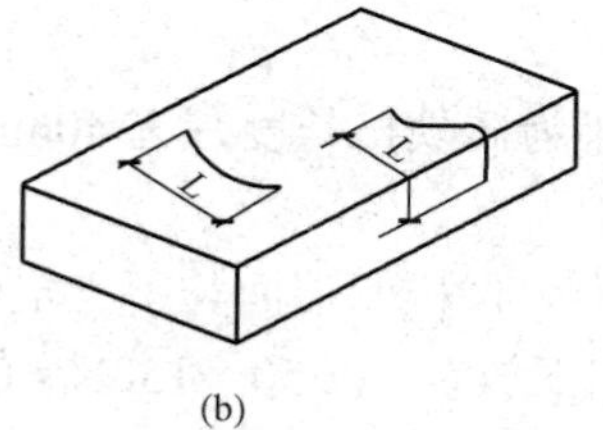


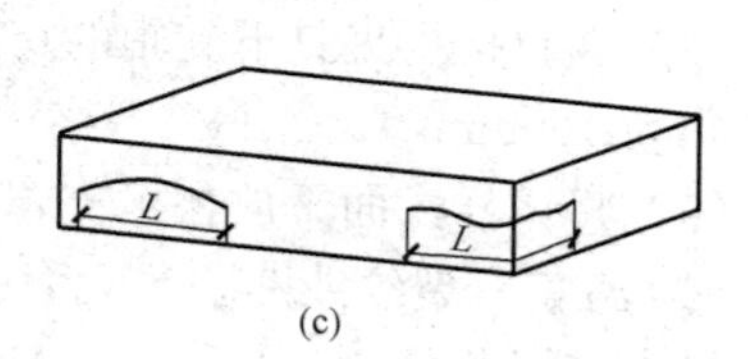


图 11-21 砖裂纹长度量法

（a）长度方向延伸；（b）宽度方向延伸；（c）高度方向延伸

多孔砖的孔洞与裂纹相通时，将孔洞包括在裂纹内一并测量，见图 11-22。裂纹长度以在三个方向上分别测得的最长裂纹作为测量结果。

（3）弯曲测量。弯曲分别在大面和条面上测量，测量时将砖用卡尺的两支脚沿棱边两端放置，择其弯曲最大处将垂直尺推至砖面，见图 11-23。但不应将因杂质或碰伤造成的凹陷计算在内，以弯曲测量中测得的较大者作为测量结果。

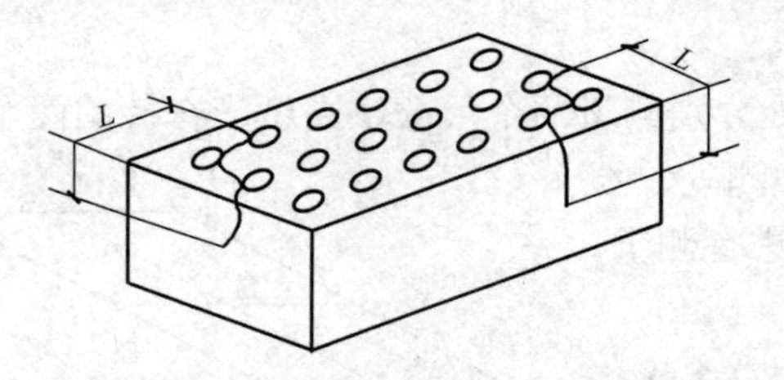

图 11-22 多孔砖裂纹通过孔洞时的尺寸量法

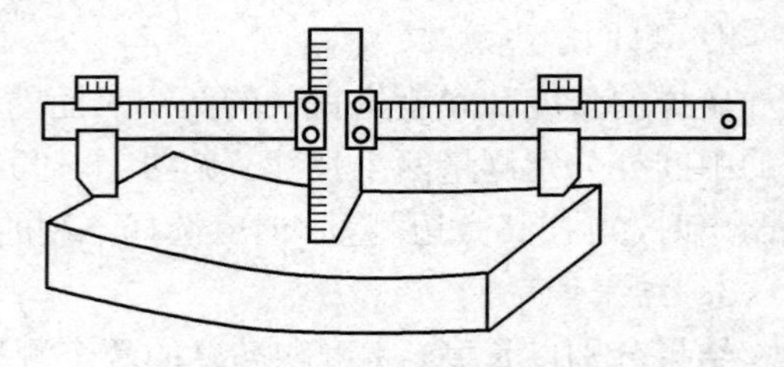
图 11-23 砖的弯曲量法

（4）砖杂质凸出高度量法。杂质在砖面上造成的凸出高度，以杂质距砖面的最大距离表示。测量时将砖用卡尺的两支脚置于杂质凸出部分两侧的砖平面上，以垂直尺测量，见图 11-24。外观测量以 mm 为单位，不足 1mm 者以 1mm 计。

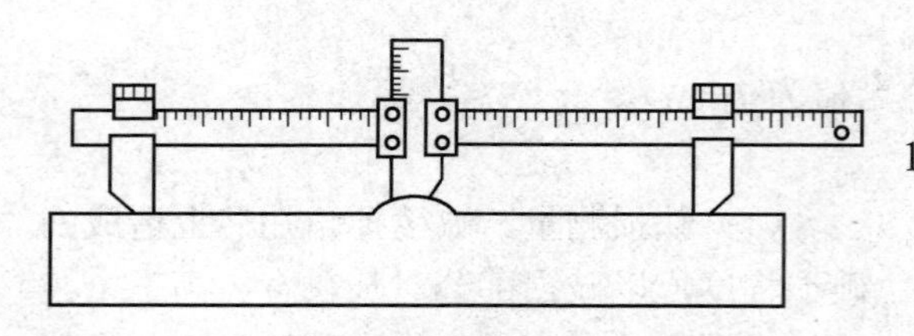
图 11-24 砖的杂质凸出高度量法

4. 结果处理

外观测量以 mm 为单位，不足 1mm 者均按 1mm 计。

## 五、抗折强度测试

1. 主要仪器设备

（1）压力试验机（300～500kN）

（2）砖瓦抗折试验机。抗折试验的加荷形式为三点加荷，其上下压辊的曲率半径为 15mm，下支辊应有一个为铰支固定。

（3）抗压试件制备平台。其表面必须平整、水平，可用金属或其他材料制作。

（4）锯砖机、水平尺（规格为 250～350mm）、钢直尺（分度值为 1mm）、抹刀。

2. 试验方法与步骤

（1）试样数量及处理：烧结砖和蒸压灰砂砖为 5 块，其他砖为 10 块。蒸压灰砖应放在温度为 20℃±5℃的水中浸泡 24h 后取出，用湿布拭去其表面水分进行抗折强度试验。粉煤灰砖和炉渣砖在养护结束后 24～36h 内进行试验，烧结砖不需浸水及其他处理，直接进行试验。

（2）按尺寸测量的规定，测量试样的宽度和高度尺寸各两个，分别取其算术平均值（精确至 1mm）。

（3）调整抗折夹具下支辊的跨距为砖规格长度减去 40mm；规格长度为 190mm 的砖样，其跨距为 160mm。

（4）将试样大面平放在下支辊上，试样两端面与下支辊的距离应相同。当试样有裂纹或凹陷时，应使有裂纹或凹陷的大面朝下放置，以 50～150N/s 的速度均匀加荷，直至试样断裂，记录最大破坏荷载 $P$。

3. 结果计算

每块多孔砖试样的抗折荷重以最大破坏荷载乘以换算系数计算（精确至 0.1kN）。其他品种每块砖样的抗折强度 $f_c$ 按下式计算（精确至 0.1MPa），即

$$f_c=\frac{3PL}{2bh^2}$$

式中 $f_c$——砖样试块的抗折强度，MPa；

$P$——最大破坏荷载，N；

$L$——跨距，mm；

$b$——试样高度，mm；

$h$——试样宽度，mm。

**六、抗压强度测试**

1. 试验目的

测定烧结普通砖的抗压强度，用以评定砖的强度等级。

2. 主要仪器设备

压力机（同抗折强度仪器）、锯砖机或切转机、直尺、镘刀等。

3. 试样数量及试件制备

试样数量：烧结普通砖、烧结多孔砖和蒸压灰砂砖为10块（空心砖大面和条面抗压各5块）。非烧结砖也可用抗折强度测试后的试样作为抗压强度试样。

（1）烧结普通砖的试件制备：取10块样品试样，将试样切断或锯成两个半截砖，断开后的半截砖长不得小于100mm，见图11-25。在试样制备平台上将已断开的半截砖放入室温的净水中浸泡10～20min后取出，并使断口以相反方向叠放，两者中间抹以厚度不超过5mm的水泥净浆黏结，上下两面用厚度不超过3mm的同种水泥浆抹平。水泥浆用32.5级普通硅酸盐水泥调制，稠度要适宜。制成的试件上、下两面须相互平行，并垂直于侧面，见图11-26。

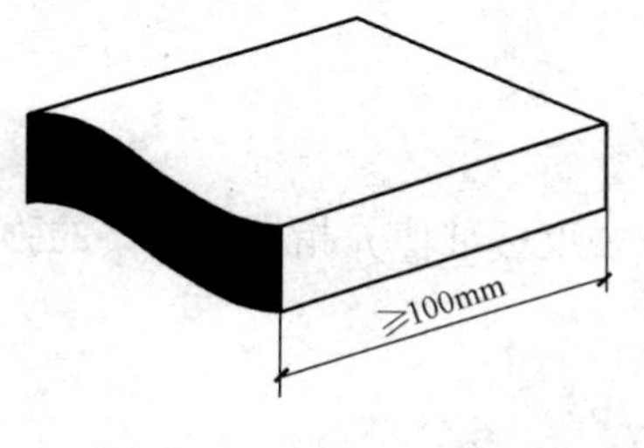


图11-25　断开的半截砖

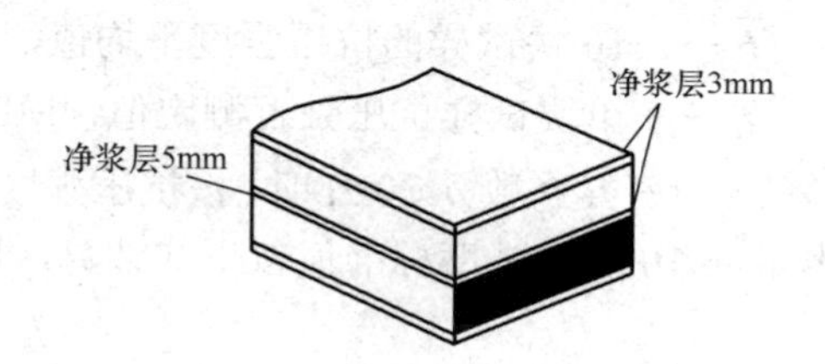


图11-26　砖的抗压试件

（2）多孔砖、空心砖的试件制备：样品数量为10块，多孔砖以单块整砖沿竖孔方向加压，空心砖以单块整砖沿大面和条面方向（各5块）分别加压。试件制作采用坐浆法操作，即将玻璃板置于试件制备平台上，其上铺一张湿的垫纸，纸上铺一层厚度不超过5mm，用32.5级普通硅酸盐水泥制成的稠度适宜的水泥净浆，再将经水中浸泡10～20min的试样平稳地坐放在水泥浆上，在另一受压面上稍加压力，使整个水泥层与砖的受压面相互黏结，砖的侧面应垂直于玻璃板。待水泥浆适当凝固后，连同玻璃板翻放在另一铺纸放浆的玻璃板上，再进行坐浆，用水平尺校正玻璃板，使之水平。

（3）非烧结砖的试件制备：同一块试样的两半截砖切断口相反叠放，叠合部分不得小于100mm；如果不足100mm，则应剔除，另取备用试样补足。

4. 试件养护

制成的抹面试件应置于温度不低于10℃的不通风室内养护3d，再进行强度测试。非烧结砖不需要养护，直接测试。

5. 试验方法与步骤

（1）测量每个试件连接面或受压面的长、宽尺寸各两个，分别取其平均值，精确至 1mm。

（2）将试件平放在加压板的中央，垂直于受压面加荷，加荷过程应均匀、平稳，不得发生冲击或振动，加荷速度以 4kN/s 为宜，直至试件破坏，记录最大破坏荷载 $P$。

6. 结果计算

每块试样的抗压强度 $f_p$ 按下式计算（精确至 0.1MPa），即

$$f_p=\frac{P}{Lb}$$

式中 $f_p$——砖样试件的抗压强度，MPa；

$P$——最大破坏荷载，N；

$L$——试件受压面（连接面）的长度，mm；

$b$——试件受压面（连接面）的宽度，mm。

7. 结果评定

（1）试验后按以下两式分别计算出强度变异系数 $\delta$ 和标准差 $S$，即

$$\delta=\frac{S}{\overline{f}}$$

$$S=\sqrt{\frac{1}{9}\sum_{i=1}^{n}(f_i-\overline{f})^2}$$

式中 $\delta$——砖的强度变异系数；

$S$——10 块试样的抗压强度标准差，MPa；

$\overline{f}$——10 块试样的抗压强度平均值，MPa；

$f_i$——单块试样抗压强度测定值，MPa。

（2）当变异系数 $\delta \leqslant 0.21$ 时，按抗压强度平均值 $\overline{f}$、强度标准值 $f_k$ 指标评定砖的强度等级。样本量 $n$=10 时的强度标准值按下式计算，即

$$f_k=\overline{f}-1.8S$$

式中 $f_k$——强度标准值，MPa。

（3）当变异系数 $\delta>0.21$ 时，按抗压强度平均值 $\overline{f}$、单块最小抗压强度值 $f_{min}$ 指标评定砖的强度等级。

## 试验七 钢 筋 试 验

### 一、一般规定

（1）当同一截面尺寸和同一炉罐号组成的钢筋分批验收时，每批质量不大于 60t，如炉罐号不同，应按钢筋混凝土结构用热轧钢筋的相关规定验收。

（2）钢筋应有出厂质量证明书或试验报告单，每捆钢筋均应有标牌，进场时钢筋应按炉罐（批）号及直径验收，验收时应抽样作机械性能试验，包括拉力试验和冷弯试验两个项目。两个项目中如有一个项目不合格，该批钢筋即为不合格品。

（3）钢筋在使用中如有脆断、焊接性能不良或机械性能显著不正常时，还应进行化学成分分析，或其他专项试验。

（4）取样方法和结果评定规定，从每批钢筋任意抽取两根，于每根距端部50mm处各取一套试样（两根试件），在每套试样中取一根作拉力试验，另一根作冷弯试验。在拉力试验的两根试件中，如其中一根试件的屈服点、抗拉强度和伸长率三个指标中有一个指标达不到标准中规定的数值，则应再抽取双倍（4根）钢筋，制取双倍（4根）试件重做试验，如仍有一根试件的一个指标达不到标准要求，则无论这个指标在第一次试件中是否达到标准要求，拉力试验项目也作为不合格。在冷弯试验中，如有一根试件不符合标准要求，则应同样抽取双倍钢筋，制成双倍试件重做试验，如仍有一根试件不符合标准要求，冷弯试验项目即为不合格。

（5）试验应在20℃±10℃温度下进行，如试验温度超出这一范围，则应于试验记录和报告中注明。

## 二、钢筋拉伸试验

1. 试验目的

测定低碳钢的屈服强度、抗拉强度与延伸率。注意观察拉力与变形之间的变化。确定应力与应变之间的关系曲线，评定钢筋的强度等级。

2. 主要仪器设备

（1）万能材料试验机。为保证机器安全和试验准确，其吨位选择最好是使试件达到最大荷载时，指针位于第三象限内（即180°～270°）。试验机的测力示值误差不大于1%。

（2）游标卡尺（精确度为0.1mm）、直钢尺、两脚扎规、打点机等。

3. 试件制作和准备

（1）8～40mm直径的钢筋试件一般不经车削。

（2）如果受试验机吨位的限制，直径为22～40mm的钢筋可制成车削加工试件。

（3）在试件表面用钢筋划一平行于其轴线的直线，在直线上冲浅眼或划线标出标距短点（标点），并沿标距长度用油漆划出10等分点的分格标点。

（4）测量标距长度 $L_0$（精确至0.1mm），如图11-27所示。计算钢筋强度时所用的横截面积采用表11-7中所列的公称横截面积。

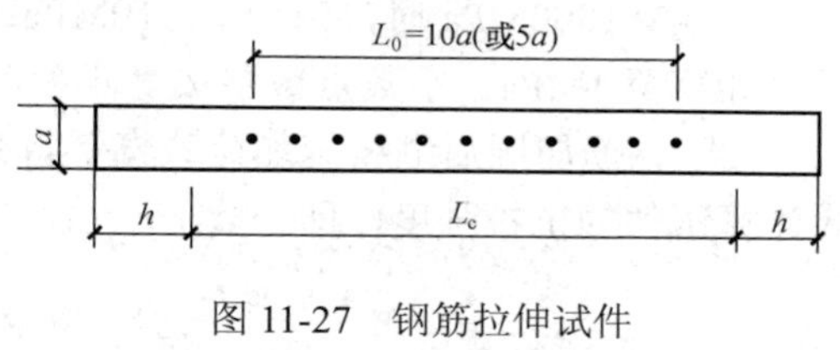


图11-27 钢筋拉伸试件

a—试件原始直径；$L_0$—标距长度；h—夹头长度；$L_c$—试样平行长度

表11-7 钢筋的公称横截面积

| 公称直径（mm） | 公称横截面积（$mm^2$） | 公称直径（mm） | 公称横截面积（$mm^2$） |
|---|---|---|---|
| 8 | 50.27 | 22 | 380.1 |
| 10 | 78.54 | 25 | 490.9 |
| 12 | 113.1 | 28 | 615.8 |
| 14 | 153.9 | 32 | 804.2 |
| 16 | 201.1 | 36 | 1018 |
| 18 | 254.5 | 40 | 1257 |
| 20 | 314.2 | 50 | 1964 |

4. 试验方法与步骤

（1）调整试验机测力度盘的指针，使其对准零点，并拨动副指针，使其与主指针重叠。

（2）将试件固定在试验机夹头内，开动试验机进行拉伸。拉伸速度为：屈服前，应力增加速率按表 11-8 规定，并保持试验机控制器固定于这一速率位置上，直至该性能被测出；屈服后或只需测定抗拉强度时，试验机活动夹头在荷载下的移动速度不大于 $0.5L_c$/min（$L_c$ 为试样平行长度）。

表 11-8 屈服前的加荷速率

| 金属材料的弹性模量（MPa） | 应力速率［N/（mm²·s）］ | |
|---|---|---|
| | 最小 | 最大 |
| ＜150000 | 1 | 10 |
| ≥150000 | 3 | 30 |

拉伸过程中，测力度盘的指针停止转动时的恒定荷载，或第一次回转时的最小荷载，即为所求的屈服点荷载 $F_s$（N）。按下式计算试件的屈服点，即

$$\sigma_s=\frac{F_s}{A}$$

式中 $\sigma_s$——屈服点，MPa；

$F_s$——屈服点荷载，N；

$A$——试件的公称横截面积，mm²。

当 $\sigma_s>1000$MPa 时，应计算至 10MPa；$\sigma_s$ 为 200～1000MPa 时，计算至 5MPa；$\sigma_s\leqslant200$MPa 时，计算至 1MPa。小数点数字按“四舍六入五单双法”处理。

（3）钢筋屈服后继续施加荷载直至将钢筋拉断，由测力度盘读出最大荷载 $F_b$（N）。按下式计算试件的抗拉强度，即

$$\sigma_b=\frac{F_b}{A}$$

式中 $\sigma_b$——抗拉强度，MPa；

$F_b$——最大荷载，N；

$A$——试件的公称横截面积，mm²。

$\sigma_b$ 计算精度的要求同 $\sigma_s$。

5. 伸长率测定

（1）将已拉断试件的两段在断裂处对齐，尽量使其轴线位于一条直线上。如拉断处由于各种原因形成缝隙，则此缝隙应计入试件拉断后的标距部分长度内。

（2）如拉断处到邻近标距点的距离大于 $1/3L_0$，则可用卡尺直接量出已被拉长的标距长度 $L_1$。

（3）如拉断处到邻近标距端点的距离不大于 $1/3L_0$，则可按下述移位法确定 $L_1$。

在长段上，从拉断处 $O$ 点取基本等于短段格数，得 $B$ 点，接着取等于长段所余格数［偶数，见图 11-28（a）］的 1/2，得 $C$ 点；或者取所余格数［奇数，见图 11-28（b）］减 1 与加 1 后的 1/2，得 $C$ 与 $C_1$ 点。移位后的 $L_1$ 分别为 $AO+OB+2BC$ 或者 $AO+OB+BC+BC_1$。

如果直接量测所求得的伸长率能达到技术条件的规定值，则可不采用移位法。

（4）伸长率按下式计算（精确至 1%），即

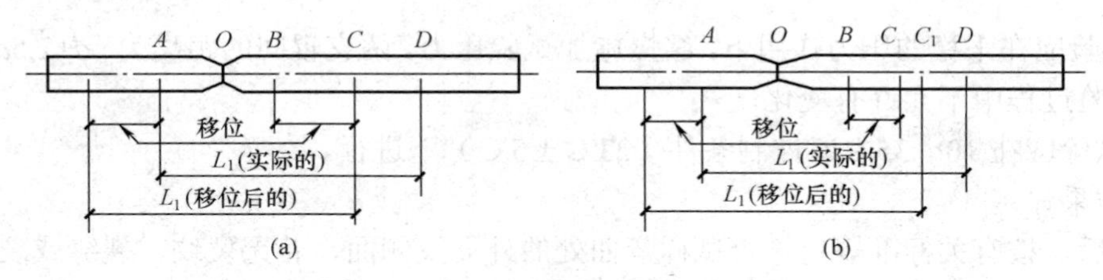


图 11-28 用移位法计算标距

$$\sigma_{10}\text{（或}\ \sigma_5\text{）}=\frac{L_1-L_0}{L_0}\times 100\%$$

式中 $\sigma_{10}$、$\sigma_5$——$L_0$=10$a$ 或 $L_0$=5$a$（$a$ 为钢筋直径）时的伸长率；

$L_0$——原标距长度 10$a$（5$a$），mm；

$L_1$——试件拉断后直接量出或按移位法确定的标距部分长度，测量精确至 0.1，mm。

（5）如试件在标距端点上或标距处断裂，则试验结果无效，应重做试验。

## 三、冷弯试验

1. 试验目的

检验钢筋承受弯曲程度的变形性能，从而确定其可加工性能，并显示其缺陷。

2. 主要仪器设备

压力机或万能试验机、冷弯压头等。

3. 试验方法与步骤

（1）钢筋冷弯试件不得进行车削加工，试样长度通常按下式确定，即

$$L\approx 5a+150\text{mm}$$

式中 $L$——试样长度，mm；

$a$——试件原始直径，mm。

（2）半导向弯曲。试样一端固定，绕弯心直径进行弯曲，如图 11-29（a）所示。试样弯曲到规定的弯曲角度或出现裂纹、裂缝或断裂为止。

（3）导向弯曲。

1）将试样放置在两个支点上，对一定直径的弯心于试样两个支点中间施加压力，使试样弯曲到规定的角度［见图 11-29（b）］或出现裂纹、裂缝、断裂为止。

2）试样在两个支点上按一定弯心直径弯曲至两臂平行时，可一次完成试验，也可先弯曲到如图 11-29（b）所示的状态，然后放置在试验机平板之间继续施加压力，压至试样两臂平行。此时可以加与弯心直径相同尺寸的衬垫进行试验，见图 11-29（c）。

当试样需要弯曲至两臂接触时，首先将试样弯曲到如图 11-29（b）所示的状态，然后放置在两平板间继续施加压力，直至两臂接触，见图 11-29（d）。

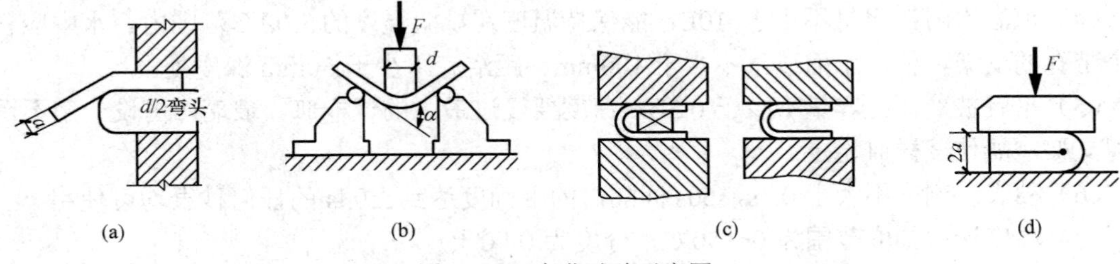


图 11-29 弯曲试验示意图

3）试验应在平稳的压力作用下，缓慢施加试验压力。两支辊间的距离为（$d$+2.5$a$）±0.5$a$，并且在试验过程中不允许有变化。

4）试验应在10～35℃或控制条件（23℃±5℃）下进行。

4. 结果评定

弯曲后，按有关标准规定检查试样弯曲处的外面及侧面，若无裂纹、裂缝或裂断，则评定试样合格。

## 试验八 石油沥青试验

### 一、沥青针入度试验

1. 试验目的及一般规定

针入度是石油沥青稠度的主要指标，是划分沥青牌号的主要依据之一。

本方法适用于测定针入度小于350的固体和半固体石油沥青。石油沥青的针入度以标准针在一定的荷重、时间及温度条件下垂直穿入沥青试样的深度来表示。如未另行规定，标准针、针连杆与附加砝码的合计质量为100 g±0.05 g，温度为25℃±0.1℃，时间为5s。特定试验条件见表11-9的规定，报告中应注明试验条件。

**表11-9 针入度特定试验条件**

| 温度（℃） | 荷重（g） | 时间（s） |
| --- | --- | --- |
| 0 | 200 | 60 |
| 4 | 200 | 60 |
| 46 | 50 | 5 |

2. 主要仪器设备

（1）针入度仪：其构造如图11-30所示。其中支柱上有两个悬臂，上臂装有分度为360的刻度盘及活动齿杆，上下运动的同时，使指针转动；下臂装有可滑动的针连杆（其下端安装标准针），总质量为50g±0.05g，并设有控制针连杆运动的制动按钮，基座上设有旋转玻璃皿的可旋转平台及观察镜。

（2）标准针：应由硬化回火的不锈钢制成，其尺寸应符合《沥青针入度测定法》（GB/T 4509—2010）的规定。

（3）试样皿：金属圆柱形平底容器。针入度小于200时，试样皿内径为55mm，内部深度为35mm；针入度为200～350时，试样皿内径为70mm，内部深度为45mm；针入度为350～500时，试样皿内径为50mm，内部深度为60mm。

（4）恒温水浴：容量不小于10L，能保持温度在试验温度的±0.1℃范围内。水中应备有一个带孔的支架，位于水面以下不少于100mm、距浴底不少于50mm深度处。

（5）平底玻璃皿：容量不少于0.5L，深度要没过最大的试样皿。玻璃皿内设一个不锈钢三腿支架，能使试样皿稳定。

（6）秒表：刻度不大于0.1s，60s间隔内的准确度达到±0.1s的任何秒表均可使用。

（7）温度计：刻度范围为0～50℃，分度为0.1℃。

3. 准备工作

（1）将预先除去水分的试样在砂浴或密闭电炉上加热，并搅拌。加热温度不得超过估计软化点 100℃，加热时间不得超过 30min；用筛过滤除去杂质。

（2）将试样倒入预先选好的试样皿中，试样深度应大于预计穿入深度 10mm。

（3)试样皿在温度为 15～30℃的空气中冷却 1～1.5h（小试样皿）或 1.5～2h（大试样皿），要防止灰尘落入试样皿；然后将试样皿移入保持规定试验温度的恒温水浴中，小试样皿恒温 1～1.5h，大试样皿恒温 1.5～2h。

4. 试验方法与步骤

（1）调整针入度仪基座螺钉，使其水平。检查活动齿杆自由活动情况，并将已擦净的标准针固定在连杆上，按实验要求的条件放上砝码。

（2）将恒温 1h 的试样皿自槽中取出，置于水温严格控制在 25℃的平底玻璃皿中，沥青试样表面水层高度不小于 10mm，再将玻璃皿置于针入度仪的旋转圆形平台上。

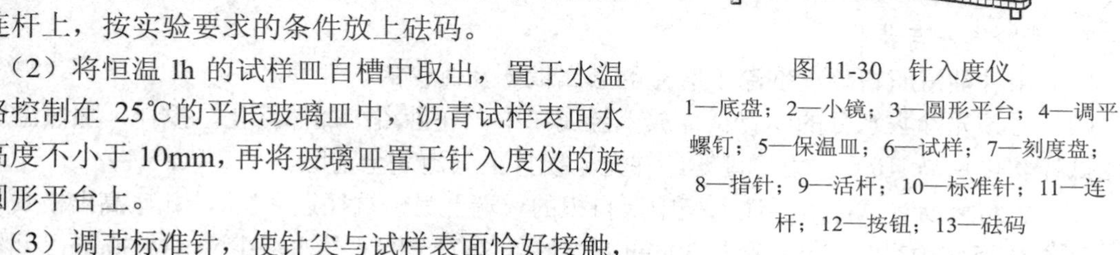


图 11-30 针入度仪

1—底盘；2—小镜；3—圆形平台；4—调平螺钉；5—保温皿；6—试样；7—刻度盘；8—指针；9—活杆；10—标准针；11—连杆；12—按钮；13—砝码

（3）调节标准针，使针尖与试样表面恰好接触，不得刺入试样。移动活动齿杆，使其与标准针连杆顶端接触，并将刻度盘指针调整至“0”。

（4）用手紧压按钮，同时开动秒表，使标准针自由地针入沥青试样，到规定时间后放开按钮，使针停止针入。

（5）再拉下活动齿杆，使其与标准针连杆顶端相接触，这时指针也随之转动，刻度盘指针读数即为试样的针入度。在试样的不同点（各测点间及测点与金属皿边缘的距离不小于 10mm）重复试验 3 次，每次试验后，将针取下，用浸有溶剂（煤油、苯或汽油）的棉花将针端附着的沥青擦干净。

（6）测定针入度大于 200 的沥青试样时，至少用 3 根针，每次测定后都将针留在试样中，直至 3 次测定完成后，才能把针从试样中取出。

5. 试验结果

取 3 次测定针入度的平均值，取至整数，作为实验结果。3 次测定的针入度值相差不应大于表 11-10 中的数值，若差值超过表中数值，试验应重做。

**表 11-10　　针入度测定允许最大差值**

| 针入度 | 0～49 | 50～149 | 150～249 | 250～350 |
|---|---|---|---|---|
| 最大差值 | 2 | 4 | 6 | 8 |

## 二、延度（延伸度）测定

1. 试验目的

延度是反映沥青塑性的指标，通过延度测定可以了解石油沥青抵抗变形的能力，并作为确定沥青牌号的依据之一。石油沥青的延度是用规定的试件在一定温度下以一定速度拉伸至断裂时的长度表示。

2. 仪器设备

延度仪及试样模具（见图 11-31）、瓷皿或金属皿、孔径为 0.6～0.8mm 筛、温度计（0～50℃，精度为 0.5℃）、刀、金属板、砂浴。

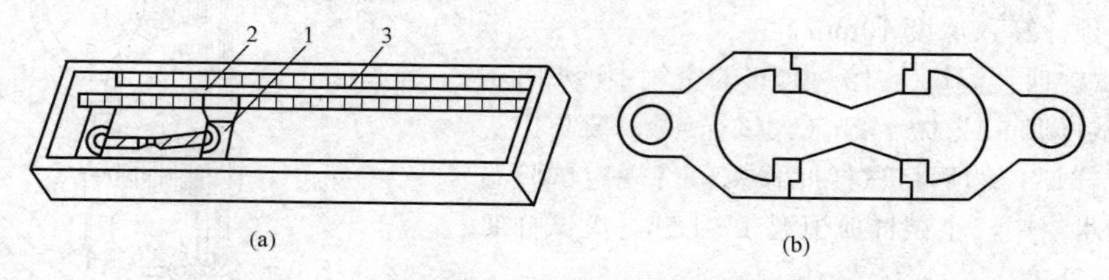


图 11-31 沥青延度仪及模具

（a）延度仪；（b）延度模具

1—滑板；2—指针；3—标尺

3. 试验方法与步骤

（1）用甘油滑石粉隔离剂涂于磨光的金属板上及侧模的内表面。

（2）将预先除去水分的沥青试样放入金属皿中，在砂浴上加热熔化、搅拌，加热温度不得比试样软化点高 110℃，用筛过滤，并充分搅拌至气泡完全消除。

（3）将熔化沥青试样缓缓注入模中（自模的一端至另一端往返多次），并略高出模具。试件在温度为 15～30℃的空气中冷却 30min 后，放入 25℃±0.1℃的水浴中，保持 30min 后取出，用热刀将高出模具的沥青刮去，使沥青面与模面齐平。沥青的刮法应自模的中间刮向两边，表面应刮得十分光滑。将试件连同金属板再浸入温度为 25℃±0.1℃的水浴中保持 1～1.5h。

（4）检查延度仪滑板的移动速度是否符合要求，然后移动滑板，使指针正对标尺的零点。

（5）试件移至延度仪水槽中，将模具两端的孔分别套在滑板及槽端的金属柱上，水面距试件表面应不小于 25 mm，然后去掉侧模。

（6）当测得水槽中水温为 25℃±0.5℃时，开动延度仪观察沥青的拉伸情况。在测定时，如发现沥青细丝浮于水面或沉于槽底，则应在水里加入乙醇或食盐水，调整水的密度至与试样的密度相近后，再进行测定。

（7）试件拉断时指针所指标尺上的读数即为试样的延度，以 cm 表示。在正常情况下，试件应拉伸成锥尖状，在断裂时实际横断面为零。如不能得到上述结果，则应报告在此条件下无测定结果。

4. 试验结果

取 3 个平行测定值的平均值作为测定结果。若 3 次测定值不在其平均值的 5%以内，但其中两个较高值在平均值的 5%以内，则弃去最低测定值，取两个较高值的平均值作为测定结果。

## 三、沥青软化点试验

1. 试验目的

软化点是反映沥青耐热性及温度稳定性的指标，是确定沥青牌号的依据之一。石油沥青的软化点是指将规定质量的钢球放在规定尺寸金属环的试样盘上，以恒定的加热速度加热，当试样软到足以使沉入沥青中的钢球下落达 25.4 mm 时的温度，以℃表示。

2. 主要仪器设备

软化点试验仪（见图 11-32）、电炉或其他加热设备、金属板或玻璃板、刀、孔径为 0.6～0.8mm 筛、温度计、瓷皿或金属皿（熔化沥青用）、砂浴。

3. 试验步骤

（1）将黄铜环置于涂上甘油滑石粉隔离剂的金属板或玻璃板上，将预先脱水的试样加热熔化，加热温度不得比试样估计软化点高 110℃，搅拌并过筛后注入黄铜环内至略高出环面为止。当估计软化点在 120℃以上时，应将铜环与金属板预热至 80～100℃。试样在室温（15～30℃）中冷却 30 min 后，用热刀刮去高出环面的试样，使其与环面齐平。

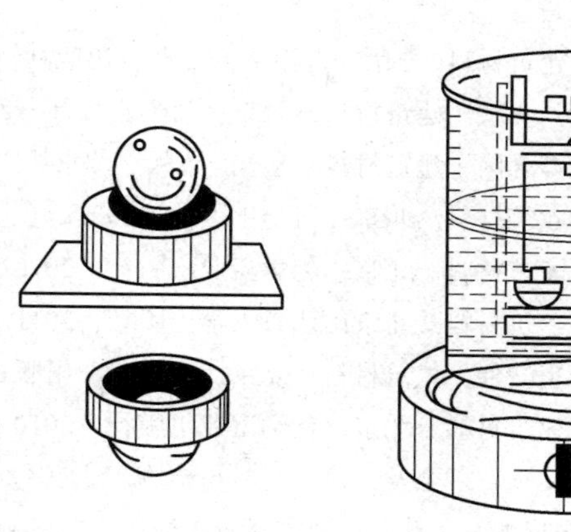

图 11-32 软化点测定仪

（2）将盛有试样的黄铜环及板置于盛满水（估计软化点不高于 80℃的试样）或甘油（估计软化点高于 80℃的试样）的保温槽内，或将盛试样的环水平地安放在环架圆孔内，然后放在烧杯中，恒温 15min，水温保持 5℃±0.5℃，甘油温度保持 32℃±1℃，同时钢球也置于恒温的水或甘油中。

（3）在烧杯内注入新煮沸并冷却至 5℃的蒸馏水或预加热至约 32℃的甘油，使水面或甘油液面略低于连接杆的深度标记。

（4）从水或甘油保温槽中取出盛有试样的黄铜环放置在环架中承板的圆孔内，并套上钢球定位器把整个环架放入烧杯内，调整水面或甘油液面至深度标记，环架上任何部分均不得有气泡。将温度计由上承板中心孔垂直插入，使水银球底部与铜环下面齐平。

（5）将烧杯移放至有石棉网的三脚架或电炉上，然后将钢球放在试样上（须使各环的平面在全部加热时间内完全处于水平状态）立即加热，使烧杯内水或甘油的温度在 3 min 后保持 5℃±0.5℃的升温速度。若在整个测定过程中升温速度超出规定标准，则试验应重做。

（6）试样受热软化下垂至与下层板面接触时的温度即为试样的软化点（精确至 0.5℃）。

4. 试验结果

取平行测定两个结果的算术平均值作为测定结果。重复测定两个结果间的差数应符合表 11-11 的规定。

**表 11-11　　软化点测定允许差数**　　（℃）

| 软化点 | 允许差数 |
|---|---|
| ＜80 | 1 |
| 80～100 | 2 |
| 100～140 | 3 |

# 参 考 文 献

[1] 王春阳．建筑材料．3 版．北京：高等教育出版社，2013．
[2] 王伯林，刘晓敏．建筑材料．北京：科学出版社，2004．
[3] 高军林，李念国．建筑材料与检测．2 版．北京：中国电力出版社，2014．
[4] 王松成．建筑材料．北京：科学出版社，2008．
[5] 蔡丽朋．建筑材料．北京：化学工业出版社，2010．
[6] 林祖宏．建筑材料．北京：北京大学出版社，2011．
[7] 李国新，王文仲．建筑材料．北京：机械工业出版社，2009．
[8] 曹亚玲．建筑材料．北京：化学工业出版社，2010．
[9] 梅杨，夏文杰，于全发．建筑材料与检测．北京：北京大学出版社，2010．
[10] 安娜，宋岩丽，王社欣．建筑材料实训指导书与习题集．北京：人民交通出版社，2009．
[11] 申淑荣，冯翔．建筑材料．北京：冶金工业出版社，2010．
[12] 苑芳友．建筑材料与检测技术．北京：北京理工大学出版社，2010．